集成电路职业标准建设系列丛书

集成电路 1+X 职业技能等级证书系列丛书

集成电路设计与验证

杭州朗迅科技股份有限公司　组编

□ 主　编　居水荣　孟奕峰

□ 副主编　刘　明　李世国　王津飞

中国教育出版传媒集团

高等教育出版社·北京

内容提要

本书是集成电路职业标准建设系列教材之一，也是集成电路 1+X 职业技能等级证书系列教材之一。

本书按照职业教育新的教学改革要求，遵照“集成电路设计与验证”1+X 职业技能等级证书中关于集成电路设计和集成电路验证的典型工作任务，并根据集成电路行业岗位技能的实际需要，结合编者多年的集成电路设计企业工作经验以及职业院校微电子技术和集成电路技术专业教学经验，在相关课程的项目化内容改革成果基础上编写而成。本书主要包括 Verilog 数字集成电路设计、集成电路逆向设计、CMOS 数字集成电路设计与验证、CMOS 模拟集成电路设计与验证四个项目的内容，通过具体任务详细介绍集成电路设计与验证的方法、流程、要点和技巧等，以及多种集成电路设计与验证工具的操作方法。

本书可作为高等职业院校相应课程的教材，也可作为应用型本科、成人教育、自学考试、开放大学、中等职业学校相关专业培训的教材，还可作为集成电路设计工程技术人员的参考书或工具书。

图书在版编目（CIP）数据

集成电路设计与验证 / 杭州朗迅科技股份有限公司组编 ；居水荣，孟奕峰主编 ；刘明，李世国，王津飞副主编
. -- 北京 ： 高等教育出版社，2023.2
ISBN 978-7-04-059647-2

Ⅰ. ①集… Ⅱ. ①杭… ②居… ③孟… ④刘… ⑤李… ⑥王… Ⅲ. ①集成电路－电路设计－高等职业教育－教材 Ⅳ. ①TN402

中国国家版本馆CIP数据核字(2023)第008767号

集成电路设计与验证
JICHENG DIANLU SHEJI YU YANZHENG

策划编辑 郑期彤　　责任编辑 郑期彤　　封面设计 王　洋　　版式设计 马　云
责任绘图 于　博　　责任校对 刘丽娴　　责任印制 赵　振

出版发行 高等教育出版社
社　　址 北京市西城区德外大街4号
邮政编码 100120
印　　刷 高教社（天津）印务有限公司
开　　本 787mm×1092mm 1/16
印　　张 17
字　　数 400千字
购书热线 010-58581118
咨询电话 400-810-0598

网　　址 http://www.hep.edu.cn
http://www.hep.com.cn
网上订购 http://www.hepmall.com.cn
http://www.hepmall.com
http://www.hepmall.cn
版　　次 2023年 2月第 1 版
印　　次 2023年 2月第 1 次印刷
定　　价 52.80元

物 料 号 59647-00

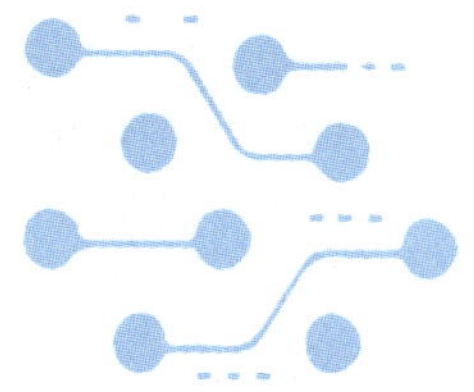

前言

集成电路产业是信息技术产业的核心，是支撑经济社会发展和保障国家安全的战略性、基础性和先导性产业。以集成电路为核心的高科技及其产业的发展目前已经渗透到了全球工业生产、社会生活以及国防安全和信息安全的方方面面，成为世界各国经济发展的重心，是决定各国经济发展速度和国际竞争力的关键。发展集成电路产业已成为全球经济发展的战略需求。近年来我国集成电路产业发展迅速，但与世界先进水平相比还存在一定差距，国家始终把集成电路产业作为战略性新兴产业的重中之重，也相继出台了一系列政策予以支持，因此集成电路产业必将是国家长期支持和推动的产业。加快集成电路产业发展，尤其是集成电路产品设计的自主化是当前我国亟待解决的主要问题之一。

产业发展离不开人才。近年来我国集成电路产业形态发生明显变化，在集成电路设计、集成电路制造和集成电路封测三大业态中，集成电路设计业的发展速度明显快于制造业和封测业。国内集成电路设计企业每年以两位数的百分比增加，而集成电路设计人才培养相对滞后，因此目前我国集成电路设计业中对专业设计人员的旺盛需求和实际技术人才相对短缺的矛盾日益突出。

党的二十大提出着力提升产业链供应链韧性和安全水平，加快建设制造强国，构建新一代信息技术等一批新的增长引擎。集成电路产业作为信息产业的基础和核心，必将对国家安全以及国民经济的发展起到越来越重大的作用，而集成电路人才资源则是产业可持续发展的最重要基础。党的二十大还提出统筹职业教育、高等教育、继续教育协同创新，推进职普融通、产教融合、科教融汇，必将对这两年正在开展的“学历证书＋若干职业技能等级证书”制度试点工作起到更大的推动作用。

为解决集成电路设计业人才短缺问题，2019 年教育部增设了“集成电路技术”专业，主要面向集成电路设计业培养相关人才，从而助力产业发展。

为推进集成电路设计人才培养，编者按照职业教育新的教学改革要求，本着培养高素质技术技能人才的职业教育理念，开展项目化课程内容改革，以实用、够用为原则，精选课程教学内容，注重实践环节，并考虑市场人才需求和集成电路设计定位，以“集成电路设计与验证”工作任务为主线，在多年的集成电路设计企业工作经验以及微电子技术与集成电路技术专业职业教育教学经验和课程改革成果的基础上编写了本书。本书主要包括 Verilog 数字集成电路设计、集成电路逆向设计、CMOS 数字集成电路设计与验证、CMOS 模拟集成电路设计与验证四个项目的内容。其中每个项目均包括项目简介、若干任务和项目总结等内容，每个任务又包括任务概述、背景知识、技能训练和问题讨论等内容。

本书一方面结合行业最新技术发展趋势，选择相关的案例素材、设计工具及集成电路加工工艺等，另一方面考虑职业教育中技术技能人才的学习规律，按照循序渐进、从简到难的方式进行编写；相关内容做到“理实一体”，在确保职业教育人才理论知识够用的前提下，重点培养实践能力。通过对于书中理论知识、技能训练和工具使用等内容的学习，学生能够直接与行业企业对接，工作后能够直接上手。

本书由杭州朗迅科技股份有限公司组织编写，江苏信息职业技术学院居水荣和成都职业技术学院孟奕峰任主编，深圳信息职业技术学院刘明、李世国及江苏信息职业技术学院王津飞任副主编，由居水荣进行全书统稿。在本书的编写过程中，杭州芯云半导体技术有限公司李志凯工程师、华润微集成电路（无锡）有限公司曾洁琼高级工程师分别提供了部分案例素材，另外参考了同行专家的相关资料，并得到杭州朗迅科技股份有限公司的大力帮助，在此一并表示最诚挚的感谢。

由于编者水平有限，书中难免存在不足之处，敬请读者批评指正。

编　者

2022 年 11 月

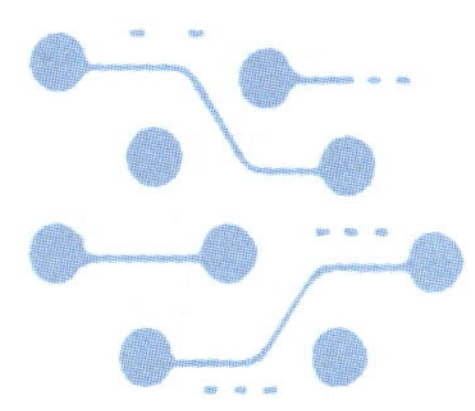

目录

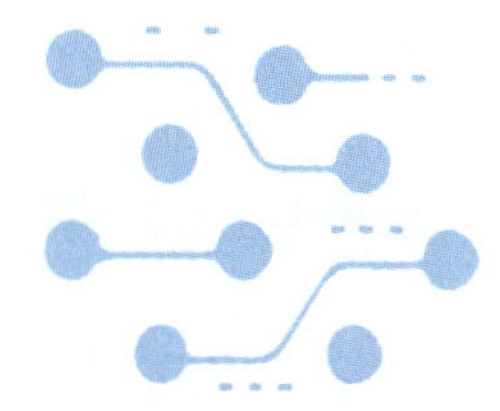

项目一

Verilog 数字集成电路设计

本项目主要介绍基于 Verilog 的数字集成电路的设计，并采用相关工具进行仿真验证。本项目从 Verilog 硬件描述语言和验证工具的认知开始，针对基础单元和模块、复杂单元和模块，通过 Verilog 描述和 DC 综合、VCS 功能验证、PT 静态时序分析和 Formality 形式验证，完成数字集成电路的设计流程。

通过对本项目相关内容的学习和训练，需要实现以下学习目标：

① 了解 Verilog 语言的相关语法。

② 了解 VCS、DC、PT 和 Formality 等软件的相关操作方法。

③ 熟练掌握基本逻辑门、触发器等基本逻辑部件的 Verilog 设计方法。

④ 掌握全加器、乘法器等复杂单元和模块的 Verilog 设计方法。

任务一　Verilog 硬件描述语言和验证工具认知

任务概述

本任务作为 Verilog 数字集成电路设计的基础，从设计平台 Linux 的认知开始，引入数字设计功能验证工具 VCS 和 Verilog 硬件描述语言，对它们进行基本的了解和认知，在此基础上细致学习基本逻辑门的 Verilog 设计，并通过两个实训案例开展具体的技能训练。

背景知识

一、设计平台 Linux 认知

1. Linux 概述

Linux 是一套免费使用和自由传播的类 UNIX 操作系统，是一个基于 POSIX 和 UNIX 的多用户、多任务、支持多线程和多 CPU 的操作系统。它能运行主要的 UNIX 工具软件、应用程序和网络协议，并支持 32 位和 64 位硬件。Linux 继承了 UNIX 以网络为核心的设计思想，是一款性能稳定的多用户网络操作系统。

Linux 以它的高效性和灵活性著称。Linux 模块化的设计结构，使其既能在价格昂贵的工作站上运行，也能够在廉价的个人计算机（PC）上实现全部的 UNIX 特性，具有多任务、多用户的能力。Linux 是一个符合 POSIX 标准的操作系统，可在 GNU 公共许可权限下免费获得。Linux 操作系统软件包中不仅包括完整的 Linux 操作系统，而且还包括文本编辑器、高级语言编译器等应用软件。它还包括带有多个窗口管理器的 X-Windows 图形用户界面，如同使用 Windows 操作系统一样，允许用户使用窗口、图标和菜单对系统进行操作。

2. Linux 的特点

① 完全免费。Linux 是一款免费的操作系统，用户可以通过网络或其他途径免费获得，并可以任意修改其源代码。这是其他操作系统所不具备的。正是由于这一点，来自全世界的众多程序员参与了 Linux 的修改、编写工作，程序员可以根据自己的兴趣和灵感对其进行改变，这也让 Linux 不断壮大。

② 完全兼容 POSIX 1.0 标准。这使得用户可以在 Linux 下通过相应的模拟器运行常见的 DOS、Windows 的程序，为用户从 Windows 转到 Linux 奠定了基础。许多用户在考虑使用 Linux 时，会想到以前在 Windows 下常见的程序是否能正常运行，这样的兼容性可消除用户的疑虑。

③ 多用户、多任务。Linux 支持多用户，各个用户对于自己的文件设备有自己特殊的权利，从而保证了各用户之间互不影响；多任务则是现在计算机最主要的一个特点，Linux 可以使多个程序同时独立运行。

此外，Linux 还具有良好的界面、丰富的网络功能、可靠的稳定性、支持多种平台等特点。

3. UNIX/Linux 的体系架构

Linux 的体系架构如图 1-1 所示。从宏观上来看，Linux 操作系统的体系架构分为用户态和内核态（或者用户空间和内核）。内核从本质上看是一种软件，用于控制计算机的硬件资源，并提供上层应用程序运行的环境；用户态即上层应用程序的活动空间，应用程序的执行必须依托于内核提供的资源，

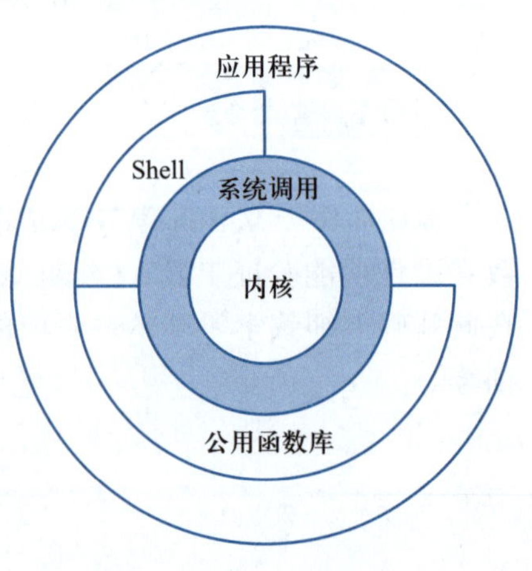

图 1-1　Linux 的体系架构

包括 CPU 资源、存储资源、I/O 资源等。为了使上层应用程序能够访问到这些资源，内核必须为上层应用程序提供访问的接口，即系统调用。

系统调用是操作系统的最小功能单位，根据不同的应用场景可以进行扩展和裁剪。现在各种版本的 UNIX 实现都提供了不同数量的系统调用，如 Linux 的不同版本提供了 240～260 个系统调用，FreeBSD 提供了大约 320 个系统调用。可以把系统调用看成一种不能再化简的操作，有人把它比作汉字的一个笔画，而一个汉字就代表一个上层应用。因此，如果要实现一个完整的汉字（给某个变量分配内存空间），有时候就需要进行很多的系统调用。从实现者的角度来看，这势必会加重程序员的负担。良好的程序设计方法是：重视上层的业务逻辑操作，而尽可能避免底层复杂的实现细节。库函数正是为了将程序员从复杂的细节中解脱出来而提出的一种有效方法。它实现了对系统调用的封装，将简单的业务逻辑接口呈现给用户，方便用户调用，从这个角度上看，库函数就像汉字的偏旁。这样的一种组成方式极大地增强了程序设计的灵活性，对于简单的操作，可以直接通过系统调用来访问资源，如实现汉字“人”；对于复杂的操作，可以借助于库函数来实现，如实现汉字“仁”。显然，依据不同的标准，库函数也可以有不同的实现版本，如 ISO C 标准库、POSIX 标准库等。

Shell 是一个特殊的应用程序，俗称命令行，本质上是一个命令解释器，它下通系统调用，上通各种应用，通常充当着类似于“胶水”的角色，用来连接各个小功能程序，让不同程序能够以一个清晰的接口协同工作，从而增强各个程序的功能。同时，Shell 是可编程的，它可以执行符合 Shell 语法的文本，这样的文本称为 Shell 脚本，通常短短的几行 Shell 脚本就可以实现一个非常复杂的功能，原因就是这些 Shell 语句通常都对系统调用做了一层封装。为了方便用户和系统交互，一般一个 Shell 对应一个终端，终端是一个硬件设备，呈现给用户的是一个图形化窗口，用户可以通过这个窗口输入或者输出文本，直接传递给 Shell 进行分析解释，然后执行。

总的来说，用户态的应用程序可以通过系统调用、库函数、Shell 脚本三种方式来访问内核态的资源。

4. 命令行操作

（1）Shell 简介

Shell 是用户和 Linux 操作系统之间的接口。Linux 系统的 Shell 作为操作系统的外壳，为用户提供使用操作系统的接口，它是一个命令解释器，拥有自己内建的 Shell 命令集。Shell 也能被系统中其他应用程序所调用，用户在提示符下输入的命令都是先由 Shell 解释，再传给 Linux 核心。

Linux 中的 Shell 有多种类型，其中最常用的几种是 Bourne Shell（sh）、C Shell（csh）和 Korn Shell（ksh）。这三种 Shell 各有优缺点。

① Bourne Shell 是 UNIX 最初使用的 Shell，并且在每种 UNIX 上都可以使用。Bourne Shell 在 Shell 编程方面相当优秀，但在处理与用户的交互方面做得不如其他几种 Shell。Linux 操作系统默认的 Shell 是 Bourne Again Shell，它是 Bourne Shell 的扩展，简称 bash，与 Bourne Shell 完全向后兼容，并且在 Bourne Shell 的基础上增加或增强了很多特性。

② C Shell 是一种比 Bourne Shell 更适于编程的 Shell，它的语法与 C 语言很相似。

Linux 为喜欢使用 C Shell 的用户提供了 Tcsh。Tcsh 是 C Shell 的一个扩展版本。Tcsh 包括命令行编辑、可编程单词补全、拼写校正、历史命令替换、作业控制和类似于 C 语言的语法。它不仅与 bash 提示符兼容，而且还提供了比 bash 更多的提示符参数。

③ Korn Shell 集合了 C Shell 和 Bourne Shell 的优点，并且与 Bourne Shell 完全兼容。Linux 系统提供了 pdksh（ksh 的扩展），它支持任务控制，可以在命令行上挂起、后台执行、唤醒或终止程序。

（2）Shell 控制台使用方法

控制台（console）是指通常见到的使用字符操作界面的人机接口，如 DOS。控制台命令就是指通过字符操作界面输入的、可以操作系统的命令，如 DOS 命令。现在要了解的是基于 Linux 操作系统的基本控制台命令。

Linux 是一个真正的多用户操作系统，这表示它可以同时接受多个用户登录。Linux 还允许一个用户进行多次登录，这是因为 Linux 和许多版本的 UNIX 一样提供了“虚拟控制台”的访问方式，允许用户在同一时间从控制台（系统的控制台是与系统直接相连的监视器和键盘）进行多次登录。

虚拟控制台的选择可以通过按 Alt 键和一个功能键来实现，通常使用 F1～F6 功能键。例如，用户登录后按 Alt＋F2 键，就又可以看到“login:”提示符，说明用户看到了第二个虚拟控制台；此时只需按 Alt＋F1 键就可以回到第一个虚拟控制台。一个新安装的 Linux 系统允许用户使用 Alt＋F1 键到 Alt＋F6 键来访问前六个虚拟控制台。

5. 常用命令使用

（1）登录和退出 Linux 系统

1）启动和登录系统

超级用户的用户名为 root，密码在安装系统时已设定，系统启动成功后屏幕显示如下提示：

```
localhost login:
```

这时输入超级用户名 root，然后按 Enter 键，用户会在屏幕上看到输入口令的提示：

```
localhost login:root
Password:
```

这时需要输入口令。输入口令时，口令不会在屏幕上显示出来。如果用户输入了错误的口令，就会在屏幕上看到如下信息：

```
login incorrect.
```

这时需要重新输入。当正确输入用户名和口令后，用户就能合法地进入系统，屏幕显示如下信息：

```
[root@localhost/root]  #
```

这时用户已经登录到系统中，可以进行操作了，这里显示的“#”是超级用户的系统提示符。普通用户在建立了普通用户账号以后即可进行登录。

不论是超级用户还是普通用户，需要退出系统时，在 Shell 提示符下输入 exit 命令即可。

2）重新启动系统

以 root 用户登录 Linux 操作系统后执行 reboot 命令可以重新启动 Linux 系统，具体如下：

```
[root@localhost/root] # reboot
```

3）关闭系统

执行 shutdown 命令可以安全地关闭或重启 Linux 系统，在系统关闭之前会向系统上的所有登录用户提示一条警告信息。该命令还允许用户指定一个时间参数，既可以是一个精确的时间，也可以是从当前开始的一个时间段。精确时间的格式是“hh:mm”，表示小时和分钟；时间段由“+”和分钟数表示。系统执行该命令后会自动进行数据同步工作。shutdown 命令的一般格式如下：

```
shutdown [选项][时间][警告信息]
```

（2）文件和目录操作命令

下面着重介绍几条操作命令。

1）ls

ls 命令相当于 DOS 下的 dir 命令，也是 Linux 控制台命令中最为重要的几条命令之一。ls 命令最常用的参数有三个：-a、-l 和 -F。下面分别介绍。

① Linux 系统上以“.”开头的文件被视为隐藏文件，仅用 ls 命令是看不到它们的。使用 ls -a 命令后，屏幕上除了显示一般文件的文件名外，也会显示隐藏文件的文件名。其用法如下：

```
ls -a
```

② ls -l 命令可以使用长格式显示文件内容，即可用于查看更详细的文件资料。其用法如下：

```
ls -l
```

③ 使用 ls -F 命令后，屏幕上列出的文件（目录）名称后会多加一个符号，如可执行文件的文件名后会添加“*”，目录名后则会添加“/”。其用法如下：

```
ls -F
```

2）cd

cd 命令用于进出目录，其使用方法与在 DOS 下没有太大区别，但与 DOS 不同的是，Linux 的目录对大小写敏感，如果大小写拼写有误，cd 操作便无法成功。

3）mkdir、rmdir

mkdir 命令用于建立新的目录。例如，输入如下命令：

```
mkdir work
```

将在当前目录下新建一个 work 目录。

rmdir 命令用于删除已建立的目录。例如，输入如下命令：

```
rmdir work
```

将删除已存在的空目录 work。

4）cp

cp 命令相当于 DOS 下面的 copy 命令。其具体用法如下：

```
cp -r 源文件 (source) 目的文件 (target)
```

其中，参数 r 是指连同源文件中的子目录一同复制。

5）rm

rm 命令用于删除文件，其常用的参数有三个：-i、-r、-f。

例如，要删除一个名为 text 的文件，可输入如下命令：

```
rm -i text
```

此时系统会询问是否要删除 text 文件，输入“y/n”确认是否删除 text 文件。

输入如下命令：

```
rm -r 目录名
```

可以删除指定目录及其下的子目录。该命令的功能比上面讲到的 rmdir 命令更强大，不仅可以删除指定的目录，而且可以删除该目录下的所有文件和子目录。

输入如下命令：

```
rm -r 文件名
```

可以不经确认地强制删除文件。

（3）用户及用户组管理命令

1）useradd

useradd 命令用于创建一个新的用户账号。其基本用法如下：

```
useradd 用户名
```

例如，输入以下命令：

```
useradd newuser
```

系统将创建一个新用户 newuser，该用户的 Home 目录为：/home/newuser。

useradd 命令的参数较多，常用的组合如下：

```
useradd 用户名 -g 组名 -G 组名 -d Home 目录名 -p 密码
```

例如，输入以下命令：

```
useradd oracle -g oinstall -G dba -d /home/oracle -p ora123
```

系统将创建一个用户 oracle，用户的首要组为 oinstall，次要组为 dba，Home 目录为 /home/oracle，密码为 ora123。

2）userdel

userdel 命令用于删除一个已存在的账号。其用法如下：

```
userdel 用户名
```

3）groupadd

groupadd 命令用于创建一个新的用户组。其用法如下：

```
groupadd 组名
```

例如，输入以下命令：

```
groupadd newgroup
```

系统将创建一个新的用户组 newgroup。

4）groupdel

groupdel 命令用于删除一个已存在的用户组。其用法如下：

```
groupdel 组名
```

5）passwd

出于系统安全考虑，Linux 系统中的每个用户除了有用户名外还有其对应的用户口令，用户可以随时用 passwd 命令修改自己的口令。输入 passwd 命令，按系统提示依次输入密码和密码确认后，即可完成用户密码的修改。

此外，超级用户还可以修改其他用户的口令，命令如下：

```
passwd 用户名
```

6）su

su 命令非常重要，它可以让一个普通用户拥有超级用户或其他用户的权限，也可以让超级用户以普通用户的身份进行一些操作。普通用户使用该命令时必须输入超级用户或其他用户的口令。如要离开当前用户的身份，则可以输入 exit 命令。

7）chmod

chmod 命令也非常重要，它用于改变文件或目录的访问权限。该命令有两种用法：一种是包含字母和操作符表达式的文字设定法；另一种是数字设定法。这里仅介绍文字设定法，其用法如下：

```
chmod [who][+| - |=][mode] 文件名
```

命令中各选项的含义如下：

① 操作对象 who 可以是以下字母中的任一个或者它们的组合：

- u 表示用户（user），即文件或目录的属主。
- g 表示同组（group）用户，即与文件属主有相同组 ID 的所有用户。
- o 表示其他（others）用户。
- a 表示所有（all）用户，是系统默认值。

② 操作符号如下：

- + 表示添加某个权限。
- - 表示取消某个权限。
- = 表示赋予给定权限，并取消其他所有权限。

③ mode 表示权限常用的参数，具体如下：

- r 表示可读。
- w 表示可写。
- x 表示可执行。

8）chown

chown 命令用于更改某个文件或目录的属主和属组，也是常用命令。例如，用户 root 把自己的一个文件复制给用户 oracle，为了让用户 oracle 能够存取这个文件，用户 root 应该把这个文件的属主设为用户 oracle，否则用户 oracle 无法存取这个文件。chown 命令的基本用法如下：

```
chown [用户 :组] 文件
```

二、数字设计功能验证工具 VCS 认知

1. 验证

代码编写完之后，怎么确定代码是否正确，能不能符合设计要求，能不能完成所需要的功能，这就是验证所要进行的工作。验证在设计中有很重要的地位，设计工作每前进一步，几乎都要进行验证。

对于验证，大多数人认为只要编译通过之后，能实现功能就可以了。其实没有这么简单，验证的目的应该是尽量多地找到代码中的错误，找出的错误越多，验证工作就做得越好。根据设计流程，可把验证大致分为单独子模块验证、功能模块验证、系统顶级验证几个等级，不同等级的验证方法不同。

验证需要一个支持的平台，这就是试验台，平台上有激励信号产生器、被测模块、响应分析和监测器。试验台可以用 Verilog 描述语言搭建，也可以用 C 语言编写，如果用 C 语言编写，则还需要相关的编译器以及与 Verilog 的接口。

2. VCS 的简单使用方法

（1）什么是 VCS

VCS（Verilog Compile Simulator，Verilog 编译模拟器）是 Synopsys 公司推出的一款电路仿真工具，可以用于电路的时序模拟。

（2）VCS 的工作方式

VCS 运行时会先对输入的 Verilog 源文件进行编译，然后生成可执行的模拟文件，也可以生成 VCD 或者 VCD+记录文件；接下来可以运行这个可执行的模拟文件，进行调试与分析，或者查看生成的 VCD 或者 VCD+记录文件。VCS 还会生成一些供分析和查看的文件，以便于调试。

（3）怎样进行仿真测试

对一个模块进行仿真测试的大致步骤如下：

① 编写好模块的 Verilog 代码。

② 搭建试验台，充分了解被测模块的特性，编写测试向量、输入端口的激励，以及响应分析和监测部分。

③ 运行 VCS 进行模拟，查看输出或者波形。

④ 若发现错误，应分析错误类型和原因，修改代码或者修正测试方法，直到符合测试要求为止。

（4）VCS 的运行方式

VCS 的运行方式有两种：一种是交互模式；另一种是批处理模式。两种方式各有优劣，分别适用于不同的情况。

三、Verilog 硬件描述语言认知

1. Verilog 概述

（1）Verilog 的特点

Verilog 是目前大规模集成电路设计中最具代表性、使用最广泛的硬件描述语言之一。作为硬件描述语言，Verilog 具有以下特点：

① 能够在不同的抽象层次上，如系统级、算法级、RTL（register transfer level，寄存器传输级）、门级和开关级，对设计系统进行精确而简练的描述。

② 能够在每个抽象层次的描述上对设计进行仿真验证，及时发现可能存在的设计错误，缩短设计周期，并保证整个设计过程的正确性。

③ 由于代码描述与具体工艺实现无关，便于设计标准化，因此提高了设计的可重用性。对于有 C 语言编程经验的用户，只需很短的时间就能学会和掌握 Verilog。

（2）Verilog 的基本结构

Verilog 描述是由模块（module）构成的，每个模块对应的是硬件电路中的逻辑实体。因此，每个模块都有自己独立的功能或结构，以及用于与其他模块相互通信的端口。

例 1：加法器的 Verilog 描述。

```
/**************************************************************************/
//MODULE:         adder
//FILE NAME:      add.v
//DESCRIPTION:    An adder with two inputs(1 bit),one output(2 bits).
/**************************************************************************/
module adder(in1,in2,sum);
input in1,in2;
output[1:0] sum;
wire in1,in2;
reg[1:0] sum;
always @ (in1 or in2)
begin
sum=in1+in2;
end
endmodule
```

一段完整的代码主要由以下几部分组成：第一部分是代码的注释部分，主要用于简要介绍设计的各种基本信息。从注释部分可以了解到模块的一些基本信息，如例 1 代码的注释部分中说明了加法器的模块名、文件名和描述。第二部分是模块定义行，这一行以 module 开头，然后是模块名和端口列表，标志着后面的代码是设计的描述部分。第三部分是端口类型和数据类型的说明部分，用于定义端口、数据类型和参数等。第四部分是描

述的主体部分，主要对设计的模块进行描述，实现设计要求。这些定义和描述可以出现在模块中的任何位置，但是变量、寄存器、线网和参数的使用必须出现在相应的定义部分之后。第五部分是结束行，就是用关键词 endmodule 表示模块定义的结束。

2. Verilog 语言要素

（1）基本语法定义

Verilog 源代码是由大量的基本语法元素构成的，包括注释、运算符、数值、字符串、标识符和关键字等。

1）注释

在代码中添加注释可以提高代码的可读性和可维护性。Verilog 中注释的定义与 C 语言完全一致，分为两类：第一类是单行注释，以“//”开始到本行行末结束，不允许续行；第二类是多行注释，以“/*”开始，以“*/”结束，可以跨越多行，但是中间不允许嵌套程序。

小提示

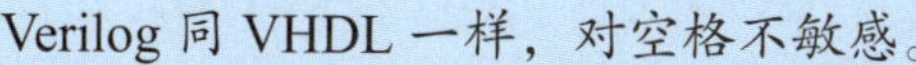
Verilog 同 VHDL 一样，对空格不敏感。

2）运算符

Verilog 中运算符的分类详见表 1-1。

表 1-1　Verilog 中运算符的分类

运算符类型	所含运算符
算术运算符	+、−、*、/、%
关系运算符	<、>、<=、>=
相等与全等运算符	==、!=、===、!==
逻辑运算符	!、&&、||
位运算符	~、&、|、^、^~或~^
缩位运算符	&、~&、|、~|、^、^~/ 或~^
移位运算符	<<、>>
位拼接运算符	{}
条件运算符	?:

由于 Verilog 是在 C 语言基础上开发的，因此二者的运算符也十分类似。下面主要介绍 Verilog 与 C 语言不同运算符的功能。

① 相等与全等运算符。这四个运算符的比较过程完全相同，不同之处在于不定态或高阻态的运算。相等运算中，如果任何一个操作数存在不定态或高阻态，将会得到一个不

定态的结果；而在全等运算中，不定态和高阻态被看作逻辑状态的一种，与其他逻辑状态一样参与比较，当两个操作数的相应位都是 X 或 Z 时，认为全等关系成立；否则，运算结果为 0。

小提示

> 全等运算符用于比较两个操作数是否完全匹配，只有 1、0 两个输出状态；相等运算符则会输出不定态。

② 缩位运算符。缩位运算符用于对单个操作数进行与、或、非等操作，它与逻辑运算符的区别是最终结果与操作数的位数无关，一定是 1 位的逻辑值。

③ 移位运算符。移位运算符用于完成数据的左移、右移功能，移出的空位用 0 填补。

④ 位拼接运算符。位拼接运算符用于将两个或多个信号的某些位拼接起来。例如：

```
{a,b[3:0],w,3'b101}={a,b[3],b[2],b[1],b[0],w,1'b1,1'b0,1'b1}
```

⑤ 条件运算符。条件运算符是唯一的一个三目运算符。其格式如下：

```
<条件表达式>?<条件为真时的表达式>:<条件为假时的表达式>
```

例如，对于二选一的 MUX，可以采用如下描述：

```
output=select?input1:input2;
```

即 select=1 时，输出为 input1；否则，输出为 input2。

与 C 语言一样，Verilog 也规定了运算符的优先级，详见表 1-2。当不同优先级的运算符出现在同一个表达式中时，需要遵从优先级的顺序，用户可以通过添加括号的方式，清晰运算次序，提高代码的可读性。

3）数值

Verilog 的数值集合由以下 4 个基本值组成：

① 0：代表逻辑 0 或假状态。

② 1：代表逻辑 1 或真状态。

③ X（或 x）：代表逻辑不定态。

④ Z（或 z）：代表高阻态。

因此，前面介绍条件运算符时，对于 MUX 描述语句的解释是：select=1 时，输出为 input1；否则，输出为 input2。并不能认为：select=1 时，输出为 input1；select=0 时，输出为 input2。

表 1-2 运算符的优先级

运算符	优先级
!、~	
*、/、%	最高
+、-	↓
<<、>>	
<、<=、>、>=	
==、!=、===、!==	
&	
^、~^	
|、~|	
&&	
||	最低
?:	

常数按照其数值类型可以划分为整数和实数两种。Verilog 的整数可以是十进制、十六进制、八进制或二进制。

整数定义的格式为：

< 位宽 >'< 基数 >< 数值 >

Verilog 中的实数用双精度浮点型数据来描述。实数既可以用小数（如 12.79）表示，也可以用科学记数法（如 23E7 表示 23×10^7）的方式表示。带小数点的实数在小数点两侧都必须至少有 1 位数字。

小提示

实数可以根据四舍五入的原则转化为整数，将实数赋值给一个整数时，这种转化会自行发生。例如，在转化成整数时，实数 25.5 和 25.8 都变成 26，而 25.2 则变成 25。

4）字符串

字符串指同一行内写在双引号之间的字符序列串。在表达式和赋值语句中字符串用作操作数，而且要转换成无符号整型常量，用若干 8 位二进制 ASCII 码的形式表示，其中每 8 位二进制 ASCII 码代表一个字符。例如，字符串“ab”等价于 16'h5758。

在 Verilog 中引入字符串的主要目的是配合仿真工具，显示一些按照指定格式输出的相关信息，此时需要一些特殊字符配合输出特定格式。在 Verilog 字符串的赋值过程中，如果字符串的位数超出字符串变量的位数，则截掉字符串的高位部分，低位对齐；反之，如果字符串的位数少于字符串变量的位数，则高位部分用 0 补齐。

5）标识符

与 C 语言等一样，Verilog 语法中最基本的部分就是标识符。一般来说，Verilog 中的标识符包括普通标识符和转义标识符。其中，普通标识符的命名规则如下：

① 必须由字母或下画线开头，字母区分大小写。

② 后续部分可以是字母、数字、下画线或 $。

③ 总长度要小于 1 024 个字符串的长度。

6）关键字

每种语言都有自己的保留字，称为关键字，用户不能使用这些关键字作为标识符的名称。与其他语言一样，Verilog 中约有 98 个关键字，其中常用的有 always、endmodule、reg、and、assign、begin、for、case、or、function、output、parameter、if、else、input、while、end 等。

（2）数据类型

Verilog 的数据类型是指在硬件数字电路中数据进行存储和传输的方式。按照物理数据类型分类，Verilog 中的变量分为线型和寄存器型两种，两者在驱动方式、保持方式和对应的硬件实现上都不相同。变量的每一位可以是 0、1、X 或 Z，其中 X 代表一个未被预置初始状态的变量，或是由于两个或多个驱动装置试图将之设定为不同的值而引起的冲突型变量；Z 代表高阻状态或悬空状态。

下面主要介绍几种常用的数据类型的定义方式，包括参数常量、线型变量、寄存器型变量，以及存储器。其他数据类型可以参考 IEEE 1364—2005 中的相关定义和规定。

1）参数

参数（parameters）是常量的一种，经常用来定义延时、线宽、寄存器位数等物理量，可以增加代码的可读性和可维护性。参数定义的格式为：

```
parameter 参数名1=表达式1,参数名2=表达式2,参数名3=表达式3,…;
```

例 2：参数定义。

```
//Parameter example
module example_for_parameters(reg_a,bus_addr,…);
parameter msb=7,lsb=0,delay=10,bus_width=32;
reg[msb:lsb] reg_a;
reg[bus_width:0] bus_addr;
and #delay(out,and1,and2);
…
endmodule
```

2）线型变量

线型变量（nets）通常表示硬件电路中元件间的物理连接。它的值由驱动元件的值决定，并具有实时更新性。Verilog 提供了多种线型变量，与电路中各种类型的连线相对应。线型变量不具备电荷保持作用（trireg 型除外），因此没有存储数据的能力，其逻辑值由驱动源提供和保持。各种线型变量在没有驱动源的情况下呈现高阻态（trireg 保持在不定态）。

wire 型变量是常用的线型变量。线型变量定义的格式如下：

```
wire in1,in2;
```

```
wire[7:0] local_bus;
```

上面第一种定义格式中，in1、in2 被定义为 1 位宽的线型变量；第二种定义格式中，local_bus 被定义为 8 位宽的线型变量。线型变量主要通过 assign 语句赋值。

小提示

综合而言，wire 型变量的取值可以为 0、1、X 与 Z。

3）寄存器型变量

寄存器型变量（registers）表示一个抽象的数据存储单元，它并不特指寄存器，而是所有具有存储能力的硬件电路的统称，如触发器、锁存器等。此外，寄存器型变量还包括测试文件中的激励信号。虽然这些激励信号并不是电路元件，仅是虚拟驱动源，但由于其保持数值的特性，仍然属于寄存器型变量。寄存器型变量只能在 always 语句和 initial 语句中被赋值，并且它的值是从一个赋值到另一个赋值的过程中被保存下来的。寄存器型变量的默认值是不定态 X。

寄存器型变量与线型变量的显著区别是寄存器型变量在接受下一次赋值之前，始终保持原值不变，而线型变量需要有持续的驱动。常用寄存器型变量中，integer、real 和 time 主要用于纯数学的抽象描述，不对应任何具体的硬件电路。寄存器型变量定义的格式如下：

```
reg in3,in4;
```

```
reg[7:0] local_bus;
```

上面第一种定义格式中，in3、in4 被定义为 1 位宽的寄存器型变量；第二种定义格式中，local_bus 被定义为 8 位宽的寄存器型变量。寄存器型变量主要通过块语句赋值。

4）存储器

设计中经常有存储指令或存储数据等操作，因此需要掌握对存储器（memories）的定义和描述方式。存储器定义的格式如下：

```
reg[wordsize-1:0] memory_name[memsize-1:0];
```

小提示

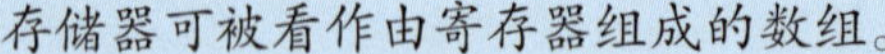

存储器可被看作由寄存器组成的数组。

（3）系统任务与系统函数

前面介绍标识符时提到，标识符的第一个字符不能是“$”，因为在 Verilog 中，“$”专门用来代表系统命令（如系统任务与系统函数），这里将具体介绍常用系统命令和系统函数的功能。

Verilog 共提供了十类、80 余种系统任务与系统函数。下面主要介绍在设计和仿真过程中常用的系统任务与系统函数。

1）系统任务 $display 与 $write

$display 与 $write 属于显示类系统任务，主要用于仿真过程中将一些基本信息或仿真的结果按照需要的格式输出。$display 与 $write 的调用格式如下：

```
$display(" 格式控制字符串 ", 输出变量名表项 );
$write(" 格式控制字符串 ", 输出变量名表项 );
```

例 3：系统任务调用。

```
module disp;
reg[31:0] rval;
initial
begin
rval=101;
display("rval=%h hex %d decimal",rval,rval);
$display("rval=%o octal\nrval=%b bin",rval,rval);//line 7
$display("rval has %c ascii character value",rval);
$display("current scope is %m");
$display("%s is ascii value for 101\n",101);
$write("rval=%h hex %d decimal",rval,rval);
$write("rval=%o octal\nrval=%b bin",rval,rval);
```

```
    $write("rval has %c ascii character value\n",rval);
    $write("current scope is %m");
    $write("%s is ascii value for 101\n",101);
    end
    endmodule
```

显示结果如下：

```
    rval = 00000065 hex             101 decimal
    rval = 00000000145 octal
    rval = 00000000000000000000000001100101 bin
    rval has e ascii character value
    current scope is disp
    e is ascii value for 101
    rval = 00000065 hex             101 decimalrval = 00000000145 octal
    rval = 00000000000000000000000001100101 binrval has e ascii
character value
    current scope is disp e is ascii value for 101
```

小提示

例 3 中的很多格式与 C 语言的 printf 格式相同。

2）系统任务 $monitor

$monitor 也属于显示类系统任务，同样用于仿真过程中基本信息或仿真结果的输出。$monitor 的调用格式如下：

```
    $monitor(" 格式控制字符串 ", 输出变量名表项 );
```

$monitor 具有监控功能，当该系统任务被调用后，就相当于启动了一个后台进程，随时对敏感变量进行监控，如果发现其中的任意一个变量发生变化，则整个参数列表中变量或表达式的值都将输出显示。

3）系统任务 $readmem

$readmem 属于文本读写类系统任务，用于从文本文件中读取数据到存储器中。$readmem 可以在仿真的任何时刻被执行。$readmem 的调用格式如下：

```
$readmemb("<数据文件名称>",<存储器名称>);
$readmemb("<数据文件名称>",<存储器名称>,<起始地址>);
$readmemb("<数据文件名称>",<存储器名称>,<起始地址>,<结束地址>);
$readmemh("<数据文件名称>",<存储器名称>);
$readmemh("<数据文件名称>",<存储器名称>,<起始地址>);
$readmemh("<数据文件名称>",<存储器名称>,<起始地址>,<结束地址>);
```

在 \$readmem 中，被读取的数据文件内容只能够包含空白符、注释行、二进制或十六进制的数字，可以存在不定态 X、高阻态 Z 和下画线。其中，数字不能包含位宽和格式说明。调用 \$readmemb 时，每个数字必须是二进制；调用 \$readmemh 时，每个数字必须是十六进制。

4）系统任务 \$stop 与 \$finish

\$stop 与 \$finish 属于仿真控制类系统任务，主要用于仿真过程中对仿真器的控制。\$stop 具有暂停功能，设计人员可以输入相应的命令，实现人机对话。通常执行完 \$stop 后，会出现系统提示。\$finish 的作用是结束仿真进程，输出信息包括系统结束时间、模块名称等。

5）系统函数 \$time

\$time 属于仿真时间类系统函数，通常与显示类系统任务配合，以 64 位整数的形式显示仿真过程中某一时刻的时间。

例 4：\$time 与 \$monitor 应用示例。

```
`timescale 10ns/1ns
module test;
reg set;
parameter delay=3;

initial
begin
$monitor($time,"set=",set);
#delay set=0;
#delay set=1;
end
endmodule
```

显示结果如下：

```
0 set=x
```

```
3 set=0
6 set=1
```

小提示

很多初学者会觉得上面介绍的这些系统任务不好理解，其实系统任务的主要用途是在设计仿真过程中进行可视化调试，而在进行模块逻辑设计时是不能使用这些不可综合的语句的。

（4）编译向导

Verilog 中编译向导的功能和 C 语言中编译预处理的功能非常接近，在编译时首先对这些编译向导进行“预处理”，然后保持其结果，将其与源代码一起进行编译。编译向导的标志是在某些标识符前添加反引号“`”。

这里主要介绍常用的编译向导，其他编译向导的使用可以参考 IEEE 1364—2005 标准。

1）宏定义 `define

宏定义 `define 的作用是进行文本定义，和 C 语言中的 #define 类似，即在编译时通知编译器，用宏定义中的文本直接替换代码中出现的宏名。宏定义的格式如下：

```
`define <宏名> <宏定义的文本内容>
```

宏定义语句可以用于模块的任意位置，通常写在模块的外面，有效范围是从宏定义开始到源代码描述结束。此外，建议采用大写字母表示宏名，以便与变量名进行区别。每条宏定义语句只可以定义一个宏替换，结束时没有分号；否则，分号也将作为宏定义的内容。在调用宏定义时，需要用反引号“`”作开头，后面跟随宏定义的宏名。组成宏定义的字符串不能够被以下标识符分隔开，如注释行、数字、字符串、确认符、关键词、双目和三目运算符等，否则该宏定义是非法的。

2）仿真时间尺度 `timescale

仿真时间尺度用于对仿真器的时间单位及对时间计算的精度进行定义，其格式如下：

```
`timescale <时间单位>/<时间精度>
```

时间单位和时间精度都是由整数和计时单位组成的。合法的整数有 1、10、100；合法的计时单位有 s、ms、μs、ns、ps 和 fs。在仿真时间尺度中，时间单位用来定义模块内部仿真时间和延迟时间（延时）的基准单位，时间精度用来声明该模块仿真时间的精确程度。时间精度和时间单位的差别最好不要太大，因为在仿真过程中，仿真时间是以时间精度累计的，两者差异越大，仿真花费的时间就越长。另外，时间精度至少要和时间单位一样精确，时间精度值不能大于时间单位值。如果一个设计中存在多个 `timescale，则默认采用最小的时间单位。

小提示

如果不指定 `timescale <时间单位>/<时间精度>，则系统默认执行 `timescale 1ns/1ns 编译指令。

3）文件包含 `include

在编译向导中，文件包含 `include 的作用是在文件编译过程中，将语句中指定的源代码全部包含到另外一个文件中。其格式如下：

```
`include "文件名"
```

其中，文件名中可以指定包含文件的路径，既可以是相对路径名，也可以是完整路径名。每条文件包含语句只能用于一个文件的包含，但包含文件允许嵌套包含，即包含的文件中允许再包含另外一个文件。

小提示

文件包含 `include 的作用与 C 语言中 include 的作用基本相同。

四、基本逻辑门的 Verilog 设计

Verilog 模型可以是实际电路中不同级别的抽象。不同级别的抽象是指对于同一个物理电路，可以在不同的层次上用 Verilog 语言来描述它。如果只从行为和功能的角度来描述某一个电路模块，就称为行为模块；如果从电路结构的角度来描述该电路模块，就称为结构模块。抽象的级别和它们对应的模块类型常可以分为以下五种，即 Verilog 语法支持数字电路系统的五种不同描述方法：① 系统级（system level）；② 算法级（algorithmic level）；③ 寄存器传输级（register transfer level，RTL）；④ 门级（gate level）；⑤ 开关级（switch level）。系统级、算法级和寄存器传输级属于行为级，门级和开关级属于结构级。

1. 逻辑门及其说明语法

Verilog 中与门类型有关的关键字共有 26 个，这里只介绍最基本的 8 个。逻辑门原语包括两大类：与 / 或门类和缓冲 / 非门类。

与 / 或门类（见表 1-3）的主要特点是：① 一个输出端，多个输入端；② 端口列表的第一个为输出端口，其他为输入端口。

表 1-3 与 / 或门类

基本单元名称	功能
and	与
or	或
xor	异或
nand	与非
nor	或非
xnor	同或

缓冲 / 非门类（见表 1-4）的主要特点是：① 一个输入端，多个输出端；② 端口列表的最后一个端口为输入端口，其他为输出端口。

表 1-4 缓冲 / 非门类

基本单元名称	功能
not	非
buf	缓冲

门可以用标准的声明语句格式和一个简单的实例引用加以说明。门声明语句的格式如下：

```
<门的类型>[<驱动能力><延时>]<门实例 1>[,<门实例 2>,…,<门实例 n>];
```

门的类型是门声明语句所必需的，它可以是 Verilog 语法规定的 26 种门类型中的任意一种。驱动能力和延时是可选项，用户可以根据不同的情况选择不同的值或者不选。

2. 用门级结构描述 *D* 触发器

例 5：用 Verilog 语言描述主从型 *D* 触发器模块。

```
module flop
    (
        input data,clock,clear;
        output q,qb;
    )
nand     #10 nd1(a,data,clock,clear),
             nd2(b,ndata,clock),
             nd4(d,c,b,clear),
             nd5(e,c,nclock),
```

```
                    nd6(f,d,nclock),
                    nd8(qb,q,f,clear),
    nand      #9  nd3(c,a,d),
                    nd7(q,e,qb);
    not       #10 iv1(ndata,data),
                    iv2(nclock,clock)
    endmodule
```

在这个 Verilog 结构描述的模块中，flop 为模块名，设计其他模块时可以使用 flop 调用该模块；module、input、output、endmodule 等都是关键字；nand 和 not 分别表示与非门和非门，在 Verilog 语法中有这两个基本逻辑单元的行为，它们由原语描述，这是一种类似于真值表的描述；#10 和 #9 分别表示 10 个和 9 个单位时间的延时；nd1、nd2、…、nd8、iv1、iv2 分别代表图 1-2 中的各个基本部件。

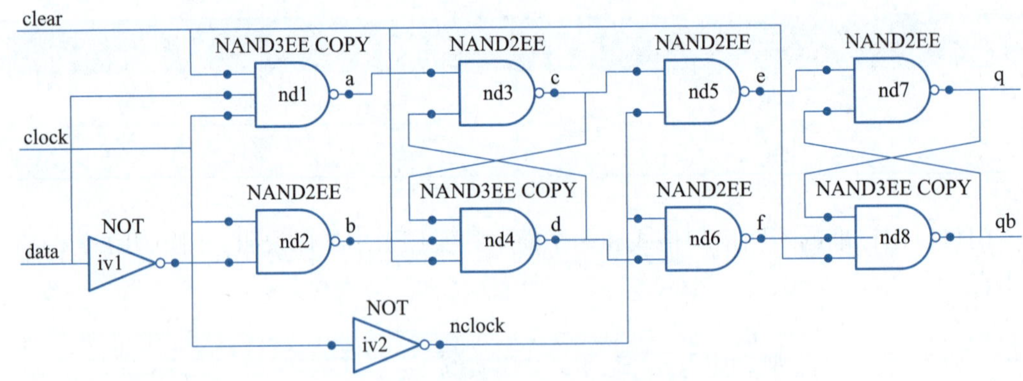

图 1-2　主从型 *D* 触发器的电路结构

3. 由已编模块构成更高一层的模块

如果已经编制了一个模块，用户可以在另外的模块中引用这个已编模块。引用的方法与门类型的实例引用非常类似，只需要在前面写上已编模块的模块名，紧跟着写上本模块引用的实例名，再按顺序写上实例的端口名即可，也可以用已编模块的端口名按对应的原则逐一填入，见如下两条语句：

```
语句 1:flop flop_d(d1,clk,clrb,q,qn);
语句 2:flop flop_d(.clock(clk),.q(q),.clear(clrb),.qb(qn),.data(d1));
```

这两条语句都表示实例 flop_d 引用已编模块 flop。从中可以看出引用时 flop_d 的端口信号与 flop 的端口对应有两种不同的表示方法。模块的端口名可以按序排列，也可以不按序排列。如果模块的端口名按序排列，只需要按序列出实例的端口名（见语句 1）。如果模块的端口名不按序排列，则实例的端口信号和被引用模块的端口信号必须一一列出（见语句 2）。例 6 引用了例 5 中设计的模块 flop，用它构成了一个 4 位寄存器。

例 6：用触发器组成带清零端的 4 位寄存器。

```
`include     "flop.v"
module      hardreg(d,clk,clrb,q);
input       clk,clrb;
input[3:0]     d;
output[3:0]    q;
flop  f1(d[0],clk,clrb,q[0],),   //注意，结束时用逗号，最后才用分号
      f2(d[1],clk,clrb,q[1],),   //表示 f1~f4 都是 flop
      f3(d[2],clk,clrb,q[2],),
      f4(d[3],clk,clrb,q[3],);
endmodule
```

在上面这个结构描述的模块中，hardreg 为模块名；f1 ~ f4 为各个基本部件，其后括号中的参数分别为各基本部件的输入、输出信号。请注意，f1 ~ f4 实例引用已编模块 flop 时，由于不需要 flop 端口中的 qb 口，因此在引用时把它省去，但逗号仍需保留。

通过 Verilog 语言中的模块实例引用，可以构成任意复杂结构的电路。这种以结构方式所建立的 Verilog 模型不仅可以仿真，而且也是可以综合的，其本质是表示电路的具体结构，即这种 Verilog 文件也是一种结构网。这就是以电路结构为基础建模的基本思路。

技能训练 >>>

一、4 位全加器的 VCS 验证

下面用一个例子来说明如何使用 VCS。4 位全加器的 Verilog 代码如下，将其存储为 add4.v：

```
module add4(clk,in1,in2,sum,carry);
output[3:0]     sum;
output          carry;
input           clk;
input[3:0]      in1,in2;

reg[3:0]        sum;
reg             carry;
integer         temp;

initial begin
```

```
sum=0;
carry=0;
end

always @(posedge clk) begin
temp=in1+in2;
sum=temp;
if(temp > 15)
carry=1;
else
carry=0;
end
endmodule
```

再根据 add4 模块写一个测试模块，存储为 top.v，代码如下：

```
module top;
reg          clk_reg;
reg[3:0]     in1_reg,in2_reg;
wire[3:0]    sum;
wire         carry;

add4 a4(clk_reg,in1_reg,in2_reg,sum,carry);
parameter d=100;

initial begin
clk_reg=0;
in1_reg=0;
in2_reg=0;
repeat (16*100) begin
#d in1_reg=in1_reg+1;in2_reg=in2_reg+1;
//$display($stime,,"in1_reg+%d in2_reg+%d=sum %d carry is %d",
in1_reg,in2_reg,sum,carry);
//$display($stime,,"%b+%b=%b and carry is %b",in1_reg,in2_
reg,sum,carry);
end
//$strobe($stime,,"in1_reg %b in2_reg %b sum %b carry %b",in1_
reg,in2_reg,sum,carry);
```

```
#1
$finish(2);
end

always
begin
#50 clk_reg=~clk_reg;
end
always @(sum) begin
//$display($stime,,"in1_reg+%d in2_reg+%d=sum %d carry_reg
is %d",in1_reg,in2_reg,sum,carry_reg);
$display($stime,,"now at a clock posedge,the operation is ::
%d+%d=%d and carry is %d",in1_reg,in2_reg,sum,carry);
//$stop;
end
endmodule
```

进行仿真时只要运行 vcs *filename* 命令即可，*filename* 可以有很多个，例如：

```
vcs top.v add4.v
```

运行 vcs 命令后，如果没有发现编译错误，将会出现 VCS 的说明和一些信息，接下来就是 top.v 和 add4.v 的执行情况，还可以自动发现顶层模块。如果定义了 TimeScale，则将显示所用的 TimeScale 信息；如果没有定义，就显示 No TimeScale specified。命令执行后会产生一个名为 simv 的可执行文件，即模拟仿真文件。本例的运行结果如下：

```
Parsing design file'top.v'
Parsing design file'add4.v'
Top Level Modules:
top
No TimeScale specified
1 of 2  unique modules to generate
1 of 1  modules done
Invoking loader...
simv generation successfully completed
```

接着运行可执行文件 simv，命令如下：

```
simv <cr>
```

显示结果如下：

```
Chronologic VCS simulator copyright 1991-2001
Contains Synopsys proprietary information.
Compiler version 6.0; Runtime version 6.0; Jan 8  15:37 2002
0 now at a clock posedge,the operation is :: 0+0=0 and carry is 0
150 now at a clock posedge,the operation is :: 1+1=2 and carry is 0
250 now at a clock posedge,the operation is :: 2+2=4 and carry is 0
350 now at a clock posedge,the operation is :: 3+3=6 and carry is 0
450 now at a clock posedge,the operation is :: 4+4=8 and carry is 0
550 now at a clock posedge,the operation is :: 5+5=10 and carry is 0
650 now at a clock posedge,the operation is :: 6+6=12 and carry is 0
750 now at a clock posedge,the operation is :: 7+7=14 and carry is 0
850 now at a clock posedge,the operation is :: 8+8=0 and carry is 1
950 now at a clock posedge,the operation is :: 9+9=2 and carry is 1
1050 now at a clock posedge,the operation is :: 10+10=4 and carry is 1
1150 now at a clock posedge,the operation is :: 11+11=6 and carry is 1
1250 now at a clock posedge,the operation is :: 12+12=8 and carry is 1
1350 now at a clock posedge,the operation is :: 13+13=10 and carry is 1
1450 now at a clock posedge,the operation is :: 14+14=12 and carry is 1
1550 now at a clock posedge,the operation is :: 15+15=14 and carry is 1
1650 now at a clock posedge,the operation is :: 0+0=0 and carry is 0
1750 now at a clock posedge,the operation is :: 1+1=2 and carry is 0
1850 now at a clock posedge,the operation is :: 2+2=4 and carry is 0
1950 now at a clock posedge,the operation is :: 3+3=6 and carry is 0
2050 now at a clock posedge,the operation is :: 4+4=8 and carry is 0
2150 now at a clock posedge,the operation is :: 5+5=10 and carry is 0
2250 now at a clock posedge,the operation is :: 6+6=12 and carry is 0
2350 now at a clock posedge,the operation is :: 7+7=14 and carry is 0
2450 now at a clock posedge,the operation is :: 8+8=0 and carry is 1
……（略）
$finish at simulation time              160001
VCS Simulation Report
Time:160001
CPU Time:     0.100 seconds; Data structure size: 0.0Mb
Tue Jan    8 15:37:31 2022
```

验证输出信息，可以发现模块的设计是正确的，满足全加器的设计要求。

二、基本逻辑门的 Verilog 设计

下面设计一个 4 位串行进位加法器。4 位串行进位加法器可由 4 个 1 位全加器构成，1 位全加器的逻辑式为：

$$\text{sum} = a \oplus b \oplus c\_in$$

$$c\_out = a \cdot b + c\_in \cdot (a \oplus b)$$

4 位串行进位加法器的逻辑电路如图 1–3 所示。

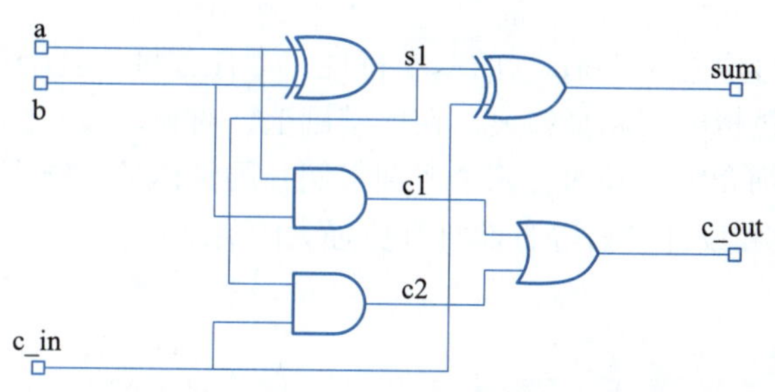

图 1–3　4 位串行进位加法器的逻辑电路

其 Verilog 代码如下：

```
module fulladd(sum,c_out,a,b,c_in);
//端口声明
output sum,c_out;
input a,b,c_in;
//内部网线声明
wire s1,c1,c2;
//门级实例引用
xor(s1,a,b);
and(c1,a,b);
and(c2,s1,c_in);
xor(sum,s1,c_in);
or(c_out,c1,c2);
endmodule
```

问题讨论 >>>

① Linux 和 Windows 两个操作系统的特点分别是什么？

② Linux 中的 Shell 有哪几种类型？各具有什么优缺点？

③ VCS 的工作方式是怎样的？

④ Verilog 有哪些特点？

⑤ Verilog 语法支持哪几种数字电路系统的描述方法？

任务二 基础单元和模块的 Verilog 设计

任务概述

前面的任务里已经学习了 Verilog 的基本特性，本任务将从基础单元的 Verilog 设计开始，介绍基础单元的逻辑电路和真值表。在此基础上，对模块设计的层次建模和功能分析以及函数实现进行详细介绍，并通过四个实训案例开展具体的技能训练，这些模块化的设计可使 Verilog 在建模和设计分析等方面具有更强大的灵活性。

背景知识

一、综合工具 DC 认知

集成电路的设计过程可分为前端设计（front end）和后端设计（back end）两个阶段。在前端设计阶段，根据用户需求，确定设计所要实现的功能和时序，并确定出具体的数字逻辑电路（schematic）；在后端设计阶段，由电路逻辑图产生相应的电路版图（layout）。

图 1-4 所示为通常的芯片设计流程。从图 1-4 中可以看出，对一个完整的设计流程来说，前端工作主要完成芯片与通信整机的设计接口问题，以及整个芯片的内部总体结构设计；而后端工作主要是在前端设计的基础上，使用 EDA（电子设计自动化）工具，遵循设计流程，完成整个芯片的设计。

1. 芯片的综合

综合就是将设计的原始思想转化为可大规模生产的并可以执行预期功能的器件的过程。长期以来，硬件描述语言（Verilog HDL）只是用于逻辑验证，设计者不得不手工将 Verilog 代码转换为逻辑图并连接各个组件来生成门级网表。但是随着综合工具的优化，设计人员已经可以通过工具实现 Verilog 代码到门级网表的自动转换。

自动综合的过程通常由约束来驱动，具体的约束条件如下：

① 环境属性约束：电压、温度、模式、线负载模型。

② 设计规则约束：面积、扇出、驱动、负载。

③ 时序约束。

2. DC 综合流程

DC（Design Compiler）是一款基于 UNIX 系统，通过命令行进行交互的综合工具，除了综合之外，它还可以提供静态时序分析引擎及 FPGA 和 LTL（links-to-layout）的解决方案。

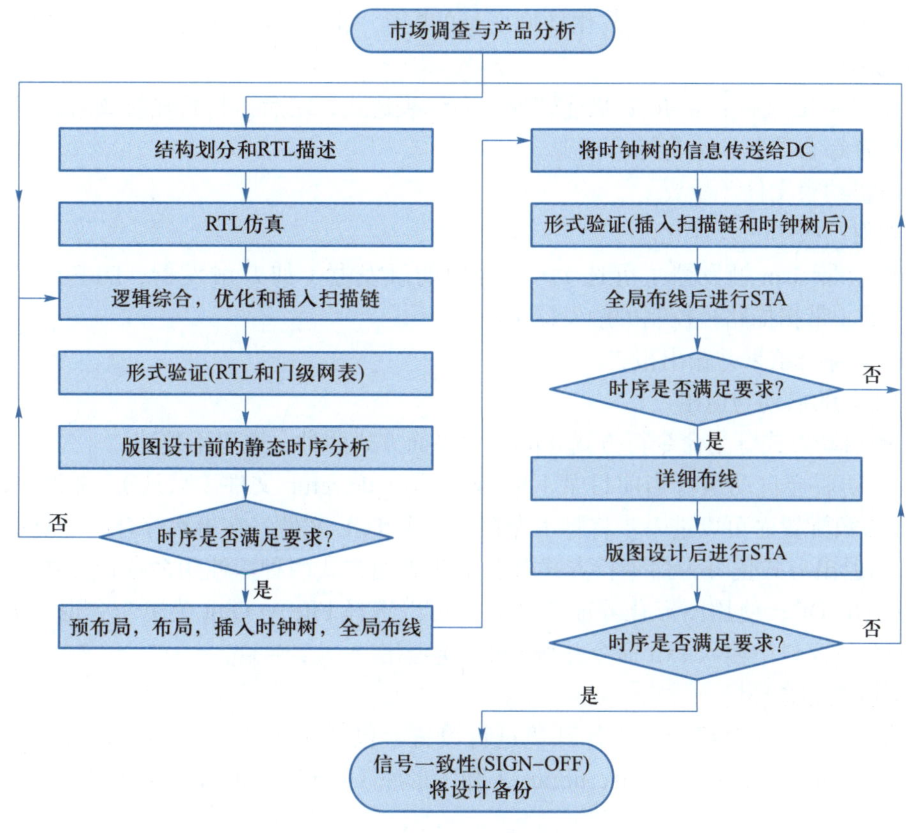

图 1-4　芯片设计流程

综合主要包括三个阶段：转换（translation）、优化（optimization）与映射（mapping）。在转换阶段，综合工具将高层语言描述的电路用门级的逻辑来实现，对于 DC 来说，就是使用 gtech.db1 库中的门级单元来组成 Verilog 语言描述的电路，从而构成初始的未优化的电路。优化与映射是指综合工具对已有的初始电路进行分析，去掉电路中的冗余单元，并对不满足限制条件的路径进行优化，然后将优化之后的电路映射到由制造商提供的工艺库上。DC 综合流程如图 1-5 所示，具体步骤如下：

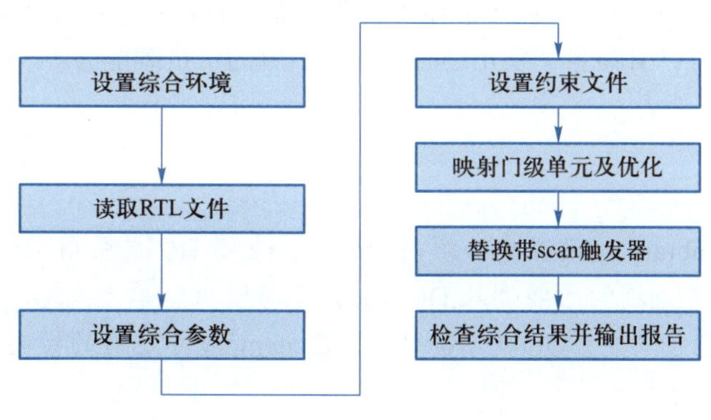

图 1-5　DC 综合流程

① 设置综合环境：进行参数化环境变量的配置、目录结构的设置、文件的管理，指定库文件路径等。

② 读取 RTL 文件：将 RTL 描述转换成布尔表达式，之后再将其映射成门级网表。

③ 设置综合参数：进行综合配置。

④ 设置约束文件（重要）。

⑤ 映射门级单元及优化。

⑥ 替换带 scan 触发器（可选）：将普通的触发器（如 *D* 触发器，DFF）替换成带 scan 触发器（带扫描路径控制的触发器）。

⑦ 检查综合结果并输出报告。

（1）DC 的启动与退出

DC 的启动方式分为命令行方式和图形化界面方式两种，这里不赘述。

DC 启动后会自动运行当前目录下的 .synopsys_dc.setup 文件（默认），文件中含有默认的设计参数配置。可以进一步将脚本保存成一个 TCL 文件，在再次综合时重复使用。

DC 的退出方式也分为命令行方式和图形化界面方式两种。使用命令行方式时，执行 exit 命令退出 DC；使用图形化界面方式时，可以选择 File → Quit 菜单命令退出 DC，也可以在命令行窗口中输入 exit 命令并按 Enter 键退出。

（2）设置综合环境

启动 DC 后首先对综合库文件环境进行设置，包括库文件路径（search_path）、目标库（target_library）、链接库（link_library）和图形库（symbol_library）的设置。

小提示

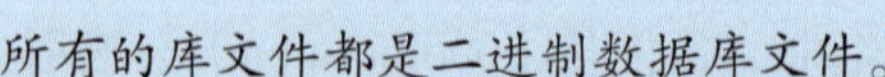

① 库文件路径（search_path）：综合工具只会从该指定的路径去寻找各种库文件。

② 目标库（target_library）：将 Verilog 代码映射成门级网表时参考的库文件，一般就是与工艺对应的标准单元库。目标库文件中包含单元电路的延时信息，DC 综合时就是根据该延时信息来计算路径延时的。

③ 链接库（link_library）：包括半导体制造商提供的单元电路及其相关信息的技术库，这些信息包括单元名、引脚名、单元延时信息、引脚的带负载能力等。

小提示

在 link_library 的设置中必须包含“*”，表示 DC 在引用实例化模块或者单元电路时首先搜索已经调入 DC memory 的模块和单元电路。如果在 link_library 中不包含“*”，DC 就不会使用 DC memory 中已有的模块和单元电路。

④ 图形库（symbol_library）：定义单元显示的图形库，在图形化界面中使用。

（3）读取 RTL 文件（或网表文件）

读取 RTL 文件的方式包括以下两种。

① 方法一：逐个读取。理论上 DC 可以读取设计流程中的任意一种数据格式，如行为级的描述、RTL 描述、门级网表等。不过，由于不同的数据格式使得 DC 综合的起点不同，因此即使实现相同的功能，也可能产生不同的结果。

代码示例如下：

```
read_verilog rtl_file1.v
read_verilog rtl_file2.v
```

② 方法二：一次性读取整个 flist。读取 RTL 文件的另外一种方式是配合使用 analyze 命令和 elaborate 命令。其中，analyze 命令用于分析源程序并将分析产生的中间文件存于 work 目录中；elaborate 命令则用于在产生的中间文件中生成 Verilog 的模块，默认情况下，elaborate 命令读取的是 work 目录中的文件。

代码示例如下：

```
analyze -format sverilog -vcs "-f $RTL_FILE/flist.f"
```

小提示

当读取完所要综合的模块之后，需要使用 link 命令将读取到 DC 存储区中的模块或实体连接起来，如果在使用 link 命令之后，出现 unresolved design reference 的警告信息，则需要重新读取该模块，或者在 .synopsys_dc.setup 文件中添加 link_library，命令 DC 到库中去查找这些模块。

（4）设置综合参数

设置综合参数主要包括设置一些编译选项，以及连线、端口及模块命名的规范，如是否允许使用锁存器（latch），是否允许赋值（assign）等。代码示例如下；

```
#/************************************************************
#***                    HDL RULES                        ****
#/************************************************************/
set hdlin_check_no_latch                      true
set hdlin_suppress_warnings                   false
set hdlin_ff_always_sync_set_reset            true
```

```
set hdlin_infer_mux                              default
set hdlin_keep_signal_name                       all_driving
set hdlin_on_sequential_mapping                  false
set compile_delete_unloaded_sequential_cells     true
set helin_preserve_sequential_cells              true
set hdlin_preserve_sequential                    none
#/*************************************************************
#***              VERILOG RULES:VERILOG OUT                ****
#/************************************************************/
set verilogout_show_unconnected_pins             true
set verilogout_no_tri                            true
```

（5）设置约束文件

设置过程中约束文件的设计规则是 Vendor 技术库默认给定的。为了保证电路在制造之后能够正确工作，设计时不能够违反这些设计规则，而且不能取消这些设计规则的限制条件，不过在使用时可以根据要求附加更加严格的设计规则。

约束文件主要包括以下几类。

1）DRC 约束

约束命令如下：

① set_max_transition：设置最大转换时间，即电压从 10%V_{DD} 上升到 90%V_{DD} 所需要的时间，或电压从 90%V_{DD} 下降到 10%V_{DD} 所需要的时间。

② set_max_fanout：设置允许的最大等效负载。

③ set_max_capacitance：设置输出单元允许的电容负载。

2）时序约束

约束命令如下：

① create_clock：在电路综合过程中，所有时序电路以及组合电路的优化都是以时钟为基准来计算路径延时的，因此要在综合时指定时钟，作为路径延时计算的基准。该命令的格式如下：

```
create_clock -name clk_name -period cycle_value -waveform edge_list
```

② set_input_delay：当路径跨越模块边界时，需要将整条路径允许的延时在两个模块之间进行分配，该命令用于定义输入信号允许的到达时间。该命令的格式如下：

```
set_input_delay -clock clk_name -max max_value -min min_value -add_delay
```

③ set_output_delay：该命令与 set_input_delay 类似，用于定义输出信号允许的到达时间。该命令的格式如下：

```
set_output_delay -clock clk_name -max max_value -min min_
value -add_delay
```

3）面积约束

set_max_area：芯片面积直接影响其成本，芯片面积越大，则其成本越高，因此，设计芯片时总是希望其面积尽量小，以降低成本。该命令用于限制电路综合后的最大面积，格式如下：

```
set_max_area area_value
```

（6）映射门级单元及优化

该步骤通过进一步综合把 RTL 代码映射成门级网表，同时优化其中的逻辑。综合完成后可以使用 -inc 命令在原有基础上进行进一步的优化，也可以使用 complie_ultra 命令进行进一步的优化。代码示例如下：

```
#compile -map_effort high
#compile_ultra -no_autoungroup -inc
do_compile > $RPT_OUT/compile.rpt
do_compile_inc > $RPT_OUT/compile_inc.rpt
do_compile_inc > $RPT_OUT/compile_inc2.rpt
```

（7）替换带 scan 触发器

为了满足芯片的可测试性设计（design for test，DFT），综合过程中还需要将所有的触发器替换成带 scan 的触发器。

小提示

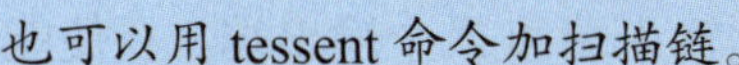
也可以用 tessent 命令加扫描链。

（8）检查综合结果并输出报告

最后，检查综合结果并输出报告，流程如下：

① 用 check_design 命令检查设计中是否存在其他隐患问题。

② 用 check_timing 命令检查设计中是否有路径没有被约束，原则上每条路径都应该被约束。

③ 用 report_qor 命令查看整体综合后的结果。

④ 用 report_area 命令查看综合后得到的面积。

⑤ 用 report_timing 命令查看具体的时序信息。

⑥ 用 write_file -f verilog 命令得到综合后的网表文件，提供给后端设计。

⑦ 用 write_file -f ddc 命令保存当前综合的数据。

⑧ 用 write_sdf 命令得到综合后的标准延时格式（SDF）文件。

二、数据选择器原理

数据选择器是两路以上的多路选择器，由多路数据输入（≥ 2）、1 位或多位的选择控制和一路数据输出所组成。多路选择器从多路输入中选取其中一路将其传送到输出，由选择控制信号决定输出的是第几路输入信号。图 1-6 所示为二选一多路选择器。图 1-6（a）所示为二选一多路选择器的图形符号，选择控制信号 s 决定了输出 f 的值等于 W_0 还是 W_1；多路选择器的功能也可用真值表来表示，如图 1-6（b）所示；图 1-6（c）所示为用与或形式表示的二选一多路选择器的逻辑电路。

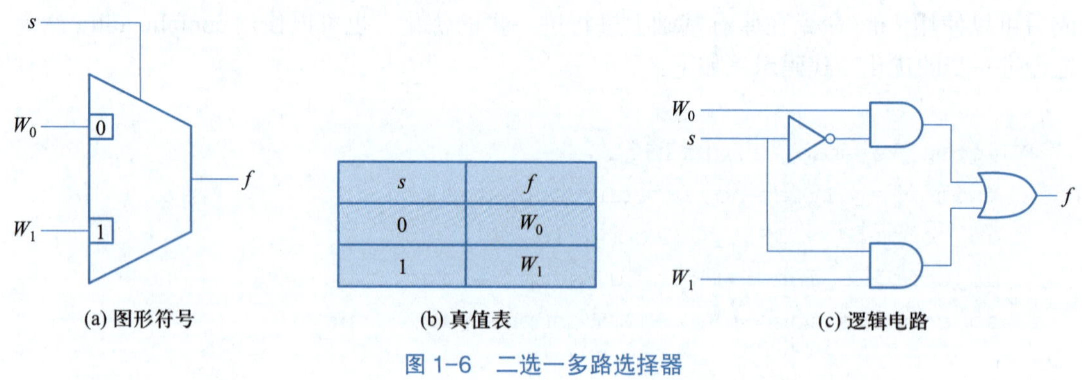

s	f
0	W_0
1	W_1

(a) 图形符号　(b) 真值表　(c) 逻辑电路

图 1-6　二选一多路选择器

三、译码器原理

译码电路有二进制译码器、二—十进制译码器和显示译码器三类。3—8 译码器就属于二进制译码器，其输入的 3 位二进制代码共有 8 种状态，这 8 种状态分别用输出线上的高低电平表示。二进制译码器一般具有 n 个数据输入端和 2^n 个输出端。在使能输入端为有效电平时，对应每一组输入代码，仅一个输出端为有效电平，其余输出端为无效电平（与有效电平相反）。有效电平可以是高电平（称为高电平译码），也可以是低电平（称为低电平译码）。图 1-7 所示为 2—4 译码器。图 1-7（a）所示为 2—4 译码器的图形符号；图 1-7（b）所示为对应的真值表；图 1-7（c）所示为用与或形式表示的 2—4 译码器的逻辑电路。

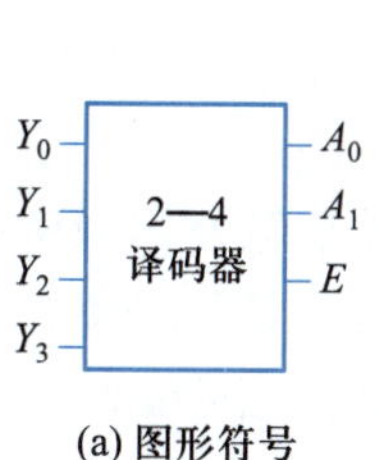

(a) 图形符号

输入			输出			
E	A_1	A_0	Y_0	Y_1	Y_2	Y_3
1	X	X	1	1	1	1
0	0	0	0	1	1	1
0	0	1	1	0	1	1
0	1	0	1	1	0	1
0	1	1	1	1	1	0

(b) 真值表

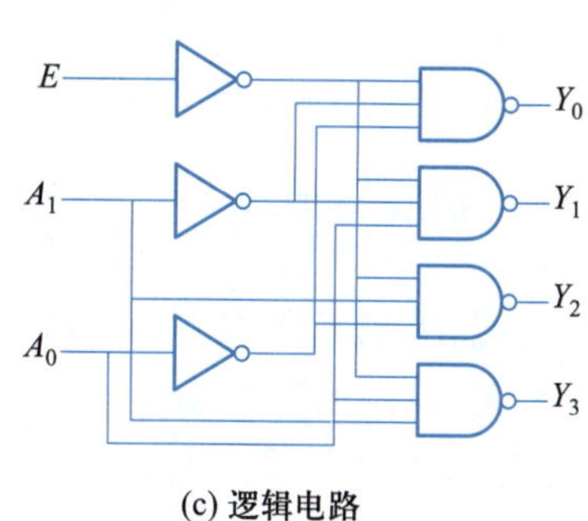

(c) 逻辑电路

图 1-7 2—4 译码器

四、编码器原理

编码器的作用与译码器相反，用于把给定的信息转换成更紧凑的形式。

二进制编码器把来自 2^n 条输入线的信息编码转换成 n 位二进制码，如图 1-8 所示。准确地说，每次输入的 2^n 位信号中只能有 1 位为 1，其余均为 0（即独热码），而编码器的输出信号为一个二进制数，表明对应的哪个输入位为 1。图 1-9（a）所示为 4 位输入、2 位输出编码器（简称 4—2 编码器）的真值表。观察真值表可知，当输入 W_1 或 W_3 为 1 时，输出 Y_0 为 1；当输入 W_2 或 W_3 为 1 时，输出 Y_1 为 1。其逻辑电路如图 1-9（b）所示。注意，这里假设输入信号是特定编码，那些有两位或两位以上被设置为 1 的输入组合并没有列在真值表中，这些输入形式不予考虑。

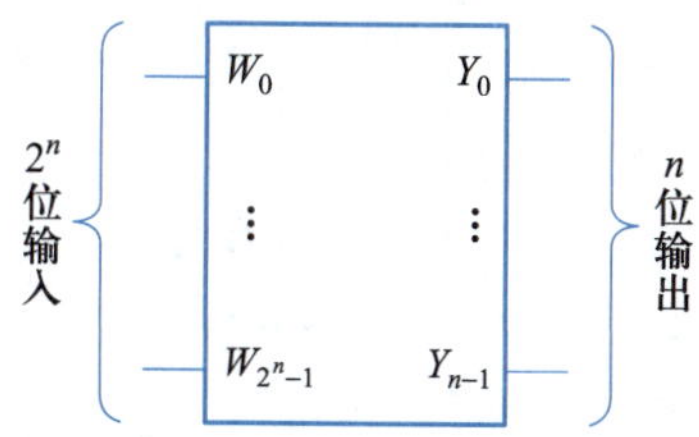

图 1-8 2^n 位输入、n 位输出的二进制编码器图形符号

输入				输出	
W_3	W_2	W_1	W_0	Y_1	Y_0
0	0	0	1	0	0
0	0	1	0	0	1
0	1	0	0	1	0
1	0	0	0	1	1

(a) 真值表

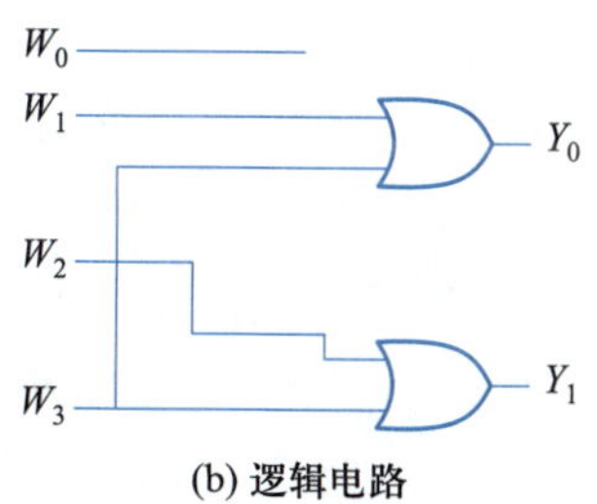

(b) 逻辑电路

图 1-9 4 位输入、2 位输出编码器

在数字系统里传输特定信息时，常使用编码器将信息编码，以有效减少需存储代码的位数。

五、触发器原理

触发器是指在时钟的跳变沿时刻改变状态的存储器件，这里以主从型 *D* 触发器为例进行说明。如图 1-10（a）所示，主从型 *D* 触发器由两个门控 *D* 锁存器组成。第一个锁存器称为主锁存器，当 *Clock*=1 时，改变状态；第二个锁存器称为从锁存器，当 *Clock*=0 时改变状态。此电路的运行情况描述如下：当时钟信号为高电平（*Clock*=1）时，主锁存器的状态 Q_m 跟随输入信号 *D* 的变化而变化，而从锁存器的状态 Q_s 保持不变。当时钟信号变为低电平（*Clock*=0）时，主锁存器的状态 Q_m 不再随着输入信号 *D* 的变化而变化，而从锁存器的状态 Q_s 则会跟随 Q_m 的变化而变化。因为 Q_m 在 *Clock*=0 时不会发生变化，因此从锁存器在一个周期内最多只会发生一次状态的改变。从外部观察者的角度来看，从锁存器的输出端 Q_s 只在 *Clock* 的下降沿（*Clock* 由 1 变成 0 的时刻）改变其状态。在一个周期内，连接到主锁存器的输入信号 *D* 可能发生很多次变化（当 *Clock*=1 时，Q_m 也跟随着变化多次，而当 *Clock*=0 后，Q_m 不再变化），而在 Q_s 处观察到的只能是 *Clock* 下降沿时刻的 Q_m。换言之，主从型 *D* 触发器的输出信号 Q_s 是在时钟下降沿时刻采集到的输入信号 *D* 的瞬时值，它是一个稳定的值，如图 1-10（c）所示。

图 1-10（b）所示为主从型 *D* 触发器的图形符号。在触发器的图形符号中，“▷”表示该触发器是由时钟沿触发的，“○”表示该触发器是由下降沿触发的。

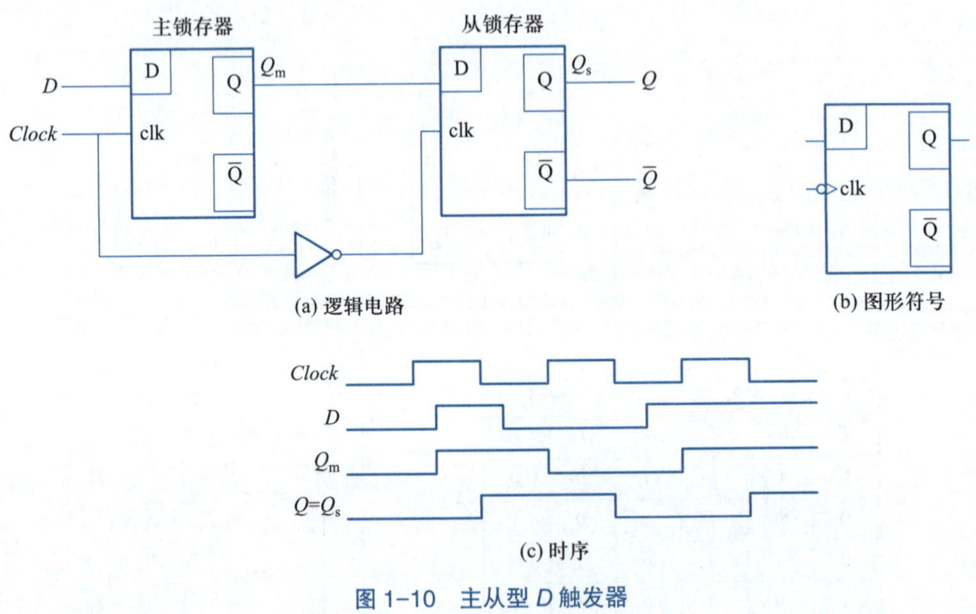

图 1-10 主从型 *D* 触发器

技能训练 >>>

1. 使用环境

① EDA 工具：Vivado。

② 硬件描述语言：Verilog。

2. 知识背景

① 数字逻辑。

② Verilog。

一、多位四选一数据选择器的 Verilog 设计

1. 训练实验要求

数据在计算机中采用二进制信息表示，对于前面介绍的数据选择器，其输入数据只能是 1 位二进制数，显然无法满足现实需求，因此本训练要求设计一个多位四选一数据选择器。图 1-11 所示为多位四选一数据选择器功能示意图，其中还包括一个低电平输入有效的使能端 E。

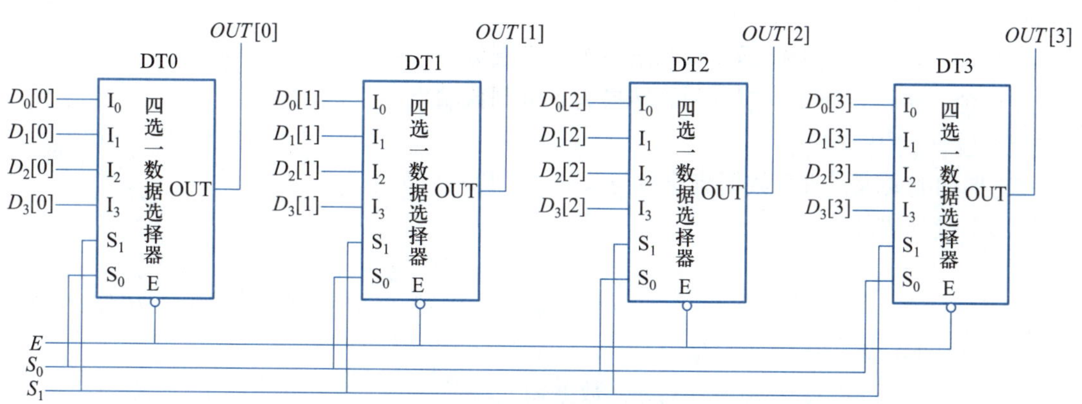

图 1-11　多位四选一数据选择器功能示意图

（1）层次建模

多位四选一数据选择器模型如图 1-12 所示。

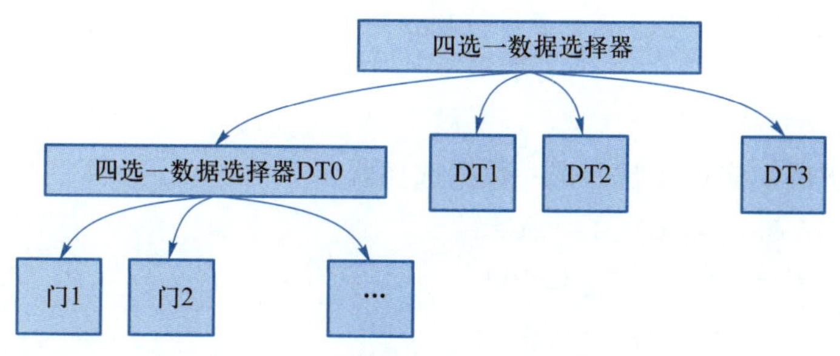

图 1-12　多位四选一数据选择器模型

（2）功能分析

多位四选一数据选择器的简化真值表见表 1-5（假设选择结果为 5）。

表 1-5 多位四选一数据选择器简化真值表

合（十进制）	分（二进制）			
9	1	0	0	1
5	0	1	0	1
7	0	1	1	1
8	1	0	0	0
选（处理）	0	1	0	1
合（十进制）	5			

其功能分析如下：

① 合：将十进制数拆成 4 位二进制数。

② 分：4 位数的第 1 位进入第一个数据选择器，第 2 位进入第二个数据选择器，以此类推。

③ 选：每个数据选择器分别选出一个二进制数。

④ 合：将得到的 4 位二进制数转换为十进制数输出。

2. 设计代码参考

根据功能要求，进行数据流建模与验证，代码示例如下。

（1）设计块部分

```
`timescale 1ns/1ps          //使用数据流建模，实现 1 位的四选一数据选择器
module choose_4to1(
    input i0,i1,i2,i3,      //数据输入端
    input s1,s0,            //地址输入端
    input e,                //使能端
    output out              //输出端
    );
    assign out=((~s1)&(~s0)&i0|(~s1)&s0&i1|s1&(~s0)&i2|s1&
s0&i3)&e;
endmodule
//向量型扩展，实现 4 位四选一数据选择器
module choose_4to1_4sizes(
    input[3:0] d0,d1,d2,d3,
    input s1,s0,
```

```
    input e,
    output[3:0] out
    );
//4 个 1 位四选一数据选择器实例
    choose_4to1 DT0(d0[0],d1[0],d2[0],d3[0],s1,s0,e,out[0]);
    choose_4to1 DT1(d0[1],d1[1],d2[1],d3[1],s1,s0,e,out[1]);
    choose_4to1 DT2(d0[2],d1[2],d2[2],d3[2],s1,s0,e,out[2]);
    choose_4to1 DT3(d0[3],d1[3],d2[3],d3[3],s1,s0,e,out[3]);
endmodule
```

（2）验证部分

调用设计块实例，施加激励信号，利用系统函数显示结果，验证设计块的正确性。若不正确，则改正后再次验证，直到正确为止。

```
`timescale 1ns/1ps
module test(
    );
    reg[3:0] I0=9,I1=5,I2=7,I3=8;
    reg S1,S0;
    reg E=1;
    wire[3:0] OUT;
    choose_4to1_4sizes CT0(I0,I1,I2,I3,S1,S0,E,OUT);
    initial
      #1 $monitor("S1=%b,S2=%b,OUT=%d\n",S1,S0,OUT);
    initial
    begin
      $display("I0=%d,I1=%d,I2=%d,I3=%d\n\n",I0,I1,I2,I3);
      #1 S1=0;S0=0;
      #1 S1=0;S0=1;
      #1 S1=1;S0=0;
      #1 S1=1;S0=1;
    end
endmodule
```

二、3—8 译码器的 Verilog 设计

1. 训练实验要求

根据译码器原理设计一个 3—8 译码器，有 3 位输入、8 位输出，逻辑连接如图 1-13 所示。

（1）层次建模

3—8 译码器模型如图 1-14 所示。

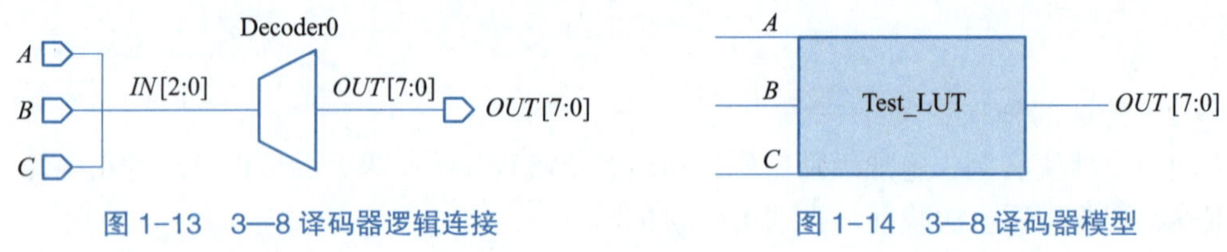

图 1-13　3—8 译码器逻辑连接　　图 1-14　3—8 译码器模型

（2）功能分析

3—8 译码器的真值表见表 1-6。

表 1-6　3—8 译码器真值表

A	*B*	*C*	*OUT*
0	0	0	0000_0001
0	0	1	0000_0010
0	1	0	0000_0100
0	1	1	0000_1000
1	0	0	0001_0000
1	0	1	0010_0000
1	1	0	0100_0000
1	1	1	1000_0000

2. 设计代码参考

根据训练实验要求，进行数据流建模与验证，代码示例如下。

（1）设计块部分

```
`timescale 1ns/1ps
module decode(
    a,
```

```
    b,
    c,
    out
    );
    input a;
    input b;
    input c;
    output reg [7:0] out;

    always@(*)
    begin
        case({a,b,c})
            3'b000:out = 8'b00000001;
            3'b001:out = 8'b00000010;
            3'b010:out = 8'b00000100;
            3'b011:out = 8'b00001000;
            3'b100:out = 8'b00010000;
            3'b101:out = 8'b00100000;
            3'b110:out = 8'b01000000;
            3'b111:out = 8'b10000000;
        endcase
    end
endmodule
```

（2）验证部分

调用设计块实例，施加激励信号，利用系统函数显示结果，验证设计块的正确性。若不正确，则改正后再次验证，直到正确为止。

```
`timescale 1ns/1ps
module tb_decode();

    reg a;
    reg b;
    reg c;
    wire [7:0]out;

    /// 例化
```

```
    decode decode_test(
    .a(a),
    .b(b),
    .c(c),
    .out(out)
    );

    initial begin
        a=0;b=0;c=0;
        #200;
        a=0;b=0;c=1;
        #200;
        a=0;b=1;c=0;
        #200;
        a=0;b=1;c=1;
        #200;
        a=1;b=0;c=0;
        #200;
        a=1;b=0;c=1;
        #200;
        a=1;b=1;c=0;
        #200;
        a=1;b=1;c=1;
        #200;
        $stop;//结束仿真
    end
endmodule
```

三、3 位二进制编码器的 Verilog 设计

1. 训练实验要求

根据编码器原理设计一个 3 位二进制编码器，有 8 位输入、3 位输出，如图 1-15 所示。

（1）层次建模

3 位二进制编码器模型如图 1-16 所示。

（2）功能分析

3 位二进制编码器的真值表见表 1-7。

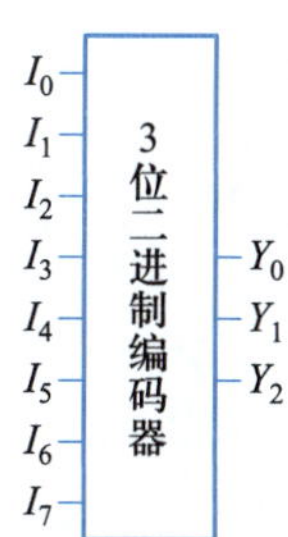

图 1-15　3 位二进制编码器

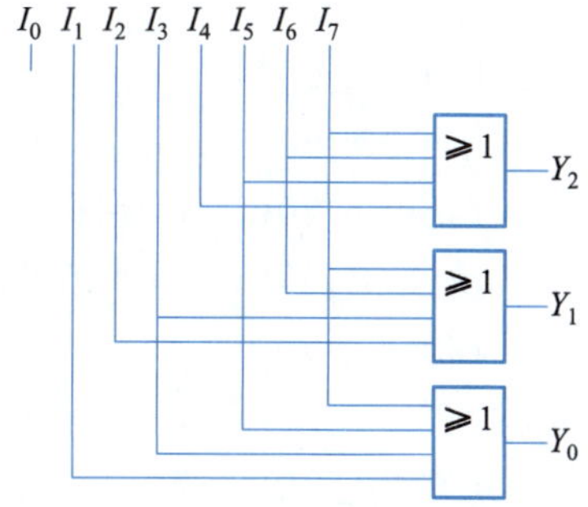

图 1-16　3 位二进制编码器模型

表 1-7　3 位二进制编码器真值表

输入								输出		
I_0	I_1	I_2	I_3	I_4	I_5	I_6	I_7	Y_2	Y_1	Y_0
1	0	0	0	0	0	0	0	0	0	0
0	1	0	0	0	0	0	0	0	0	1
0	0	1	0	0	0	0	0	0	1	0
0	0	0	1	0	0	0	0	0	1	1
0	0	0	0	1	0	0	0	1	0	0
0	0	0	0	0	1	0	0	1	0	1
0	0	0	0	0	0	1	0	1	1	0
0	0	0	0	0	0	0	1	1	1	1

2. 设计代码参考

根据训练实验要求，进行数据流建模与验证，代码示例如下。

（1）设计块部分

```
`timescale 1ns/1ps
module bm8_3(a,b);
input[7:0] a;
wire[7:0] a;
output[2:0] b;
reg[2:0] b;
always@(a)
   begin
    case(a)
     8'b0000_0001:b<=3'b000;
```

```
        8'b0000_0010:b<=3'b001;
        8'b0000_0100:b<=3'b010;
        8'b0000_1000:b<=3'b011;
        8'b0001_0000:b<=3'b100;
        8'b0010_0000:b<=3'b101;
        8'b0100_0000:b<=3'b110;
        8'b1000_0000:b<=3'b111;
        default:b<=3'b000;
      endcase
      end
  endmodule
```

（2）验证部分

根据输出结果，验证设计块代码是否正确，若不正确，则改正后再次验证，直到正确为止。

四、具有异步清零功能的 1 位 *D* 触发器的 Verilog 设计

1. 训练实验要求

根据触发器原理设计一个 1 位 *D* 触发器，其功能为：当时钟上升沿到来时，输入信号 *D* 传输到输出端 *Q*，清零信号 *CLR* 在 always 的敏感列表中，使得该触发器还具有异步清零的功能，*RST* 为同步复位信号。

（1）层次建模

具有异步清零功能的 1 位 *D* 触发器的模型如图 1-17 所示。

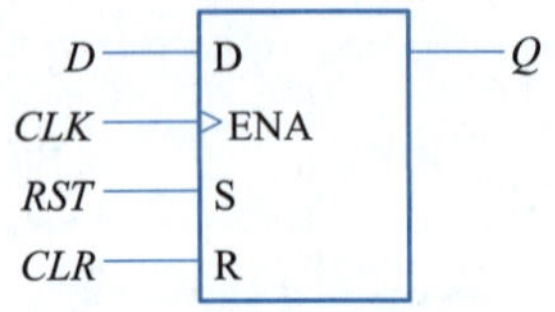

D — D ⋯ Q
CLK — >ENA
RST — S
CLR — R

图 1-17 具有异步清零功能的 1 位 *D* 触发器模型

（2）功能分析

具有异步清零功能的 1 位 *D* 触发器的真值表见表 1-8。

表 1-8 具有异步清零功能的 1 位 *D* 触发器真值表

CLR	*RST*	*D*	*CLK*	*Q*
1	×	×	×	0
0	1	×	上升沿	1
0	0	×	0	保持输入
0	0	×	1	保持输入
0	0	0	上升沿	0
0	0	1	上升沿	1

2. 设计代码参考

根据训练实验要求，进行数据流建模与验证，代码示例如下。

（1）设计块部分

```
//1 位 D 触发器 Verilog 程序代码
module dff(clk,clr,rst,d,q);
input clk;
input clr,rst;
input d;
output q;
reg q;
always@(posedge clk or posedge clr)   //敏感源为时钟上升沿或清零信号的上升沿（异步清零）
begin
    if(clr= =1'b1)           //清零信号有效时（高电平），输出清零
        q <=1'b0;
    else if(rst= =1'b1)  //复位信号有效时（高电平），输出置 1（同步置 1）
        q <=1'b1;
    else                     //二者都无效时，输出保持当前输入的状态
        q <=d;
end
endmodule
```

（2）验证部分

调用设计块实例，施加激励信号，利用系统函数显示结果，验证设计块的正确性。若不正确，则改正后再次验证，直到正确为止。

```
`timescale 1ns/1ps
module dff_tb;
wire q;
reg clk,clr,rst,d;                //时钟信号
always
begin
    #10 clk=~clk;
end
//初始化
initial
begin
```

```
        clk=1'b0;
        clr=1'b0;
        rst=1'b0;
        d=1'b0;
        #10 rst=1'b1;              //10ns 后复位信号有效，此刻输出应该置 1
        #10 clr=1'b1;d=1'b1;       // 又过了 10ns，清零信号有效，且复位信号也继续有效，但清零信号优先级高，所以此刻输出应该清零
        #10 clr=1'b0;rst=1'b0;     // 又过了 10ns，复位和清零信号均无效，输出应该保持当前输入的状态，也就是高电平
        #20 d=1'b0;
        #20 d=1'b1;
    end
    // 实例化
    dff u1(.clk(clk),.clr(clr),.rst(rst),.d(d),.q(q));
    endmodule
```

问题讨论

① 设计一个带异步清零（$Q=0$）和复位（$Q=1$）端口的由上升沿触发的 D 触发器。

② 使用基本逻辑门设计一个 1 位全加器。

③ 考虑 4 位全加器，写一个激励文件对全加器进行随机测试，并观察输出。

④ 定义一个输出为 8 位的函数，其功能是将两个 4 位数相乘，设计激励模块对这个函数进行调用，并检查功能的准确性。

任务三 复杂单元和模块的 Verilog 设计

任务概述

本任务作为 CMOS 数字集成电路设计与验证项目（项目三）的基础，详细介绍 CMOS 数字集成电路的设计流程和方法，在此基础上对设计过程中所使用的静态时序分析工具 PT、形式验证工具 Formality 及复杂单元的 Verilog 设计进行详细介绍，并通过三个实训案例开展具体的技能训练。

背景知识 >>>

一、静态时序分析工具 PT 认知

集成电路已经进入 VLSI（超大规模集成电路）和 ULSI（特大规模集成电路）的时代，电路规模迅速上升到了几十万门以至几百万门。而芯片设计人员的设计能力只是在线性增长，远远跟不上按照摩尔定律上升的电路规模和复杂度的要求，这促使新的设计方法和高性能的 EDA 软件不断发展。随着芯片设计规模和复杂度的不断增加，随着数百万系统门的设计变得越来越普遍，时序分析和设计验证方面的问题正日益成为限制芯片设计人员的瓶颈。

对于这些问题，设计者们提出的策略有：创建物理综合技术、开发更快更方便的仿真器、使用静态时序分析和形式验证技术、推动 IP 的设计和应用等。这里将着重探讨其中的静态时序分析和形式验证两项技术，在集成电路设计日益繁复的背景下，它们为芯片产品更快更成功地面向市场提供了可能。

由于静态时序分析方法有分析速度更快等优点，因此正在被更多的设计者们所重视。PT（PrimeTime）是 Synopsys 公司的静态时序分析软件，常用来分析大规模、同步、数字 ASIC。PT 适用于门级的电路设计，可以与 Synopsys 公司的其他 EDA 软件非常好地结合在一起使用。

作为专门的静态时序分析工具，PT 可以为一个设计提供下列时序分析和设计检查：① 建立和保持时间的检查；② 时钟脉冲宽度的检查；③ 时钟门的检查；④ 未约束的时序端点的检查；⑤ 主从时钟的检查；⑥ 多个时钟寄存器的检查；⑦ 组合反馈回路的检查；⑧ 基于设计规则的检查，包括对输出单元允许的电容负载、最大传输时间、允许的最大等效负载的检查等。

1. PT 进行静态时序分析的流程

使用 PT 对一个电路设计进行静态时序分析，一般要经过以下步骤：

（1）设置设计环境

在可以进行静态时序分析之前，首先要进行一些必要的设置和准备工作。具体来说包括：① 设置查找路径和链接路径；② 读入设计和库文件；③ 链接顶层设计；④ 对必要的操作条件进行设置，包括线上负载的模型、端口负载、驱动，以及转换时间等；⑤ 设置基本的时序约束并进行检查。

（2）指定时序约束（timing assertions/constraints）

包括定义时钟周期、波形、不确定度、潜伏性，以及指明输入 / 输出端口的延时等。

（3）设置时序异常情况（timing exceptions）

包括：① 设置多循环路径；② 设置虚假路径；③ 定义最大 / 最小延时、路径分段等。

（4）进行时序分析

在做好以上准备工作的基础上，可以对电路进行静态时序分析，生成路径延时报告。

PT 提供了两种用户界面：图形用户界面（graphical user interface，GUI）和基于 TCL

（工具命令语言）的代码行界面 pt_shell。其运行方式分别如下：

```
%PrimeTime
```

```
%pt_shell
```

退出 PT 的命令包括 quit、exit 或者 ^d。事实上，在 GUI 中通过菜单进行的每一个操作，都对应着相应的 pt_shell 代码，因此下面都只针对 pt_shell 来完成。

2. PT 中的对象

在芯片设计中，“对象”（object）是一个常用的概念。一般来说，一个设计会包含的对象有 Design、Cell、Port、Pin、Reference、Net、Clock 等。在分析和验证的过程中，也经常要与这些对象打交道。因此，搞清楚这些概念，才不会在使用软件的过程中遇到不必要的障碍。

① Design：具有一定逻辑功能的电路描述。它可以是独立的，也可以包含其他的子设计。

② Cell：在 Synopsys 的术语中，Cell 和 Instance 被认为是同样的概念，都是 Design 中例化的一个具体元件。

③ Port：主要的输入、输出或者 Design 的 I/O 引脚。

④ Pin：对应于设计中的 Cell 的输入、输出或者 I/O 引脚。

⑤ Reference：Cell 或者 Instance 参考的源设计的定义。

⑥ Net：信号的名称，即通过连接 Port 与 Pin 或者 Pin 与 Pin 而把一个设计连接在一起的金属线的名字。

⑦ Clock：时钟源的 Port 或者 Pin。

3. 静态时序分析前的准备工作

（1）编译时序模型

stamp 模型是针对复杂模块［如 DSP（数字信号处理）或 RAM（随机存取存储器）］而设计的静态时序模型，通常应用于晶体管级的设计。stamp 模型中可以包含的时序信息有 Pin-to-Pin 的建立和保持时间、引脚的电容和负载，以及三态输出、锁存器、内建时钟等。

（2）设置查找路径和链接路径

查找路径和链接路径在 PT 中对应着两个变量：search_path 和 link_path。用户可以使用 set 命令对它们进行设置，代码示例如下：

```
set search_path "."       //设置查找路径
set link_path "* pt_lib.db STACK_lib.db Y_lib.db" //设置链接路径
```

小提示

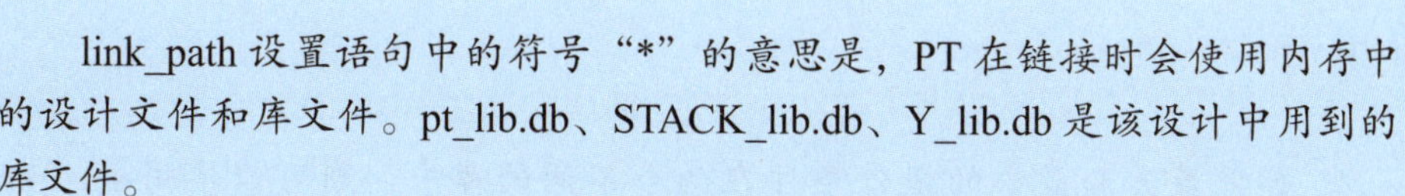

link_path 设置语句中的符号“*”的意思是，PT 在链接时会使用内存中的设计文件和库文件。pt_lib.db、STACK_lib.db、Y_lib.db 是该设计中用到的库文件。

（3）读入设计文件

PT 可以接受的文件类型，以及读入每一种类型的文件时所使用的不同代码见表 1-9。

表 1-9　PT 文件类型

PT 可以接受的文件类型	代码
Synopsys 数据库文件（.db）	read_db
Verilog 网表文件	read_verilog
EDIF（电子设计交换格式）网表文件	read_edif
VHDL 网表文件	read_vhdl

（4）链接

链接过程是指在库文件中寻找到设计所需要的元件，并将该设计例化的过程。PT 首先会调用 link_path 中指定的所有库文件，然后进行链接。链接完成之后可以用 list_design 命令来查看当前读入的设计，并使用 report_cell 命令查看当前已经读入的单元的信息。

小提示

需要注意的是，内存中只能存在一个已链接的设计，当用户链接一个新的设计后，以前的设计将变成未链接的，此时所有的时序信息都将丢失，会提示系统报警。

（5）设置操作条件和线上负载

代码示例如下：

```
set_operating_conditions -library pt_lib -min BCCOM -max WCCOM
set_wire_load_mode top
set_wire_load_model -library pt_lib -name 05x05 -min
set_wire_load_model -library pt_lib -name 20x20 -max
```

PT 在生成建立时序报告（setup timing report）时使用最大的操作条件和线上负载，

在生成保持时序报告（hold timing report）时则使用最小的操作条件和线上负载。

小提示

如果最大和最小的操作条件在两个不同的库中，则可以使用 set_min_library 命令来建立两个库之间的联系。可以使用 list_libraries 命令查看所有的库，对于需要详细了解的库，可使用“report_lib 库名”命令来查看。

（6）设置基本的时序约束

1）对有关时钟的参数进行设置

代码示例如下：

```
create_clock -period 30 [get_ports CLOCK]
set clock [get_clock CLOCK]
set_clock_uncertainty 0.5 $clock
set_clock_latency -min 3.5 $clock
set_clock_latency -max 5.5 $clock
set_clock_transition -min 0.25 $clock
set_clock_transition -max 0.3 $clock
```

小提示

如果设计中具有完全反标注（back-annotated）的时钟网络，则上面的参数（如 uncertainty、transition 等）都可以使用下面的代码自动得到：

```
set_propagated_clock clock_object_list
```

2）设置时钟－门校验（clock-gating checks）

设置时钟－门的建立和保持时间的数值，以及最小的脉冲宽度，代码示例如下：

```
set_clock_gating_check -setup 0.5 -hold 0.1 $clock
set_min_pulse_width 2.0 $clock
```

小提示

如果该设计是反标注的，则 PT 会从 SDF（标准延时格式）中取得以上参数。

3）查看对该设计的设置

使用 report_design 命令可以得到设计的最大、最小的操作条件和线上负载。使用 report_reference 命令可以得到每个模块及其面积的信息。而且更重要的是，它能在各个模块中识别出 stamp 模型以及快速时序模型，其余的模块都是门级网表。

4. 静态时序分析

（1）设置端口延时并检验时序

对于所有与时钟相关的端口，都要设置输入、输出的延时，代码示例如下：

```
    set_input_delay 0.0 [all_inputs] -clock $clock
    set_output_delay 2.0 [get_port INTERRUPT_DRIVER_ENABLE] -
clock $clock
    set_output_delay 1.25 [get_port MAPPING_ROM_ENABLE] -clock
$clock
    set_output_delay 0.5 [get_port OVERFLOW] -clock $clock
    set_output_delay 1.0 [get_port PIPELINE_ENABLE] -clock $clock
    set_output_delay 1.0 [get_port Y_OUTPUT] -clock $clock
```

除此之外，还要对所有的输入端设置一个驱动单元，对所有的输出端设置电容负载，代码示例如下：

```
    set_driving_cell -lib_cell IV -library pt_lib [all_inputs]
    set_capacitance 0.5 [all_outputs]
```

（2）保存以上设置

使用 write_script 命令将所作的设置保存到一个脚本文件中，这样在下一次运行时可以直接通过该文件完成所有的设置。

write_script 命令可以生成三种格式的文件：① DC 的 dcsh 格式（.dcsh）；② DC 的 dctcl 格式（.tcl）；③ PT 的 ptsh 格式（.pt）。

代码示例如下：

```
    write_script -format dctcl -output AM2910.tcl
    write_script -format dcsh -output AM2910.dcsh
    write_script -format ptsh -output AM2910.pt
```

事实上，这种脚本文件也是 PT 和 DC 传递数据的一种主要方法。对于使用 DC 来进行综合的电路设计，可以把一些重要的设置直接继承到 PT 中。最终生成的脚本文件中包含的信息见表 1-10。

表 1-10 脚本文件中包含的信息

名称	描述
Clocks	names、waveforms、latency、uncertainty
Timing Exceptions	false paths、multicycle paths、path groups、minimun and maximum delays
Delays	input and output delays、timing checks、all delay annotations
Net and Port	capacitance、resistance、fanout
Design Environment	wire load model、operation condition、drive、driving cell、transition
Design Rules	minimum and maximum capacitance、fanout、transition

（3）生成路径时序报告

使用 report_timing 命令，生成基于路径的时序报告。

在没有任何命令参数时，报告中列出的是对于每个延时路径而言，该设计中的最长路径。如果需要该设计中的最短路径，则可以在命令中加上 -delay min 参数。

小提示

report_timing 命令是一个很灵活的命令，可以使用 -help 来查看其他参数。

（4）设置时序异常情况（timing exceptions）

时序异常情况包括错误路径（false paths）、多循环路径（multicycle paths）、用户定义的最大 / 最小延时约束以及无效的时序。用户必须正确地定义时序异常情况，否则它们不会被 PT 接受。例如，错误路径和多循环路径必须指定一个完整有效的路径，包括正确的起点和终点，其中起点应该是主要的输入端口、时钟、引脚或者单元，而终点应该是主要的输出端口、时钟、引脚或者单元。可以通过在两个时钟间建立一个多循环路径来设置时序异常情况的代码，代码示例如下：

```
    set_false_path -from U3/OUTPUT_reg[*]/CP -to U2/OUTPUT_reg[*]/D
    set_multicycle_path -setup 2 -from INSTRUCTION[*] -to U2/
OUTPUT_reg[*]
    set_multicycle_path -hold 1 -from INSTRUCTION[*] -to U2/
OUTPUT_reg[*]
    update_timing
    report_exceptions -ignored
```

没有被忽略的异常情况，说明对时序异常情况的定义是正确的。

（5）再次进行分析

定义好时序异常情况之后，再次进行分析，生成新的约束报告和时序报告。使用

report_constraint -all_violators report_timing 命令后可以看到，在设置了异常情况之后，违例程序的个数以及延时的数值都减少了。

二、形式验证工具 Formality 认知

在现在的数字集成电路设计流程中，有很多步骤需要进行逆向的验证。随着数字集成电路的规模、复杂度，以及在验证过程中需要的模拟矢量的不断增加，用传统的模拟器进行逆向验证越来越成为整个设计过程的瓶颈所在。

这主要是因为，为了确保设计达到所需要的各方面的要求，需要数量众多的模拟矢量。而数量众多的矢量、日益增大的设计尺寸，都增加了验证过程中需要交换和处理的数据量。此外，由于电路尺寸和复杂度的增加，对于每个激励，逻辑模拟工具都要进行更多的处理，这也是导致该瓶颈的因素之一。

在这样一种背景下，形式验证（formal verification）技术显示出了较多的优点。下面将对 Synopsys 的形式验证工具 Formality 作一个简单的介绍。

1. Formality 简介

（1）Formality 的基本特点

形式验证就是通过比较两个设计在逻辑功能上是否等同来验证电路的功能。这种方法的优点在于它不仅提高了验证的速度，可以在相当大的程度上缩短数字设计的周期，而且更重要的是，它摆脱了工艺的约束和仿真验证的不完全性，更加全面地检查了电路的功能。

Formality 是形式验证的工具，用户可以用它来比较一个修改后的设计和它原来的版本，或者一个 RTL 设计和它的门级网表在功能上是否一致。Formality 有以下一些特点：

① 与事件驱动的模拟器相比，能更快验证出两个设计在功能上是否等同。

② 不依赖于矢量，因此能提供更完全的验证。

③ 可以实现 RTL 到 RTL、RTL 到门级、门级到门级之间的验证。

④ 有定位功能，可以帮助用户找出两个设计之间功能不等同的原因。

⑤ 可以使用的文件格式有 VHDL、Verilog、Synopsys 的 .db 格式，以及 EDIF 网表等。

⑥ 可以实现自动的分层验证。

⑦ 使用 DC 的技术库。

⑧ 与 PT 一样提供两种界面：图形用户界面（GUI）和代码行界面 fm_shell。

（2）Formality 在数字设计过程中的应用

在现在的 EDA 设计方法中，Formality 可以很好地取代传统的模拟工具去完成逆向验证。由于 Formality 在验证时不需要输入任何矢量，因此具有两个显著的优点：① 更短的验证时间；② 更完整的验证结果。它与静态时序分析工具结合在一起，可以在相当大的程度上改善数字电路的设计过程。

任何时候对一个电路设计进行了改动之后，都可以使用 Formality 来验证这种改动是否影响或者改变了该设计的逻辑功能。如果证实了修改后的设计和原设计是等价的，就可以把修改后的设计作为下一次验证时的“原设计”。由于结构相似的设计所需要的比较时间较短，这样也就节省了花费在验证上的时间。

图 1–18 所示为典型的 ASIC 验证过程，从中可以清楚地看到 Formality 在数字设计过程中的作用。

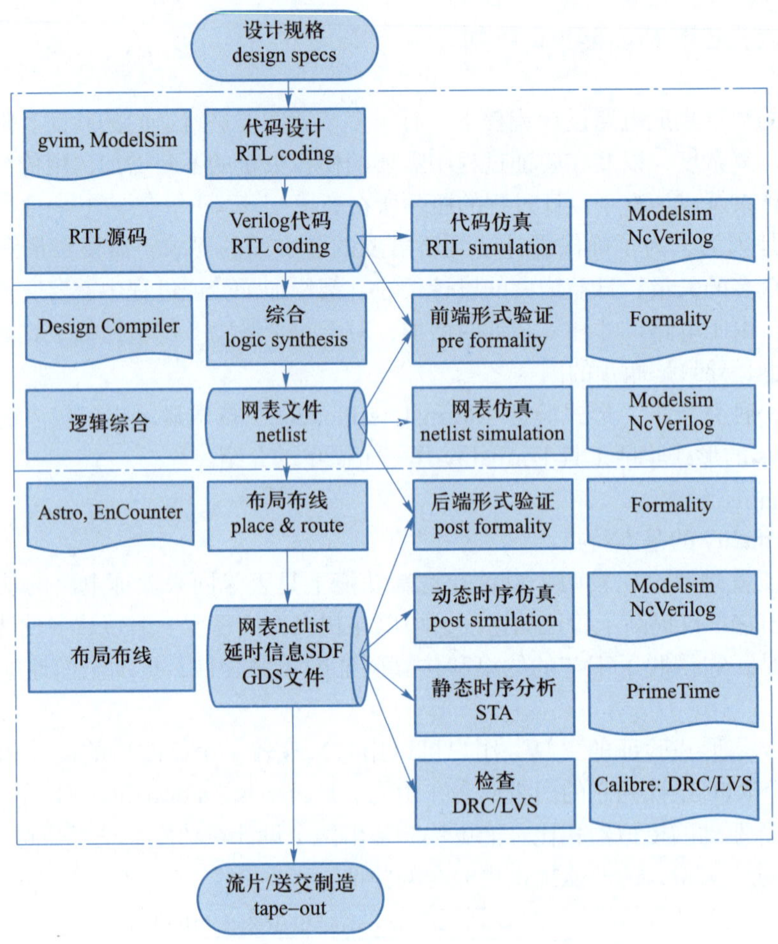

图 1–18　典型 ASIC 验证过程

（3）Formality 的功能

可以把 Formality 的功能大致划分为四个方面，如图 1–19 所示。

① 设计管理。设计管理是指用户可以对需要验证的设计进行管理和控制，如读入设计、设置参数、保存和再次调用设置等。

② 验证。这是 Formality 的主要功能。

③ 生成报告。在进行验证的过程中，Formality 会生成好几种类型的报告，从中可以得到关于验证、诊断的结果等有用的信息。

④ 诊断。当验证的结果是两个设计并不等同时，用户可以使用诊断功能去寻找不等同的原因。

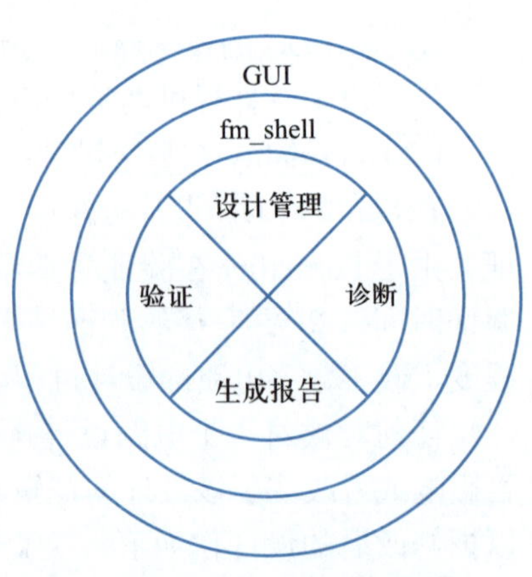

图 1–19　Formality 的主要功能

图 1-20 所示为使用 Formality 进行形式验证的一般流程。

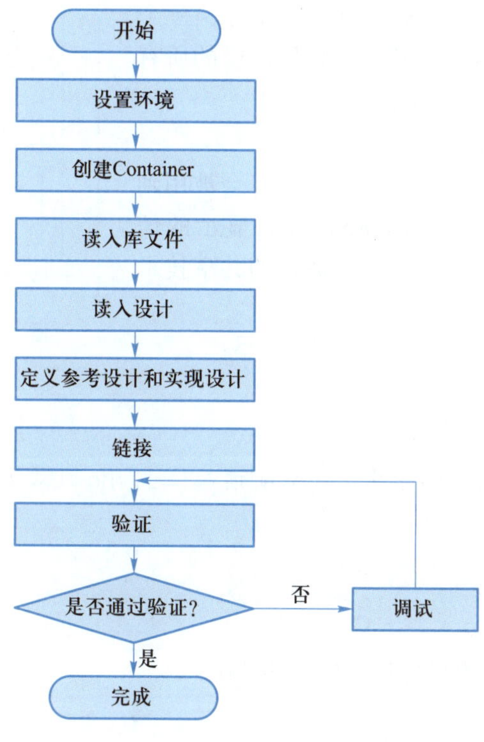

图 1-20　Formality 形式验证流程

一般情况下，从“开始”一直到“验证”之间的步骤都使用 fm_shell 的代码行模式来完成，其后的各步骤则使用 GUI 来完成。

2. 形式验证

（1）fm_shell 代码

与 PT 一样，Formality 的代码也是基于 TCL 的，因此关于代码使用的基本知识这里不再重复。在遇到不了解的代码时，用户可以使用 help 和 man 命令或者 -help 参数来查看具体信息。

（2）基本概念

① 参考设计和实现设计。从前面的介绍可以知道，在形式验证的过程中涉及两个设计：一个是标准的、其逻辑功能符合要求的设计，称为参考设计（reference design）；另一个是修改后的、其逻辑功能尚待验证的设计，称为实现设计（implementation design）。在下面所使用的例子中，参考设计和实现设计分别放在工作目录的 dbs 和 netlists 子目录中，后者是前者的一个修改后的版本，其中包含了测试电路。它们使用的库文件放在 lib 目录中。所以，首先要把 lib、dbs、netlists 目录加入查询路径中，代码示例如下：

```
set search_path "../lib ./dbs ./netlists"
```

② Container。可以把 Container 理解为 Formality 用来读入设计的一个空间。在设计中通常要建立两个 Container 来分别保存参考设计和实现设计。一个 Container 中包含一个设计，以及该设计所需要的所有技术库和设计库，如图 1-21 所示。

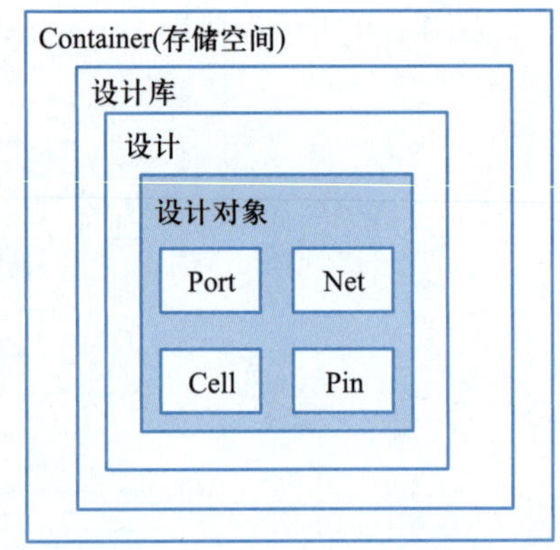

图 1-21 Container 示意图

（3）读入共享技术库

在开始验证流程之前，首先要读入所有会被用到的共享技术库。留意一下运行 Formality 时显示的信息，可以看到它已经自动读入了一个通用的共享技术库 gtech.db。

小提示

在这里所使用的例子中，还需要读入位于 ./lib 目录下的 cba_core.db 库，代码示例如下：

```
read_db cba_core.db
```

使用如下代码可以查看已经读入的库的情况：

```
report_libraries -short
report_libraries
```

第一行代码将给出每个库包含的单元数，以及它们是否共享的情况；第二行代码将列出库中包含的所有单元。

小提示

实际上，在输入代码及其参数时，只要用户输入的字符能把该代码同其他代码区分开来就可以了，不必输入所有的字符，如上面的第一行代码就可以缩略成如下形式：

```
report_li -s
```

（4）设置参考设计

1）建立一个新的 Container

在读入一个设计之前，首先要为它建立一个 Container，代码示例如下：

```
create_container ref
```

小提示

ref 是 Container 的名称。

2）读入门级网表

Formality 可以接受如下几种格式的设计：① Synopsys 的 .db 格式；② Verilog；③ VHDL；④ EDIF。

小提示

参考设计（synth.db 文件中的 mR4000）是 .db 文件，实现设计（clk_insert1.v）是 Verilog 网表文件。

假如是使用 GUI，那么 Formality 会弹出一个 Container 窗口，可以清楚地看到其中包含了两个共享设计库 cba_core 和 gtech，以及刚刚读入的设计，它被自动命名为 WORK。将要进行验证的参考设计是其中的一个名称为 mR4000 的子设计。

3）确认该设计为参考设计

代码示例如下：

```
set_reference_design ref:/WORK/mR4000
```

小提示

代码中要输入设计全名，一般形式是：Container 名:/库名/设计名。

完成这一步后，Formality 生成了一个 ref 变量，指代参考设计，即上面的设计全名。

4）链接参考设计

事实上，Formality 在进行形式验证时会自动进行链接。但是为了发现可能出现的错误，如设计名或者输入与输出的不匹配等，可以通过 link $ref 命令进行人工链接。

（5）设置实现设计

实现设计的设置过程与参考设计的设置过程类似。

① 建立一个名为 impl 的 Container，读入 clk_insert1.v 文件，代码示例如下：

```
read_verilog -c impl -netlist clk_insert1.v
```

小提示

–netlist 参数说明需要读入的文件是一个网表文件，其中不含有 RTL 的内容，这样可以减少 Formality 读入文件所花的时间。

② 确认实现设计，代码示例如下：

```
set_implementation_design impl:/WORK/mR4000
```

③ 链接该设计，代码示例如下：

```
link $impl
```

④ 把该设计设置为当前设计，然后把其中的 test_se 端口设置为 0，代码示例如下：

```
current_design $impl
set_constant test_se 0
```

设置当前设计的好处是不需要在代码中输入设计全名。前面提到实现设计比参考设计多加入了测试电路，而 test_se 是其中顶层的输入信号，把它的逻辑状态设为 0，就消除了测试电路对于验证的影响。

（6）保存及恢复所作的设置

可以说到本步骤为止，已经完成了形式验证前必需的准备工作。一般来说，下面的步骤，特别是调试，在 GUI 下完成会比较方便，当然使用 fm_shell 也是完全可以的。因此这里先将上面所作的设置保存到 .fss 文件中，代码示例如下：

```
save_session -replace -full fm_shell_session
exit
```

然后运行 GUI，并恢复设置，代码示例如下：

```
restore_session fm_shell_session.fss
```

（7）验证

运行 verify 命令，Formality 将根据所作的设置，对 ref 和 impl 中的两个设计进行验证。如果验证通过，就说明两个设计在逻辑功能上是等同的。本例的实际验证结果如下：

```
verification failed
```

```
3 Failing compare points
```

即有三个不匹配的点导致验证失败。

三、全加器原理

加法器分为全加器和半加器。在研究多位加法器之前，首先要对 1 位加法器进行深入分析。半加器较为简单，输入只有加数和被加数，所以通常接触到的基本上都是全加器。1 位全加器又称为保留进位加法器，因其结构简单，因此成为研究其他高性能、高速加法器的基础，是构成其他高速处理部件的基本元件。1 位全加器的真值表见表 1-11。D、C_o 的逻辑式为

$$D=A\oplus B\oplus C_i$$
$$C_o=A\cdot B+A\cdot C_i+B\cdot C_i$$
$$=A\cdot B+(A\oplus B)\cdot C_i$$

表 1-11　1 位全加器真值表

输入			输出	
A	B	C_i	D	C_o
0	0	0	0	0
0	0	1	1	0
0	1	0	1	0
0	1	1	0	1
1	0	0	1	0
1	0	1	0	1
1	1	0	0	1
1	1	1	1	1

四、计数器原理

计数器是数字系统中使用较多的基本逻辑器件，它的基本功能是统计时钟脉冲的个数，即实现计数操作，也可用于分频、定时、产生节拍脉冲和脉冲序列等。例如，计算机中的时序发生器、分频器、指令计数器等都要使用计数器。

计数器的种类有很多。按构成计数器的各触发器是否使用一个时钟脉冲源来分，可分为同步计数器和异步计数器；按进位体制的不同，可分为二进制计数器、十进制计数器和任意进制计数器；按计数过程中数字增减趋势的不同，可分为加法计数器、减法计数器和

可逆计数器；还有可预制数计数器和可编程计数器等。图 1-22 所示为由 3 个上升沿触发的 *D* 触发器组成的 3 位二进制异步加法计数器。将图 1-22 中各个触发器的反相输出端与该触发器的 *D* 输入端相连，这样就把 *D* 触发器转换成为计数型 *T* 触发器。

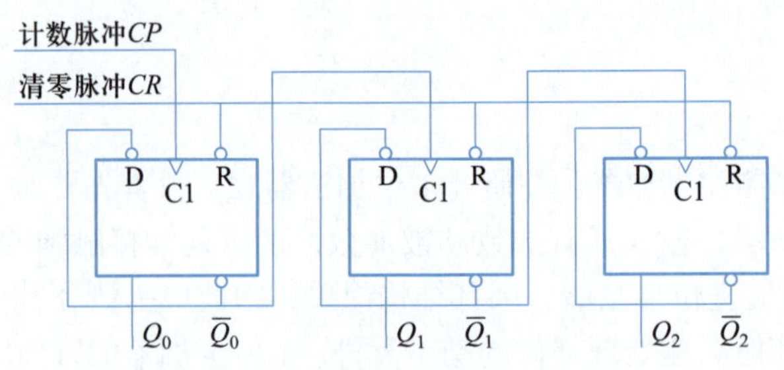

图 1-22 3 位二进制异步加法计数器

将图 1-22 所示电路进行少许改变，即将低位触发器的 *Q* 端与高一位的 *CP* 端相连，就得到 3 位二进制异步减法计数器，如图 1-23 所示。

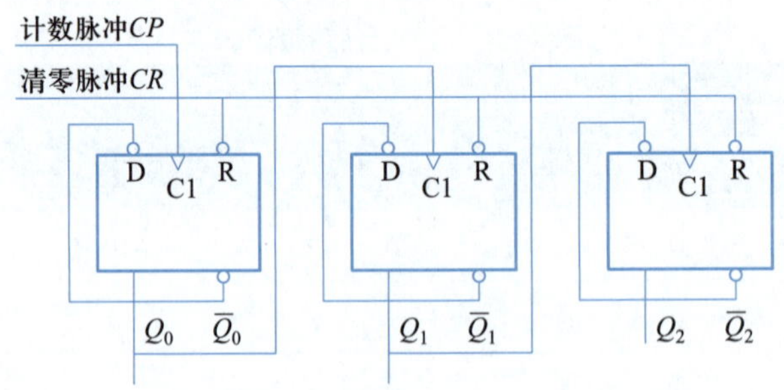

图 1-23 3 位二进制异步减法计数器

五、乘法器原理

乘法器在当今数字信号处理以及其他诸多应用领域中起着十分重要的作用。随着科学技术的发展，许多研究人员已经开始试图设计一类拥有更高速率和更低功耗、占用面积更小、集成度更高的乘法器，以适用于高速率、低功耗的大规模集成电路。

在计算机中，乘法是通过加法和移位实现的。在并行乘法器中，相加的部分乘积的数量是主要的参数，它决定了乘法器的性能。为了减少相加的部分乘积的数量，修正的 Booth 算法是最常用的一类算法。Wallace 树算法也可以用来减少序列增加阶段的数量。进一步结合修正的 Booth 算法和 Wallace 树算法，可以获得诸多优势。但是，随着并行化的增加，大量的部分乘积和中间求和的增加会导致运行速度的下降。不规则的结构会进一步增加硅板的面积，并导致中间连接过程增加，继而导致功耗增大。另一种方案则是利用串 / 并行乘法器通过牺牲运行速度来获得更好的性能和功耗。这里将介绍乘法计算的应用结构，并综合考虑速度、占用面积、功率以及这些情况的组合绩效指标。

1. 乘运算

设有一个 N 位的被乘数 $Y=Y_{N-1}Y_{N-2}\cdots Y_2Y_1Y_0$ 和一个 N 位的乘数 $X=X_{N-1}X_{N-2}\cdots X_2X_1X_0$。一般来说，$Y$ 和 X 相乘的算法如下：

$$
\begin{array}{ccccccccccccc}
 & & & & & & Y_{N-1} & Y_{N-2} & \cdots & & Y_2 & Y_1 & Y_0 \\
 & & & & \times & & X_{N-1} & X_{N-2} & \cdots & & X_2 & X_1 & X_0 \\
\hline
 & & & & & & Y_{N-1}X_0 & Y_{N-2}X_0 & \cdots & & & Y_1X_0 & Y_0X_0 \\
 & & & & & Y_{N-1}X_1 & Y_{N-2}X_1 & & \cdots & & Y_1X_1 & Y_0X_1 & \\
 & & & & Y_{N-1}X_2 & Y_{N-2}X_2 & & & \cdots & Y_1X_2 & Y_0X_2 & & \\
 & & & & & & & & \vdots & & & & \\
 & & Y_{N-1}X_{N-2} & Y_{N-2}X_{N-2} & \cdots & & Y_1X_{N-2} & Y_0X_{N-2} & & & & & \\
+ & Y_{N-1}X_{N-1} & Y_{N-2}X_{N-1} & \cdots & & Y_1X_{N-1} & Y_0X_{N-1} & & & & & & \\
\hline
 & P_{2N-1} & P_{2N-2} & P_{2N-3} & & & \cdots & & & & P_2 & P_1 & P_0
\end{array}
$$

如果被乘数是 N 位，乘数是 M 位，那么就会产生 $N\times M$ 个部分乘积，然而在不同结构和类型的乘法器中，部分乘积的产生方式是不同的。

下面通过两个二进制数相乘进行举例。两个 8 位的二进制数 A 和 B 相乘产生一个 16 位的数，有

$$
\begin{array}{ccccccccccccccccc}
 & & & & & & & & & A_7 & A_6 & A_5 & A_4 & A_3 & A_2 & A_1 & A_0 \\
\times & & & & & & & & B_7 & B_6 & B_5 & B_4 & B_3 & B_2 & B_1 & B_0 & \\
\hline
 & & & & & & & & A_7B_0 & A_6B_0 & A_5B_0 & A_4B_0 & A_3B_0 & A_2B_0 & A_1B_0 & A_0B_0 & \\
 & & & & & & & A_7B_1 & A_6B_1 & A_5B_1 & A_4B_1 & A_3B_1 & A_2B_1 & A_1B_1 & A_0B_1 & & \\
 & & & & & & A_7B_2 & A_6B_2 & A_5B_2 & A_4B_2 & A_3B_2 & A_2B_2 & A_1B_2 & A_0B_2 & & & \\
 & & & & & & & \vdots & & & & & & & & & \\
+ & A_7B_7 & A_6B_7 & A_5B_7 & A_4B_7 & A_3B_7 & A_2B_7 & A_1B_7 & A_0B_7 & & & & & & & & \\
\hline
 & P_{15} & P_{14} & P_{13} & P_{12} & P_{11} & & & \cdots & & & & P_4 & P_3 & P_2 & P_1 & P_0
\end{array}
$$

以上二进制乘法满足方程

$$P(M+N)=A(M)B(N)=\sum_{i=0}^{M-1}\sum_{j=0}^{N-1}a_ib_j2^{i+j}$$

可以清晰地看出，乘法运算已经被转换成了加法运算。并行乘法器在组合电路中通过将所有的部分乘积相加可以实现乘法运算，即硬件上使用串行加法器。

2. 串行乘法器

在串行乘法器中，面积和功率是最重要的，而延时是可以被容忍的。这类电路使用一个加法器将 $M\times N$ 个部分乘积相加。该电路的一般结构如图 1-24 所示，被乘数和乘数输入同步行为系统中，根据被乘数和乘数的长度可以将输入以不同的比率显示出来。

由图 1-24 可看出，独立的部分乘积是单独产生的。部分乘积作为部分乘积相加数的中间值被存储到 D 触发器中，与新计算出的部分乘积循环相加。但是这种方法不适用于计算数值宽度（M 和 N）较大的乘法。

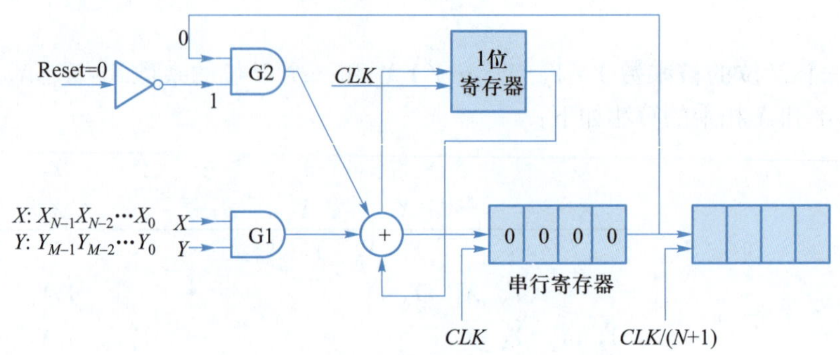

图 1-24　串行乘法器的一般结构

3. 串 / 并行乘法器

以 4 位串 / 并行乘法器为例，其一般结构如图 1-25 所示。可以将一个操作数 Y（M 位）并行送入电路中，而另一个数 X（N 位）则串行输入。在连续循环相乘中，每一个循环结果作为 $M \times N$ 的乘法阵列的一列相加结果。最后的结果在 $2N$ 个循环之后储存到输出寄存器当中。

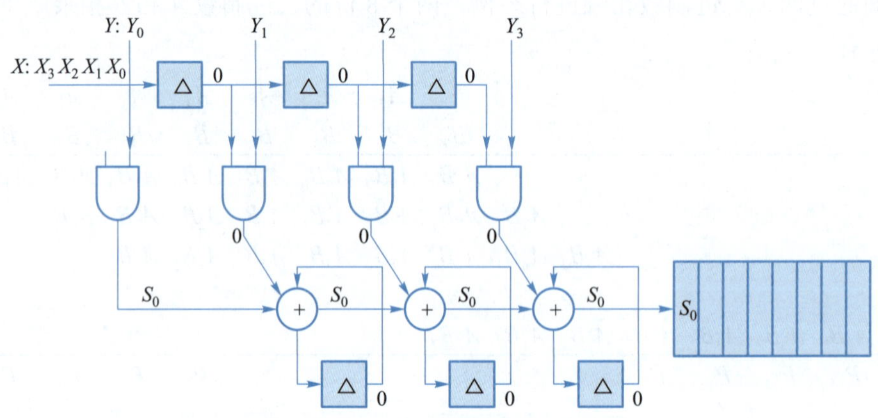

图 1-25　串 / 并行乘法器的一般结构

4. 移位相加乘法器

以 32 位移位相加乘法器为例，其一般结构如图 1-26 所示，根据乘数最低有效位的数值，被乘数的数值被相加并累积。在单个时钟循环周期内，乘数被左移 1 位，且其位值被测试，如果位值为 0，则只进行一次移位操作；如果位值为 1，则被乘数被放入逻辑计算单元的累加器中，并且左移 1 位。当所有乘数的位值被测试完成之后，结果储存在累加器中。累加器最初是 N 位，相加后变成 $2N$ 位，延时最大值为 N 个最大循环周期。这类乘法器在异步电路中有广泛的应用。

5. 阵列乘法器

阵列乘法器因其规则的结构被大家所熟知。乘法器电路在原理上是基于加法和移位实现的，每一个部分乘积都由被乘数和一个乘数位相乘得到，部分乘积根据乘数位排列进行移位然后相加。整个相加过程可以在进位传输加法器中完成。整个系统需要 $N-1$ 个加法器并要求有乘数的长度。以两个 4 位数相乘为例，图 1-27 所示为阵列乘法器的结构。

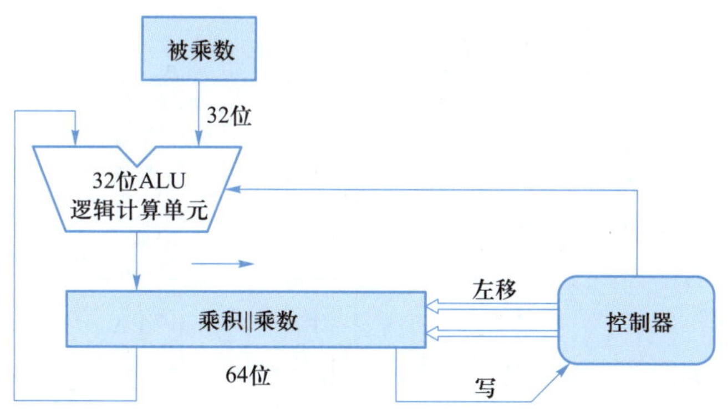

图 1-26　移位相加乘法器的一般结构

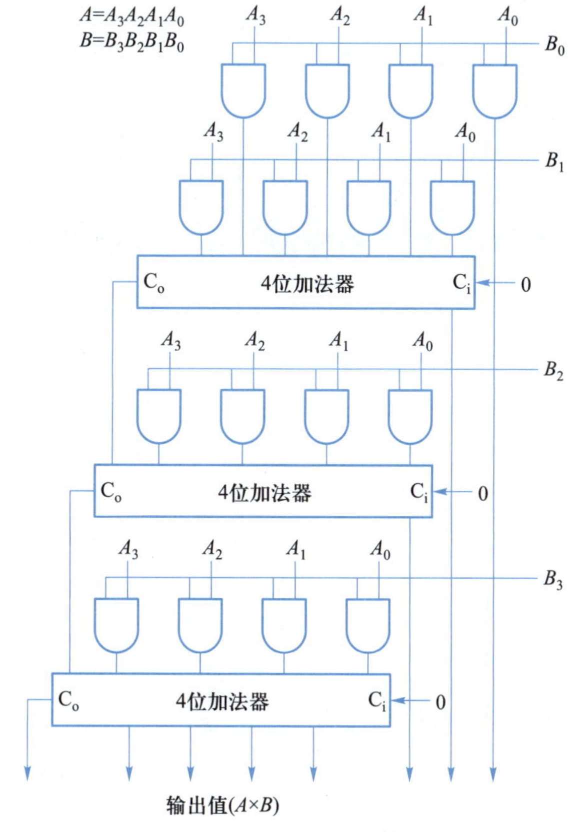

图 1-27　阵列乘法器的结构

从图 1-28 的例子中可以看出，这种计算方法是很简单的，加法在系统中是连续并行处理的。为了减小延时和占用面积，逐位进位加法器可以用进位保留加法器取代。这样一来，每一个进位和求和信号都可以在下一阶段通过加法器。最终的结果在最末端的加法器中获取。在阵列乘法器中，需要相加的部分乘积要和乘数的位数相同。通过进位保留加法器实现乘法运算的阵列乘法器结构如图 1-28 所示。

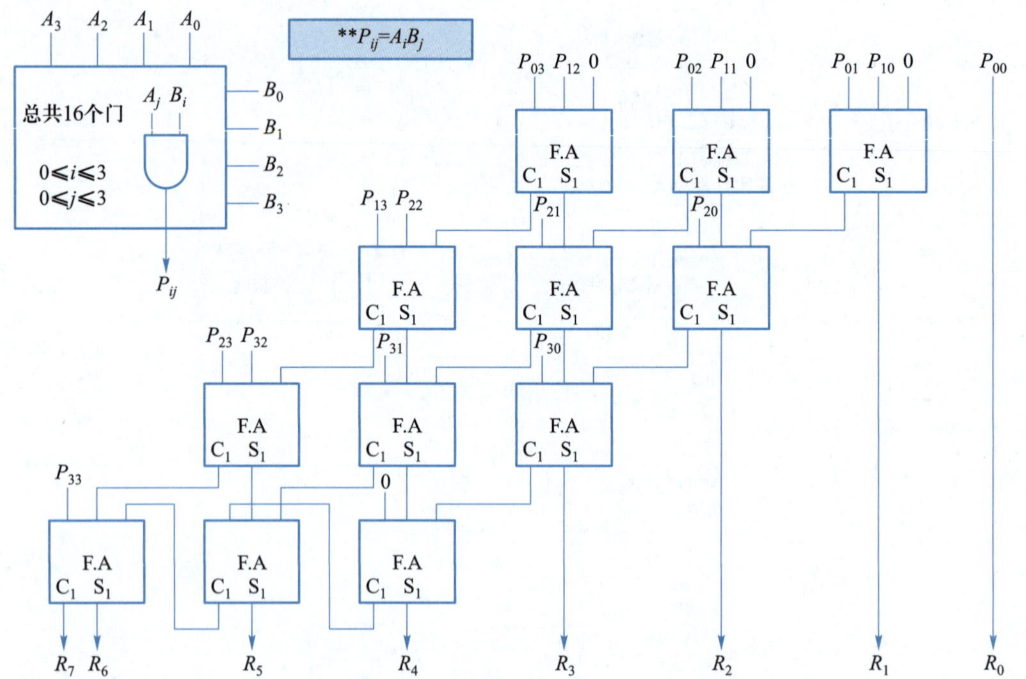

图 1–28　通过进位保留加法器实现乘法运算的阵列乘法器结构

技能训练 >>>

1. 使用环境

① EDA 工具：Vivado。

② 硬件描述语言：Verilog HDL。

2. 知识背景

① 数字逻辑。

② Verilog。

一、4 位全加器的 Verilog 设计

1. 训练实验要求

设计一个 4 位全加器，具有 3 个输入接口、2 个输出接口，其模型如图 1–29 所示。

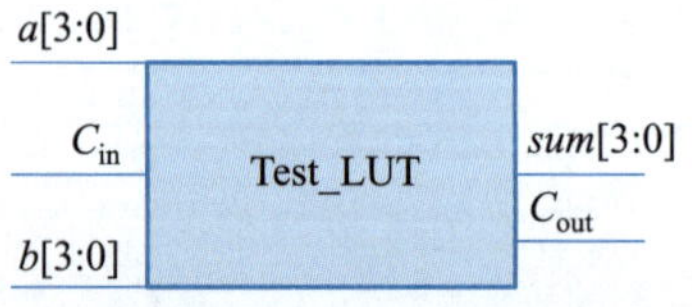

图 1–29　4 位全加器模型

2. 设计代码参考

（1）全加器模块代码

```
//----------------------------------------------------------------
//File name:                add_full.v
//Last modified Date:
```

```
//Last Version:                    V1.1
//Descriptions:                    全加器模块
//-----------------------------------------------------------
module add_full(A,B,C,Carry,S);
   input A,B,C;
   output Carry,S;
   assign S=A^B^C;
   assign Carry=(A&B)|(B&C)|(A&C);
endmodule
```

（2）顶层模块代码

```
//-----------------------------------------------------------
//File name:                       Fourth_add
//Last modified Date:
//Last Version:                    V1.1
//Descriptions:                    4 位加法器设计实验
//-----------------------------------------------------------
module Fourth_add(A,B,C,S,Cin);
   input[3:0] A,B;
   input Cin;
   output[3:0] S;
   output[4:0] C;
   assign C[0]=Cin;
   add_full  u1(A[0],B[0],C[0],C[1],S[0]),
             u2(A[1],B[1],C[1],C[2],S[1]),
             u3(A[2],B[2],C[2],C[3],S[2]),
             u4(A[3],B[3],C[3],C[4],S[3]);
endmodule
```

（3）验证部分

调用设计块实例，施加激励信号，利用系统函数显示结果，验证设计块的正确性。若不正确，则改正后再次验证，直到正确为止。

二、8 位二进制计数器的 Verilog 设计

1. 训练实验要求

设计一个 8 位二进制计数器，其模型如图 1-30 所示。

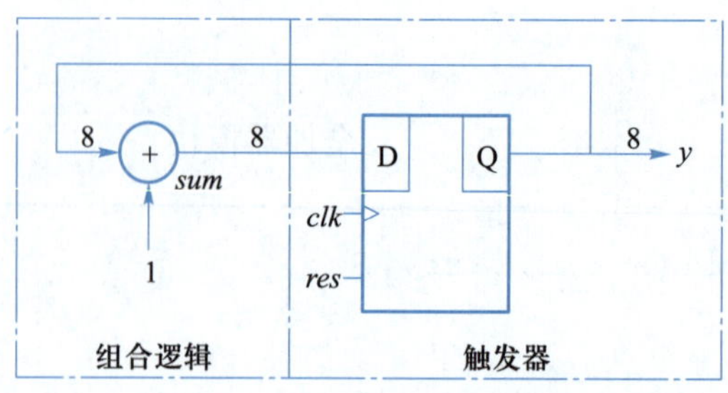

图 1-30 8 位二进制计数器模型

2. 设计代码参考

（1）设计块部分

```
`timescale 1ns/10ps                 //在 testbench 中定义时间单位
module counter(
                clk,                //时钟信号
                res,                //复位信号
                y
                );
//端口属性
input           clk;
input           res;
output[7:0]     y;                  //8 位计数器
//组合逻辑电路
reg[7:0]        y;                  //触发器，定义为 reg 型，虽然是输出，
但是要在 always 语句里对它赋值，要做 reg 型变量定义
wire[7:0]       sum;                //加 1 运算的结果
assign          sum=y+1;            //组合逻辑部分
//触发器工作
always@(posedge clk or negedge res)      //敏感变量为时钟和复位沿
//如果复位信号到来（复位下降沿）
if(~res) begin
    y<=0;
end
//时钟触发，正常工作时（时钟上升沿）
else begin
    y<=sum;
end
endmodule
```

（2）验证部分

调用设计块实例，施加激励信号，利用系统函数显示结果，验证设计块的正确性。若不正确，则改正后再次验证，直到正确为止。

三、流水线乘法器的 Verilog 设计

1. 训练实验要求

一般的快速乘法器通常采用逐位并行的迭代阵列结构，将每个操作数的 N 位都并行地提交给乘法器。但是对于 FPGA 来说，进位的速度快于加法的速度，这种阵列结构并不是最优的。可以采用多级流水线的形式，将相邻的两个部分乘积结果再加到最终的输出乘积上，即排成一个二叉树结构，对于 N 位乘法器来说，需要 $\log_2 N$ 级来实现。

2. 设计代码参考

（1）设计块部分

```
module multi_4bits_pipelining(mul_a,mul_b,clk,rst_n,mul_out);
    input[3:0] mul_a,mul_b;
    input clk;
    input rst_n;
    output[7:0] mul_out;
    reg[7:0] mul_out;
    reg[7:0] stored0;
    reg[7:0] stored1;
    reg[7:0] stored2;
    reg[7:0] stored3;
    reg[7:0] add01;
    reg[7:0] add23;
    always @(posedge clk or negedge rst_n) begin
        if(!rst_n) begin
            mul_out <=0;
            stored0 <=0;
            stored1 <=0;
            stored2 <=0;
            stored3 <=0;
            add01 <=0;
            add23 <=0;
        end
        else begin
            stored0 <=mul_b[0]?{4'b0,mul_a}:8'b0;
```

```
            stored1 <= mul_b[1]?{3'b0,mul_a,1'b0}:8'b0;
            stored2 <= mul_b[2]?{2'b0,mul_a,2'b0}:8'b0;
            stored3 <= mul_b[3]?{1'b0,mul_a,3'b0}:8'b0;
            add01 <= stored1 + stored0;
            add23 <= stored3 + stored2;
            mul_out <= add01 + add23;
        end
    end
endmodule
```

（2）验证部分

调用设计块实例，施加激励信号，利用系统函数显示结果，验证设计块的正确性。若不正确，则改正后再次验证，直到正确为止。

小提示

流水线乘法器比串行乘法器的速度快很多，在非高速的信号处理中有广泛的应用。对于高速信号的乘法，一般需要利用 FPGA 芯片中内嵌的硬核 DSP 单元来实现。

问题讨论

① 使用 NMOS 和 PMOS 开关为异或门（xor）画电路图，写出它的 Verilog 描述，并使用激励测试这个设计。

② 1 位全减器有 3 个输入 x、y 和 z（前一级的借位），以及两个输出 D（差）和 B（借位）。D 和 B 的逻辑式为

$$D=\bar{x}\bar{y}z+\bar{x}y\bar{z}+x\bar{y}z+xyz$$

$$B=\bar{x}y+\bar{x}z+yz$$

为全减器编写 Verilog 描述，并使用任意工艺库综合该全减器。

③ 为 4 位二进制计数器编写 Verilog 描述，该计数器带有一个高电平有效的同步复位端，再使用任意工艺库综合该计数器。

项目总结

本项目介绍了基于 Verilog 的数字集成电路的设计及仿真验证过程，重点针对各种基

本单元和模块、复杂单元和模块的实例展开设计和验证，包括基础理论知识和技能训练两大部分。

学习者在完成本项目相关内容的学习和训练后，应能够胜任基于 Verilog 的 CMOS 数字单元和模块的设计和验证。

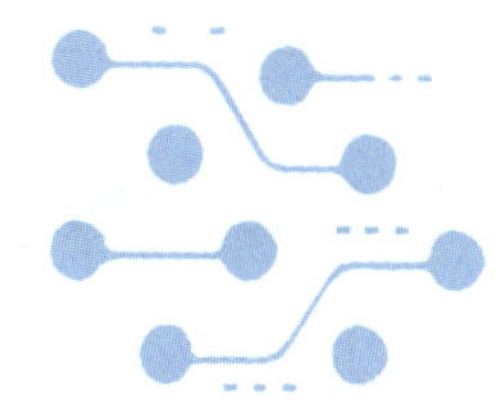

项目二 集成电路逆向设计

项目简介

本项目主要介绍基于芯片背景图像，采用自底向上（bottom-up）的设计流程进行集成电路设计的方法，这种方法通常称为集成电路逆向设计。完整的逆向设计包括多个设计步骤，本项目仅针对其中的逻辑图提取部分进行介绍，这部分工作目前在行业中主要基于北京芯愿景软件技术股份有限公司（以下简称芯愿景公司）的ChipLogic系列软件实现。本项目以一个实际的芯片——电容式感应触摸按键检测电路的逻辑提取为例进行介绍，内容包括ChipLogic设计系统简介、集成电路的逻辑提取与验证，以及逻辑数据的导出等。

通过对本项目相关内容的学习和训练，需要实现以下学习目标：

① 了解CMOS集成电路逆向设计方法、流程和工具等相关知识。

② 了解实际芯片的逻辑提取过程。

③ 掌握实际芯片的逻辑提取相关技能。

④ 掌握集成电路逻辑提取结果的验证和使用方法。

⑤ 掌握集成电路逻辑提取结果的导出方法。

任务一　集成电路分析再设计系统及其使用

任务概述

本任务对集成电路逆向设计进行简单的介绍，从集成电路分析再设计系统着手，引入逆向设计流程和所采用的工具，重点介绍开展集成电路逆向设计需要在软硬件平台方面所做的准备，并通过两个实训案例开展具体的技能训练。

背景知识 >>>

一、集成电路分析再设计系统

集成电路的设计方法主要有以下两大类：一类基于已有的设计知识产权（IP），采用自顶向下（top-down）的设计流程，称为正向设计；另外一类参照行业内的同类芯片，采用自底向上（bottom-up）的设计流程，称为逆向设计。本项目将要介绍的设计方法是上述第二种，即逆向设计的方法。

不同的设计方法所采用的设计工具也不同。目前集成电路设计行业内基于芯片背景图像进行逆向设计的主流工具是芯愿景公司提供的 ChipLogic 系列软件，通过使用该系列软件并与行业中另外的设计系统——Cadence 进行数据交互，即可以完成集成电路分析再设计过程。接下来将对 ChipLogic 系列软件进行详细介绍。

1. 集成电路分析再设计流程

基于 ChipLogic 系列软件和 Cadence 设计系统的集成电路分析再设计流程如图 2-1 所示。从该流程中可以看到，整个设计过程分成三大部分。

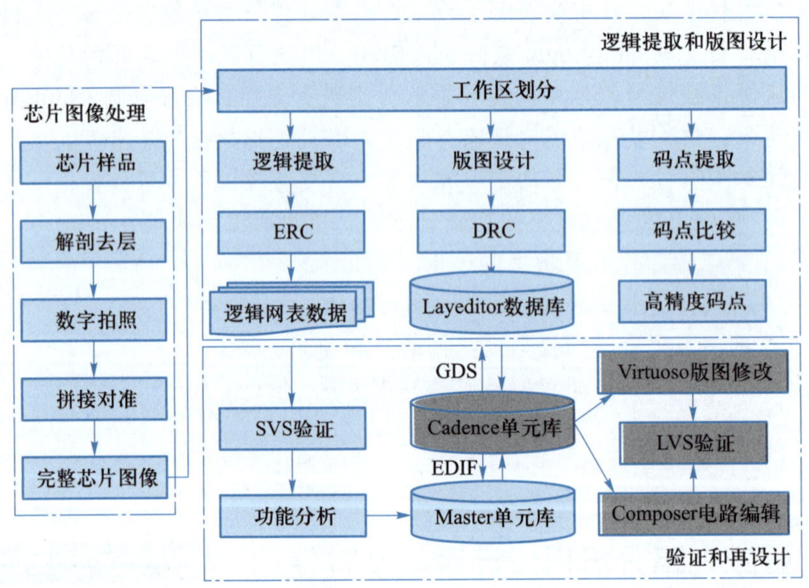

图 2-1 基于 ChipLogic 系列软件和 Cadence 设计系统的集成电路分析再设计流程

① 芯片图像处理部分：对芯片样品进行化学处理，然后进行数字拍照，再拼接形成一整套完整的以芯片为背景的图像数据。

② 逻辑提取和版图设计部分：通过采用 ChipLogic 系列软件，提取芯片的逻辑网表并进行版图设计。

③ 验证和再设计部分：对上一步提取出来的逻辑网表以及设计完成的版图数据进行 SVS（schematic versus schematic）验证，以确认其正确性，然后采用逻辑分析工具进行功能分析、修改，同时利用版图编辑工具进行版图的修改，最后完成 LVS（layout versus schematic）验证。

图 2-1 中的灰色模块是目前业界最常用的集成电路设计系统——Cadence 系统中的工具，因此，要完成集成电路分析再设计的完整流程，通常要结合 ChipLogic 系列软件和 Cadence 设计系统中的相关工具。

图 2-1 显示了集成电路逆向设计的完整流程，本项目仅针对其中的逻辑提取相关部分进行介绍。

2. ChipLogic 系列软件组成

ChipLogic 系列软件的组成见表 2-1。它包括了数据服务器、项目管理器、网表提取器等各个独立的设计软件，这些软件所实现的功能均在表 2-1 中进行了详细介绍。

表 2-1　ChipLogic 系列软件的组成

编号	软件中文名称	软件英文名称	软件具体描述
1	数据服务器	ChipDatacenter	● 整个软件系统的核心数据库管理软件 ● 可管理芯片图像数据和各种分析数据 ● 支持客户端间实施通信、团队协同工作 ● 需要软件供应商认证
2	项目管理器	ChipManager	● 提供用户管理、工程功能
3	网表提取器	ChipAnalyzer	● 可参照芯片图像数据提取芯片网表 ● 可导出 Verilog、EDIF200 网表文件 ● 与 Cadence 系统完全兼容
4	版图编辑器	ChipLayeditor	● 可参照芯片图像数据设计芯片版图 ● 支持版图设计规则修改，联机 DRC（设计规则检查） ● 可导出 GDSII 版图数据 ● 与 Cadence 系统完全兼容
5	码点提取器	ChipDecoder	● 可参照芯片图像数据提取芯片码点 ● 可导出 GDSII 码点版图数据 ● 与 Cadence 系统完全兼容
6	逻辑功能分析器	ChipMaster	● 可针对 ChipAnalyzer 提取的网表进行快速的电路层次化整理 ● 可导出 EDIF200 电路图文件 ● 与 Cadence 系统完全兼容
7	逻辑功能验证器	ChipVerifier	● 可进行单元级网表的 SVS 同构比较 ● 可导出比较结果，并在 ChipAnalyzer 内定位修改错误

3. 数据交互

在进行具体产品的设计过程中，ChipLogic 系列软件之间以及与 Cadence 设计系统之间通常需要进行各种数据交互，具体内容见表 2-2。

表 2-2　ChipLogic 系列软件之间以及与 Cadence 设计系统之间的数据交互内容

软件名称	导出文件格式	导出文件用途
ChipAnalyzer	Verilog 网表	● 可导入 ChipMaster 生成整理库 ● 可导入 Cadence 系统
	EDIF200 网表	● 可导入 ChipMaster 生成整理库
	● ChipAnalyzer 网表工作区数据可转化为 ChipLayeditor 版图工作区数据	
ChipLayeditor	GDSII 版图	● 可导入 Cadence 系统
ChipMaster	Verilog 网表	● 可导入 Cadence 系统
	EDIF200 电路图	● 可导入 Cadence 系统
ChipDecoder	GDSII 码点版图	● 可导入 Cadence 系统
	0/1 文本文件	● 可利用软件导入 Cadence 系统
Cadence	GDSII 版图	● 可导入 ChipLayeditor，参照背景图像分析所导入版图是否忠实于原芯片
	EDIF200 电路	● 可导入 ChipMaster 生成基本库

二、软硬件配置

1. 硬件构架

ChipLogic 系列软件采用了终端 + 服务器的体系结构，可以有多种硬件构架方案，包括单机方案、单服务器方案和多服务器方案。

（1）单机方案

单机方案是指 ChipDatacenter 及其他系列软件均安装在一台机器上。这种方案适用于数千门以内的较小规模芯片分析工程，只需要一个工程师即可完成全部工作。

（2）单服务器方案

单服务器方案是指整个网络环境中只配置一台服务器，所有的使用终端均连接到该服务器上，如图 2-2 所示。这种方案适用于数万门以内的中等规模芯片分析工程，项目组规模在 15 人以内，也是最常用的网络拓扑方案。

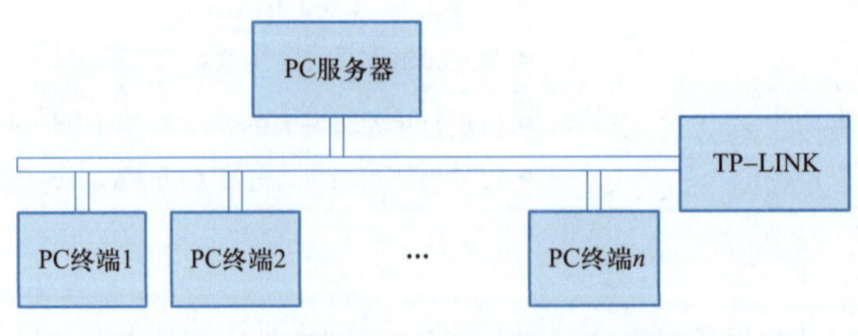

图 2-2　一个典型的 ChipLogic 系列软件硬件构架

由于图 2-2 中的网络是局域网，因此需要对服务器和终端进行 IP 地址的设置。右击 PC 服务器上的“本地连接”，在弹出的快捷菜单中选择“属性”命令，然后在弹出的对话框中选中“Internet 协议（TCP/IP）”选项，单击“确定”按钮，出现图 2-3 所示对话框。

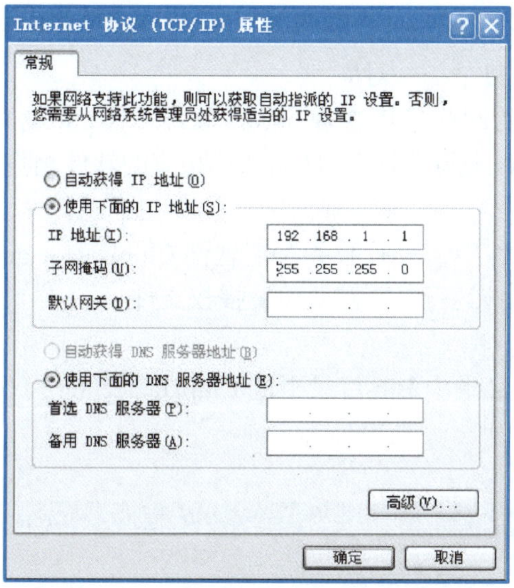

图 2-3　PC 服务器及终端 IP 地址的设置

在图 2-3 中，选中“使用下面的 IP 地址”选项，在“IP 地址”一栏输入“192.168.1.1”；在子网掩码一栏输入“255.255.255.0”，单击“确定”按钮就完成了服务器的设置。对于 15 个 PC 终端，采用跟以上服务器相同的设置进行 IP 地址的设定，其中第一台机器的 IP 地址为“192.168.1.1”，如图 2-3 所示，第二台机器的 IP 地址为“192.168.1.2”，以此类推；子网掩码与服务器相同。

经过以上设置，局域网就可以正常运转起来了。

（3）多服务器方案

多服务器方案是指整个网络环境中配置多台服务器，所有使用终端分为若干个小组，每组使用终端被分配到一个指定的服务器上，每台服务器完全镜像复制整个芯片图像数据。这种方案适用于大规模的芯片分析工程，项目组规模大于 20 人，每台服务器可管理 10~15 个使用终端，服务器之间可以通过工作区脚本方式进行工作数据的传递与合并。

2. 软件安装和卸载

ChipLogic 系列软件最简单的安装办法就是把全套软件复制到硬盘上。假设把全套软件复制到计算机 E 盘的目录“xinyuanjing”下，那么进入软件的目录“E:\xinyuanjing”后，一共可以看到下列五个目录：ChipDatacenter、ChipAnalyzer、ChipLayeditor、ChipMaster 和 ChipManager。

接下来具体介绍一下 ChipLogic 系列软件的文件目录结构。

① 以上五个目录的每个目录下都有一个 Bin 目录，运行该目录下以软件名命名的可执行文件就可以启动相关软件；如运行 ChipAnalyzer 目录中 Bin 目录下的 ChipAnalyzer.exe 文件，就可以启动 ChipAnalyzer 软件。

② 在每个终端软件的 Backups 目录内存放有软件定期自动备份的当前工作区的脚本文件。当工作区数据意外丢失时，将最新的一份脚本文件导入一个新工作区即可恢复最近工作。

③ 在 ChipDatacenter 的 Image 目录内存放有芯片图像数据。

④ 在 ChipDatacenter 的 Project 目录内存放有芯片逻辑提取和版图设计等的所有工程数据，每个工程与 Image 目录一一对应。

ChipLogic 系列软件的卸载与其他 Windows 软件一样，具体操作方式为：打开“控制面板”窗口，选择“添加 / 删除程序”，然后选择相应的软件删除即可。

3. 软件授权配置

在 ChipLogic 系列软件中，只有服务器端软件 ChipDatacenter 需要进行授权认证，所有其他终端软件均可以直接运行，不需要设置授权文件。

（1）获取服务器标识符

双击 ChipDatacenter 目录中 Bin 目录下的 ChipDatacenter 可执行程序，弹出图 2-4 所示对话框。

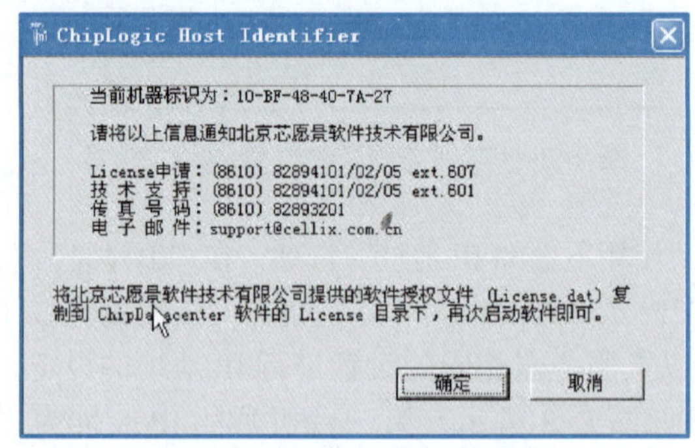

图 2-4　获取服务器标识符

在图 2-4 中，10-BF-48-40-7A-27 就是该服务器的标识符。

获取到服务器标识符后，将其通过电话或者 Email 通知芯愿景公司，便可获取相应的授权文件。

（2）授权文件安装

授权文件包含一个二进制文件（License.dat）和一个文本文件（License.inf），其中 License.dat 文件是 ChipDatacenter 运行时需要检查的授权文件，而 License.inf 文件是 License.dat 文件的文本描述信息。

用户可以直接将 License.dat 文件复制到 ChipDatacenter 安装目录中的 License 目录下，ChipDatacenter 即可正常启动。以后启动 ChipDatacenter 时，软件检测到 License 目录下已有软件授权文件，便可直接启动，不再要求进行认证（除非软件授权到期）。

三、服务器管理

在 ChipManager 目录中运行 Bin 目录下的 ChipManager 可执行程序，弹出图 2-5 所示窗口。

启动服务器后，如果出现异常需要关闭或者重启服务器，没有安装 ChipManager 软件时，需要人工关闭服务器（关机）或重启服务器（重新开机），操作非常麻烦；而安装 ChipManager 软件之后，就可以通过在图 2-5 所示的 ChipManager 主界面中选择“文件”→“关闭服务器”/“重启服务器”菜单命令来方便地完成所需操作。

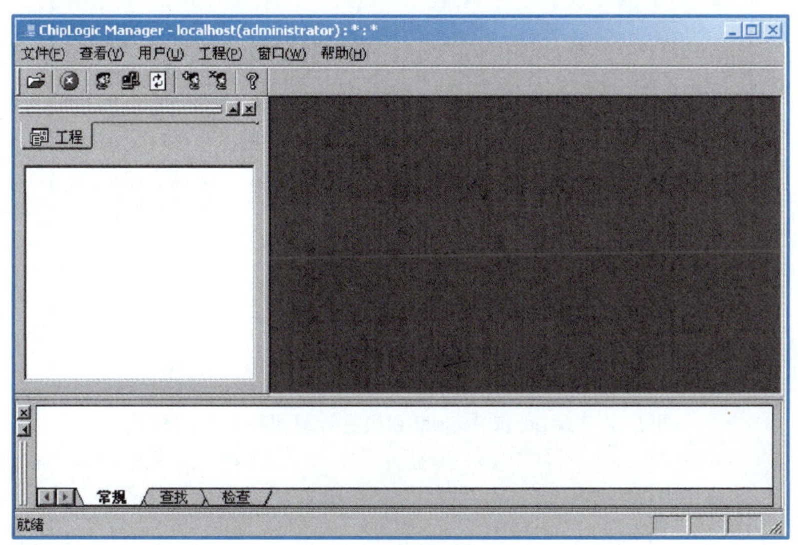

图 2-5　ChipManager 主界面

另外，通过 ChipManager 还可以进行终端用户管理，具体如下：

① 选择“用户”→“创建用户”菜单命令，可以创建软件用户。

② 打开一个分析工程，在左侧“工程”面板中的“项目成员”栏上右击，可为该工程添加成员。

③ 查看每一个用户所使用的提图软件的个数，防止多占用 License 的问题，这点在多用户使用的时候非常有用。例如，一个班级上课的时候共有 45 名学生，通常每一名学生使用一个 Analyzer License，但实际操作中经常会出现有的同学非正常使用软件或者使用后非正常退出的情况，从而导致多占用 License 的问题，使得其他同学没有足够的 License 可用。这时就可以使用 ChipManager 来查看到底是哪一位同学（使用终端）多占用了 License，并强制释放多占用的 License。

四、芯片数据加载

ChipLogic 系列软件中的所有芯片数据都存放在数据服务器 ChipDatacenter 的相应目录内，一个 ChipDatacenter 可以存放多份芯片数据。每份芯片数据包含芯片图像数据和芯片工程数据两部分。

① 芯片图像数据存放在“\xinyuanjing\ChipDatacenter\Image”内，每个子目录对应一个芯片的图像数据。

② 芯片工程数据存放在“\xinyuanjing\ChipDatacenter\Project”内，每个子目录对应一

个芯片的工程数据。

上述两个目录在计算机硬盘上的位置如图 2-6 所示。

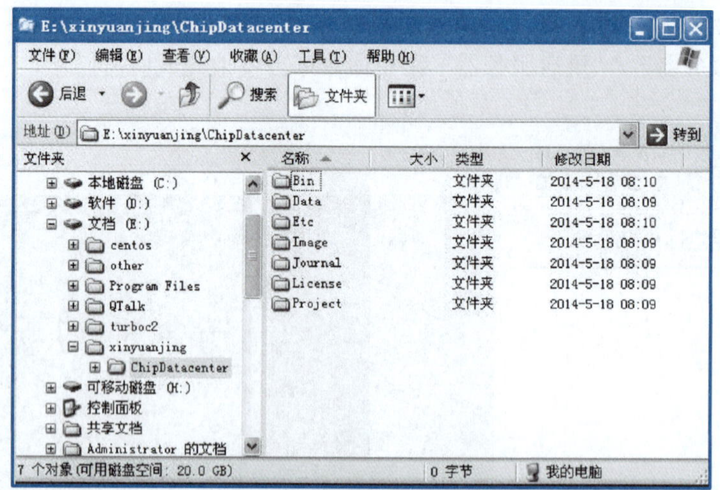

图 2-6　Image 和 Project 目录在计算机硬盘上的位置

芯愿景公司根据客户要求完成本项目引入的 D503 项目芯片的图像数据采集，并经过图像系统处理后，形成芯片图像数据文件夹 Image 和工程数据文件夹 Project。ChipDatacenter 软件安装完毕后是不包含这些芯片数据的，因此此时 ChipDatacenter 目录中的 Image 目录和 Project 目录均为空目录，可通过下列步骤加载芯片数据：将 D503 项目的上述两个文件夹 Image 和 Project 复制到 ChipDatacenter 软件的根目录下，并且覆盖原来的 Image 和 Project 目录；如果 ChipDatacenter 软件已经启动，则需要重新启动 ChipDatacenter 软件。

技能训练 >>>

一、ChipLogic 系列软件的安装

下面通过在 PC 上安装 ChipLogic 系列软件，掌握该系列软件安装的相关技能，步骤如下：

① 将包含 ChipLogic 系列软件的压缩包 CLF-v8.03.zip 文件复制到 PC 的某一个硬盘区域，如 D 盘。

② 解压缩该文件，得到相应的全套软件，如图 2-7 所示。

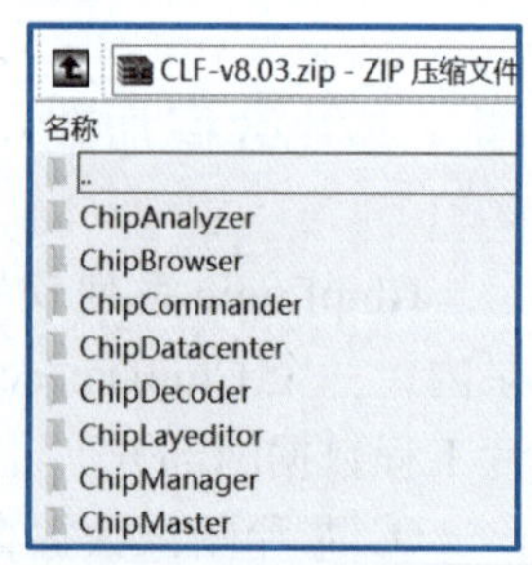

图 2-7　ChipLogic 系列软件压缩包内容

③ 运行压缩包中的“\ChipDatacenter\Bin\ChipDatacenter.exe”文件，弹出图 2-4 所示的对话框，将服务器标识符交由芯愿景公司，获取 License 文件。

④ 按照“背景知识”部分介绍的方法安装 License 文件。

⑤ 运行压缩包中的“\ChipManager\Bin\ChipManager.exe”文

件，弹出图 2-5 所示窗口，通过操作相关界面，关闭、重启服务器。

二、案例芯片数据的加载

下面将本项目所引入的 D503 项目芯片的相关数据加载到安装完成的 ChipLogic 系列软件中。

D503 项目芯片的图像数据文件夹 Image 和工程数据文件夹 Project 如图 2-8 所示。将以上两个文件夹 Image 和 Project 下的内容分别复制到 ChipDatacenter 目录中的 Image 和 Project 目录下，即可完成案例芯片数据的加载。

图 2-8　D503 项目芯片数据

问题讨论

① 如何理解集成电路分析再设计流程？
② ChipLogic 系列软件包含哪些内容？
③ 对集成电路逆向设计的软硬件平台有何具体要求？
④ 在集成电路逆向设计流程中，如何进行芯片数据的加载？

任务二　集成电路逻辑提取基础

任务概述

本任务主要介绍集成电路逆向设计中最重要的步骤——逻辑提取的基础知识，包括逻辑提取流程和相应的准备工作，并在此基础上介绍工作区的概念和相关操作。基于上述背景知识，以本项目所引入的 D503 项目芯片为例，通过两个实训案例开展具体的技能训练。

背景知识

一、逻辑提取流程和准备工作

1. 逻辑提取流程

逻辑提取是指在集成电路设计流程中，对照同类芯片的背景图像，采用人工和机器相结合的方式，把该产品的逻辑关系提取出来，为后续进行的逻辑设计、版图设计和验证等做好准备。

从图 2-1 所示的集成电路分析再设计流程中可以看到，逻辑提取在整个流程中较为靠前，只有完成这部分工作之后才能够往下进行逻辑设计工作，逻辑提取也可为将要进行的版图设计和验证打下基础，因此非常重要。

目前进行逻辑提取的主要工具是 ChipLogic 系列软件中的 ChipAnalyzer。逻辑提取的简单流程如图 2-9 所示。

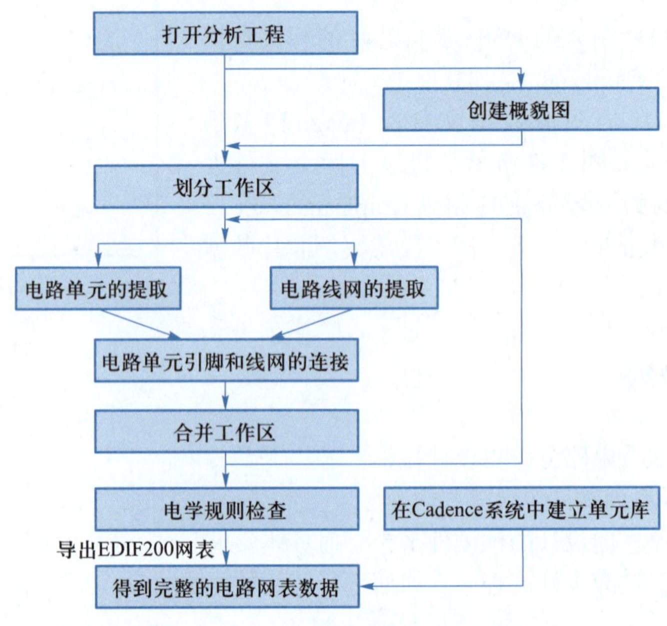

图 2-9　逻辑提取简单流程

首先在开始逻辑提取工作前，先打开一个分析工程，这个分析工程是由芯愿景公司在创建该项目的芯片照片数据时产生的；然后创建这个工程的概貌图，并划分工作区，因为通常每一个芯片都是由不同模块组成的，不同的模块可以由不同的人员去完成逻辑提取工作，因此需要划分工作区，以便不同人员对不同芯片的不同区域（模块）进行逻辑提取工作；工作区划分完成后分别进行电路单元的提取和电路线网的提取，这是逻辑提取工作中最重要的两个步骤；上述两个步骤完成后便可以进行电路单元引脚和线网的连接，并合并工作区，至此逻辑提取工作的主要步骤就完成了。为了检查逻辑提取工作的正确性，接下来将进行电学规则检查（electronic rule check，ERC），检查以上几个步骤中可能出现的问题。完成 ERC 后就可以把逻辑提取的结果，也就是完整的电路网表数据导出来，放到下一步的设计环境中，导出的数据可采用 EDIF200 网表数据格式。如果下一步的设计环境是 Cadence 系统，那么在导出数据前先要在 Cadence 系统中把所有单元的逻辑库建立好。至此，完整的逻辑提取过程就完成了。

2. 逻辑提取准备工作

（1）运行数据服务器

如果是单机操作，则直接运行 ChipDatacenter 目录中 Bin 目录下的 ChipDatacenter.exe 文件，数据服务器将以前台方式运行；如果有多台终端机器在网络中一起工作，则每次只要服务器运行 ChipDatacenter.exe 即可，其他终端不需要运行。

图 2-10　数据服务器运行后显示的图标

运行结果为机器右下角显示图 2-10 所示的图标，表示数据服务器运行成功。

（2）运行逻辑提取软件 ChipAnalyzer

运行 ChipAnalyzer 目录中 Bin 目录下的 ChipAnalyzer.exe 文件，出现图 2-11 所示对话框。

图 2-11 运行 ChipAnalyzer

图 2-11 中的用户名、密码都不用修改；如果是单机操作，则服务器地址就是 localhost；如果是联网操作，则需要输入服务器 IP 地址（服务器 IP 地址可以自己设置，ChipLogic 系列软件对此没有要求）。然后单击“连接”按钮，出现图 2-12 所示的 ChipAnalyzer 主界面。

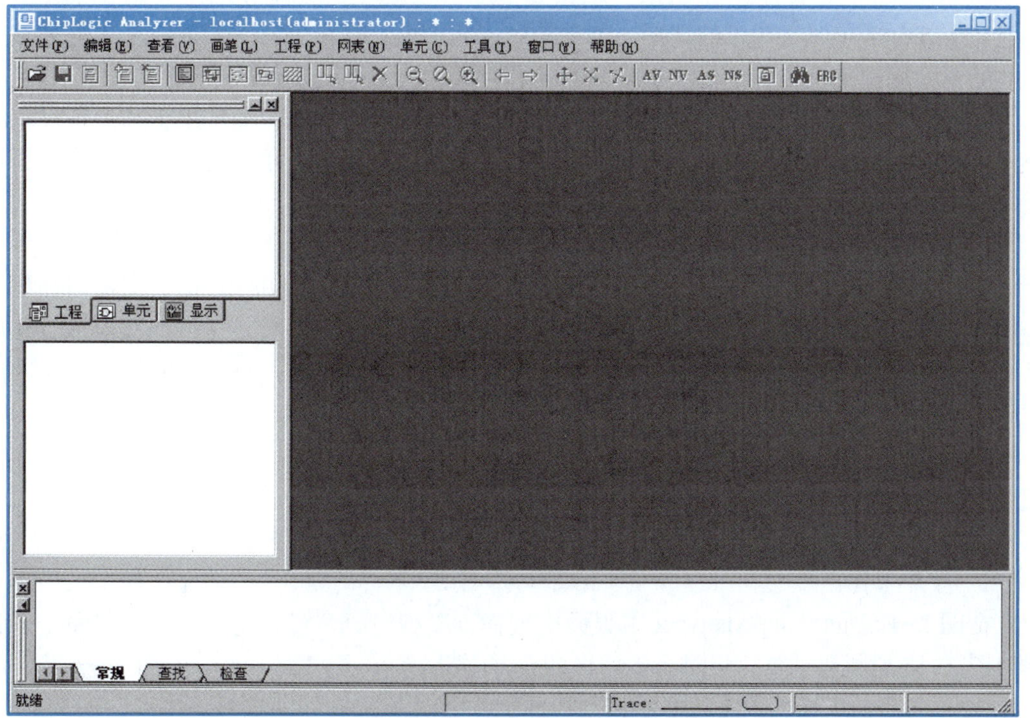

图 2-12 ChipAnalyzer 主界面

单击图 2-12 所示主界面中的“文件”菜单，选择“打开芯片分析工程”命令，即可进入下一步。

（3）划分芯片模块

随着集成电路的发展，芯片规模越来越大，为了方便起见，可以将每个芯片划分为若干个模块，对每个模块分别进行网表提取。工作区的第一种概念就是对应芯片的一个指定区域（就是上面所说的模块），用户可以在 ChipAnalyzer 工作区内进行线网绘制、单元提取、标注等网表提取工作。工作区之间可以有重叠区域，而工作区之间的数据是相互独立的。工作区之间的数据交互可以通过工作区合并、导入 / 导出脚本文件以及发送单元模板等方式来实现。多个用户可以在同一工作区内协同工作，且所有客户端的操作都可以实时保存、实时显示。

与上述工作区的第一种概念不同的是，工作区的第二种概念针对的是不同逻辑提取阶段的任务。这里引入了单元工作区和线网工作区两种不同类型的工作区，分别对应流程中的电路单元的提取和电路线网的提取。对于规模比较大或者需要采用比较清楚的层次化设计的场合，设计时会采用这两种工作区。

（4）定义单元工作区

每个单元工作区是相互独立的，其主要完成的任务包括：正确提取所有单元模板；进行单元命名和端口标注（标注要规范，强烈建议统一采用大写字母）；在 Cadence 设计系统内编辑单元库，建立所有单元符号图、电路图等信息，并使单元和端口命名等与 ChipAnalyzer 保持完全一致；在单元工作区内所有单元位置处添加单元实例；逐屏浏览，确保“摆块”无遗漏并逐类检查每个模板的实例。单元工作区通常分成以下两类：

① 整个芯片区域的单元工作区 WHOLE_CELL。这类单元工作区主要用于单元重复性较高（如标准单元工艺）的情形。如果芯片规模不大，可在 WHOLE_CELL 内完成整个芯片的单元识别，再将各单元分别合并到各芯片模块所对应的工作区中。

② 模块级别的单元工作区 BLOCKn_CELL。这类单元工作区主要用于芯片各模块间单元重复性较低的情形。因为芯片规模很大，为避免相互影响，可在各模块内分别进行单元提取，最后再合并到一个全芯片单元工作区内。

（5）定义线网工作区

线网工作区可按模块或者区域进行划分，自由度较大。在合并线网时，只需将相邻工作区边界处线网接续起来即可。线网提取是流程化的，对于一个特定区域（对应该芯片或某个模块），需要创建多个线网工作区，按线网提取的标准流程，在不同的线网工作区内完成不同的任务。

二、工作区操作

1. 合并工作区

在图 2-12 所示 ChipAnalyzer 主界面中选择“工程”→“合并工作区”菜单命令，将弹出图 2-13 所示对话框，可进行工作区的合并。

① 可将当前工作区数据逐一添加到目标工作区内。

② 可指定将当前工作区内的哪些数据类型合并到目标工作区内。

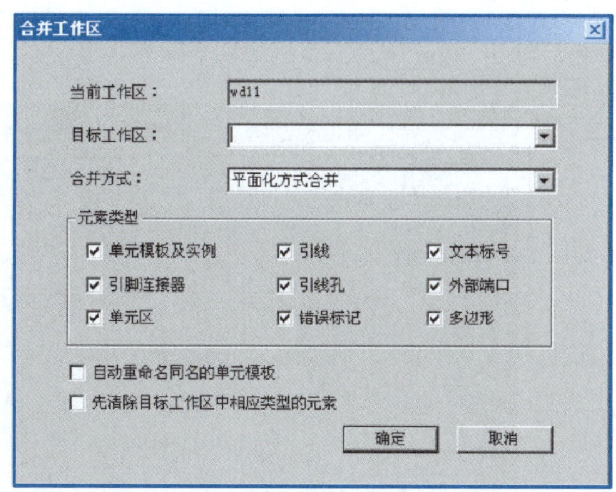

图 2-13　合并工作区

③ 合并方式如下：

a. 平面化方式（通常情况）。

b. 层次化方式：将当前工作区作为一个大单元合并到目标工作区，当前工作区内的所有外部引脚都作为目标工作区内大单元的引脚。

2. 工作区的其他操作

① 复制工作区：复制一个与当前工作区数据完全相同的工作区。

② 删除工作区：只有工作区创建者或者项目经理才能删除工作区。

③ 比较工作区：用来比较两个工作区内的线网数据是否相同。

④ 导出工作区数据。

技能训练 >>>

一、D503 项目的工作区创建

1. D503 项目简介

D503 项目是一个电容式感应触摸按键检测电路，采用了目前集成电路行业内最新的触摸控制技术。该电路采用 0.5 μm DPDM 工艺，工作电压范围为 2.2~5.5 V，是一个很典型的数模混合电路。电路规模不大，但包含了多种数字单元和模拟器件类型，并且在 ESD（静电放电）保护方面采用了比较典型的结构，因此比较适合作为实训项目。

2. 打开 D503 项目分析工程

在 ChipAnalyzer 主界面中选择“文件”→“打开芯片分析工程”菜单命令，选择“JSL-03”（这是 D503 项目的芯片分析工程名称，在形成芯片数据时就定义好了），会出现图 2-14 所示界面。

3. D503 项目工作区划分

将图 2-14 中的 D503 项目概貌图放大，如图 2-15 所示。

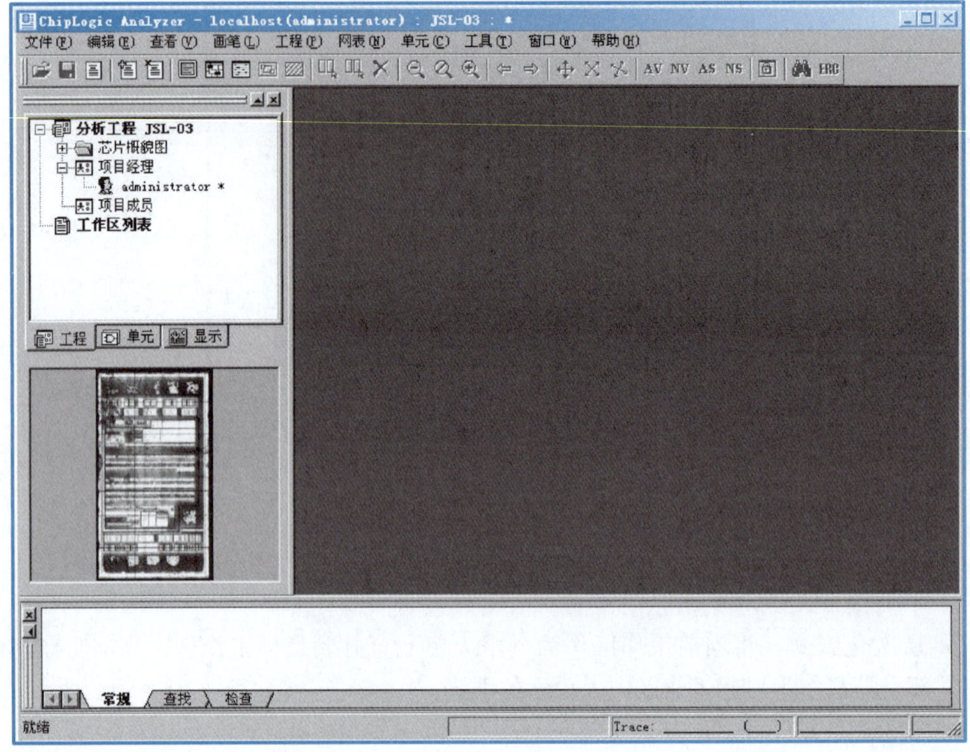

图 2-14　打开分析工程 JSL-03

图 2-15　D503 项目概貌图

从图 2-15 中可以看出，该芯片可分为五个模块：DIGITAL、IOPAD1、IOPAD2、ANALOG1 和 ANALOG2。具体设计时，应该分别完成五个区域的网表提取，然后将它们合并，完成模块间接缝处的引线，再进行 ERC（电学规则检查）。当然，用户也可以直接导出每个模块的网表数据，但是此时用户必须通过标注边界线网名等方法确保导出后各模块边界的连接性。为了达到以上所说的模块划分的目的，在 ChipAnalyzer 中提供了对工作区的支持。

图 2-15 所示的 D503 项目可被划分为五个工作区（或模块），这里所说的工作区的概念是针对芯片不同区域（或模块）的，这就是工作区的第一种概念。

以工作区的第二种概念来分析图 2-15 所示的这个对应两层金属工艺的芯片，对于其中的 DIGITAL 区域，应该先后创建表 2-3 中所列的工作区并完成相应任务。

表 2-3　D503 项目 DIGITAL 区域的工作区及相应任务

工作区	任务
DIGITAL	完成 DIGITAL 区域内的单元摆放

续表

工作区	任务
D_M1	完成 DIGITAL 区域内 M1 线网的绘制
D_M2	完成 DIGITAL 区域内 M2 线网的绘制
D_M12	合并 D_M1 和 D_M2 的数据，并完成通孔 Via1 识别
D_NET	合并 DIGITAL 和 D_M12 的数据，并完成单元引脚连线、模块 ERC。本工作区数据可直接导出模块网表，也可通过与其他模块数据的合并而得到更大模块网表

4. D503 项目工作区创建

通常可以利用芯片概貌图创建工作区，也可以通过菜单或者常用工具栏进行创建。在工作区列表中右击，在弹出的快捷菜单中选择“创建工作区”命令，弹出“创建工作区”对话框，填写工作区名称“wd11”，其他设置不用修改，然后单击“确定”按钮，再填写连线层数即可，如图 2-16 所示。

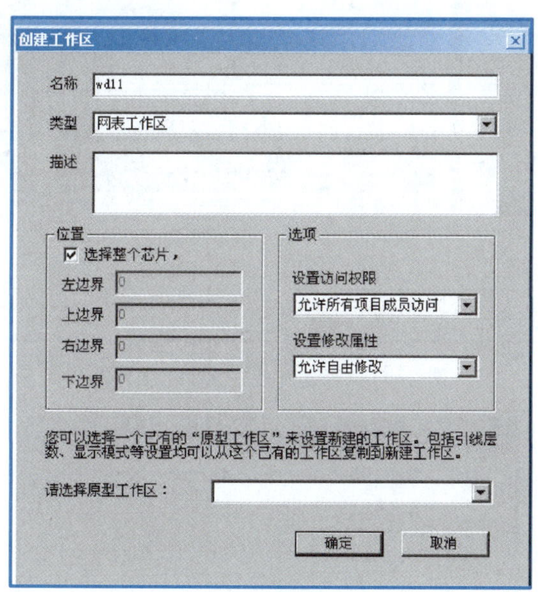

图 2-16　创建工作区

创建完成的 wd11 工作区如图 2-17 所示。

选择图 2-17 中工作区列表下的工作区 wd11，右击，在弹出的快捷菜单中选择“工作区属性”命令，将出现图 2-18 所示对话框，其中显示工作区 wd11 的相关属性，包括类型、创建者、创建时间、位置，以及访问权限和修改属性的设置等内容。

5. 设置工作区访问权限和修改属性

① 设置访问权限：允许所有项目成员访问、只允许工作区创建者访问、更高权限用户不受限制。

图 2-17　创建完成的 wd11 工作区

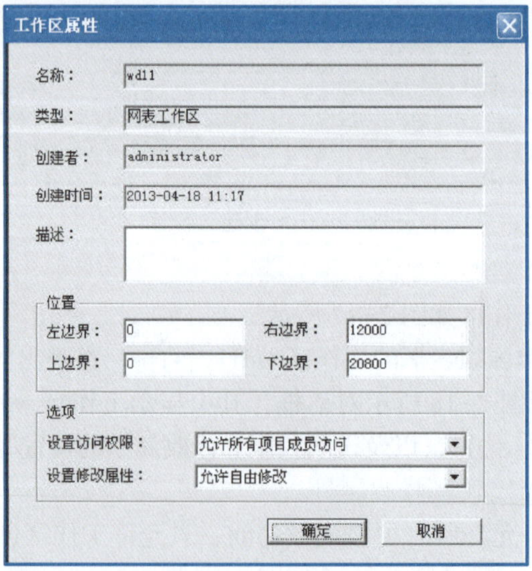

图 2-18　工作区属性

② 设置修改属性：允许自由修改、修改前需要确认、不允许修改。

小提示

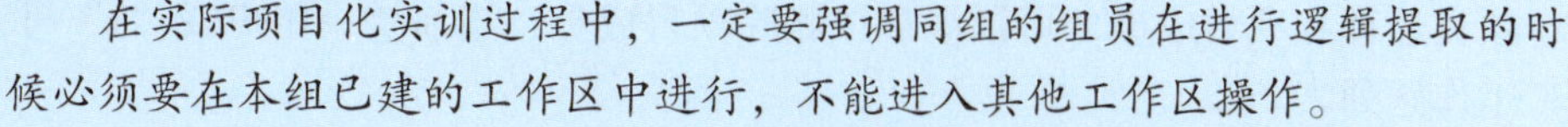

在实际项目化实训过程中，一定要强调同组的组员在进行逻辑提取的时候必须要在本组已建的工作区中进行，不能进入其他工作区操作。

二、以 D503 项目为例熟悉逻辑提取工具主界面

做好上述准备工作，并创建好工作区后，会出现图 2-19 所示的逻辑提取工具 ChipAnalyzer 主界面。其中创建了 group1、group2、group3 三个工作区，并将这三个工作区的数据放在一个名为 JSINFO 的文件夹中；而之前创建的工作区 wd11 的数据则放在名为 DESIGN1 的文件夹中。文件夹的作用是对所创建的工作区进行数据管理。

下面将详细介绍图 2-19 所示 ChipAnalyzer 主界面的每一部分，为接下来将要进行的逻辑提取工作先建立一些概念。

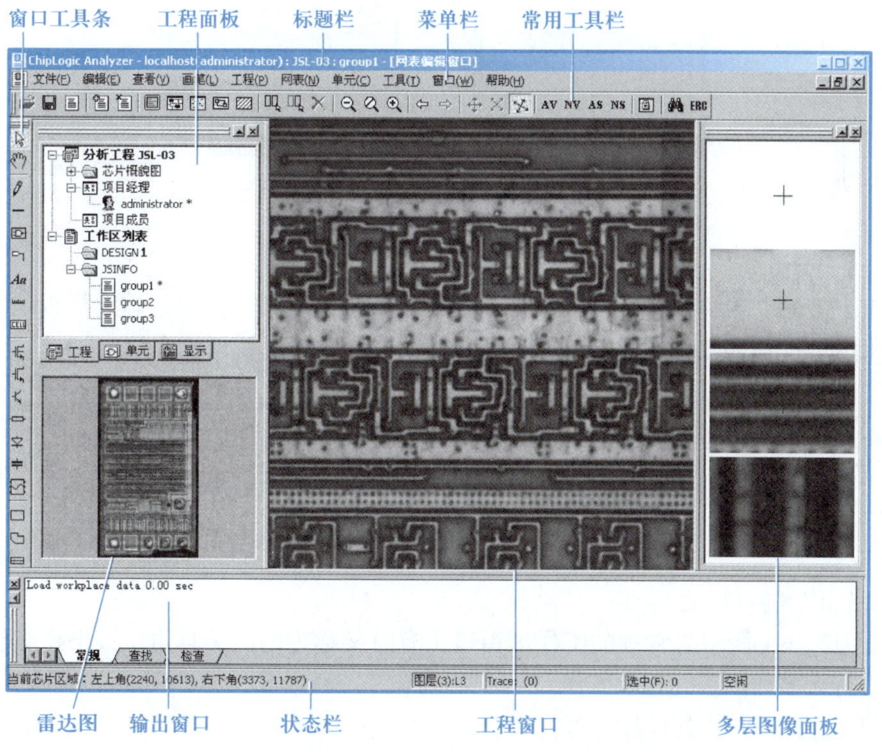

图 2-19　以 D503 项目为例的 ChipAnalyzer 主界面

1. 工程面板

（1）工程栏

工程栏如图 2-20（a）所示，包含以下内容：

① 芯片概貌图。

② 项目经理和项目成员，可以添加或删除项目成员，当前登录用户以“*”号表示。

③ 工作区列表。

a. 文件夹：每个文件夹可对应一个芯片模块。

b. 工作区：双击可快速打开或关闭，当前活动工作区以“*”号表示。

（2）单元栏

单元栏中显示了当前工作区的单元模板库，如图 2-20（b）所示，包括单元模板名称、单元模板大小、单元模板实例数量等。

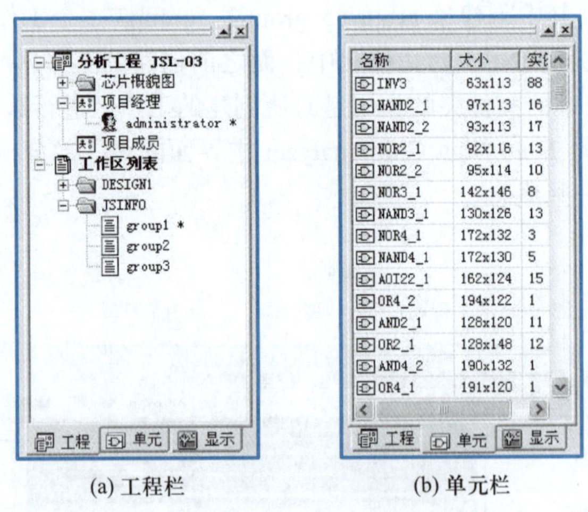

(a) 工程栏　　(b) 单元栏

图 2-20　工程面板中的工程栏和单元栏

单击上方的“名称”“大小”“实例”等可对模板进行排序。通过单元模板项的右键快捷菜单可以进行各项单元模板的数据管理，后续内容中将进行详细介绍。

（3）显示栏

显示栏中定义了 ChipAnalyzer 软件中的各个显示层，如图 2-21（a）所示。双击显示层名可以设置显示属性，包括颜色、线宽、线型、是否可显示、是否可选中等，如图 2-21（b）所示。

2. 工程窗口

（1）工作区窗口

图 2-22（a）所示为常规的工作区窗口（有时又称为网表编辑窗口或图像编辑窗口），这里可进行大多数网表的提取工作。

① 新建窗口的方法有以下三种：

a. 打开工作区时自动打开新建窗口。

b. 选择“窗口”→“新建网表编辑窗口”菜单命令。

c. 单击常用工具栏内的“新建窗口”按钮。

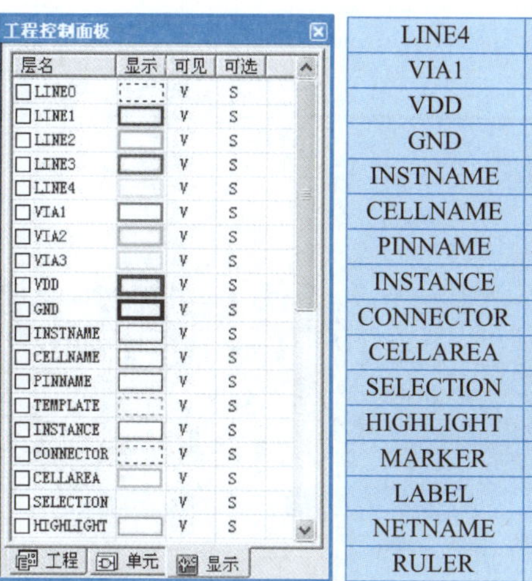

LINE4	第4引线层
VIA1	第1通孔层
VDD	电源线显示层
GND	地线显示层
INSTNAME	单元实例名称显示层
CELLNAME	单元名称显示层
PINNAME	单元引脚名称显示层
INSTANCE	单元实例框显示层
CONNECTOR	引脚连接器显示层
CELLAREA	单元区域显示层
SELECTION	选中元素显示层
HIGHLIGHT	高亮元素显示层
MARKER	标注元素显示层
LABEL	标注文本显示层
NETNAME	线网名称显示层
RULER	标尺显示层

(a) 显示层

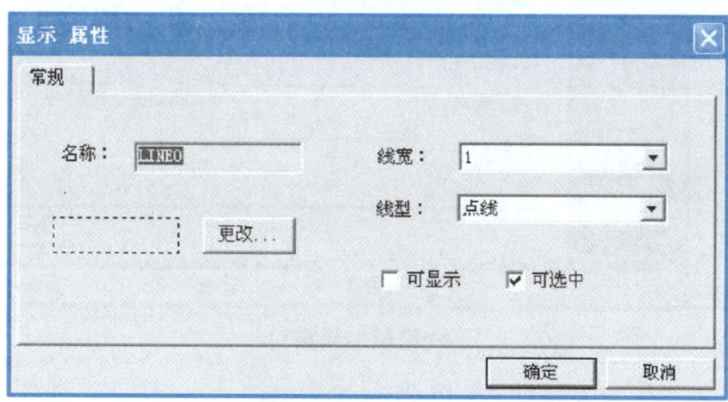

(b) 显示属性设置

图 2-21　工程面板中的显示栏

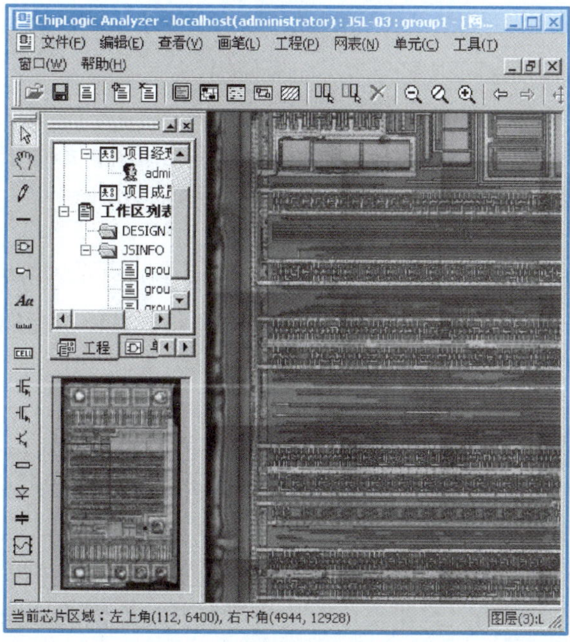

(a) 工作区窗口

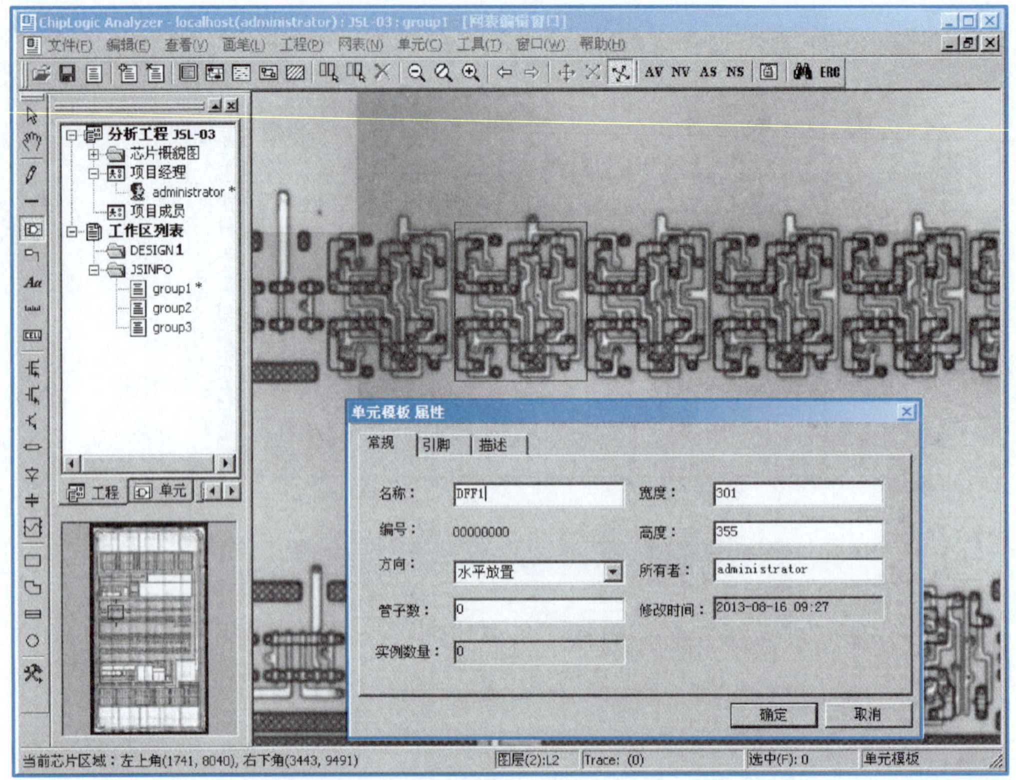

(b) 模板编辑窗口

图 2-22　工作窗口

② 图像背景层切换，可按数字键切换到相应背景层，按 0 键关闭背景层，可快速缩放、迅速浏览。

③ 图像背景层切换功能可以配合多层面板使用。

（2）模板编辑窗口

如图 2-22（b）所示，该窗口主要用于：进行单元编辑；添加引脚，包括引脚名、输入 / 输出属性；调整单元边框。该窗口可配合多层面板使用。

（3）概貌图窗口

单击常用工具栏内的按钮可以打开芯片概貌图，如图 2-23 所示。

芯片概貌图有助于用户对芯片进行快速的整体浏览，具体功能如下：

① 了解芯片的全局布局。

② 双击直接定位。

③ 方便地创建新工作区。

④ 可了解模块划分情况和当前工作区内的工作进度。

软件支持以下概貌图操作：

① 按 Shift + Z 组合键、Ctrl + Z 组合键可以缩放图像，右键拉框可以放大图像。

② 单击常用工具栏内的“新建窗口”按钮可打开一个网表编辑窗口，在概貌图上双击可以切换到已打开的网表编辑窗口。按 Ctrl + Tab 组合键可以切换窗口。

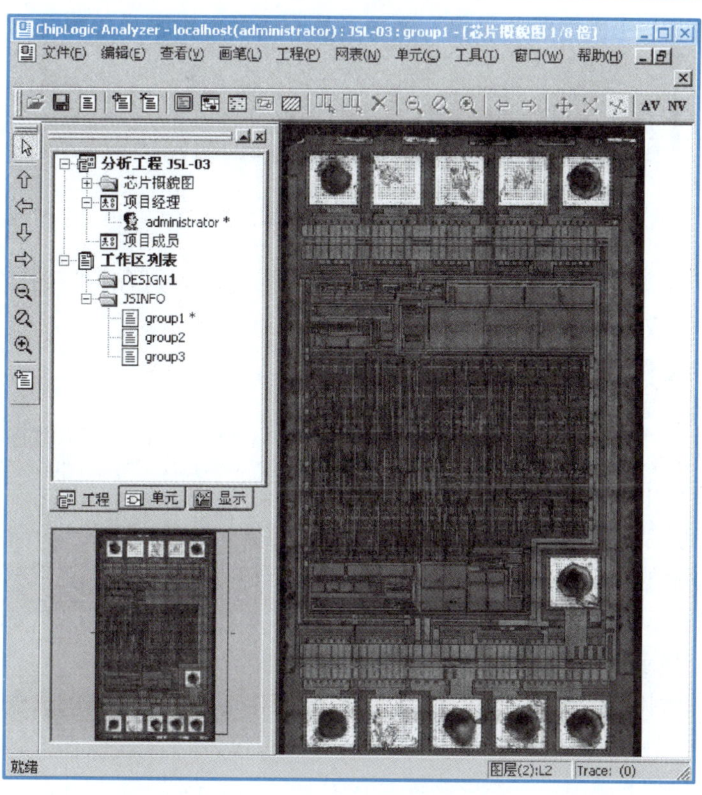

图 2-23　概貌图窗口

③ 单击常用工具栏内的按钮，用鼠标左键在概貌图窗口拉框，可创建一个工作区。

（4）其他窗口

① 单元列表窗口：以列表形式显示单元库的信息，可对信息进行检索和排序。

② 单元比较窗口：可迅速判断并合并相同的单元模板。

③ 帮助窗口：可获取软件帮助信息及技术支持信息。

3. 多层图像面板

选择“查看”→“多层图像面板”菜单命令，可打开多层图像面板，如图 2-24 所示。其功能如下：

① 可大大提高数据提取效率。

② 可显示指定的多层图像。在多层图像面板中右击，弹出的快捷菜单中有三个命令：关闭指定图层、显示所有图层、设置显示选项。

③ 多层图像面板中的红色十字代表图像编辑窗口内的鼠标位置。

④ 可在“工具”菜单下设置是否保持显示比例。

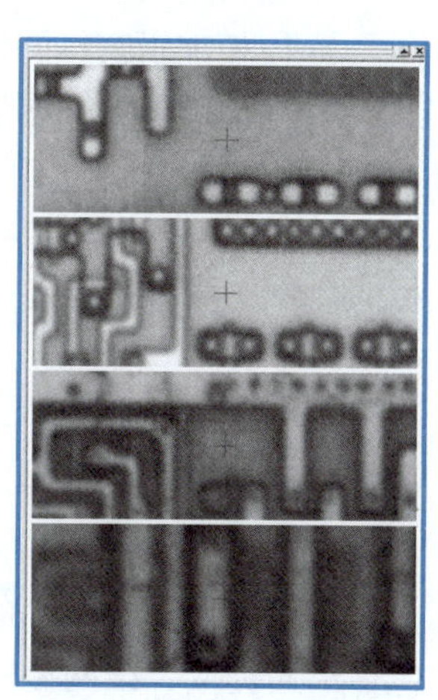

图 2-24　多层图像面板

4. 输出窗口

输出窗口如图 2-25 所示。

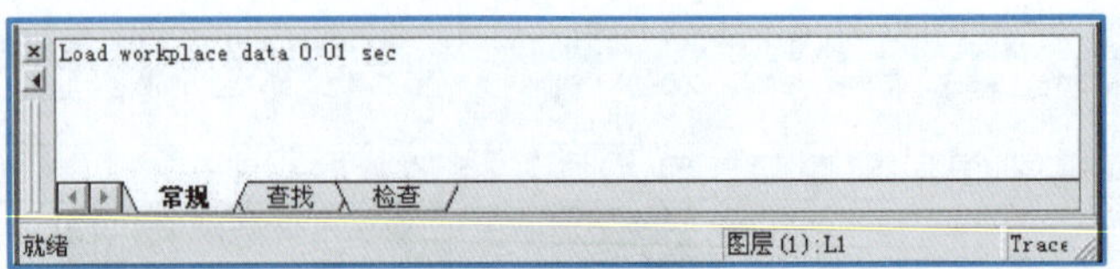

图 2-25　输出窗口

① 常规栏内主要显示一些基本操作信息，如导入脚本数据时是否存在数据冲突、合并工作区数据是否成功等。

② 查找栏内会列出数据查找结果。

③ 检查栏内会列出所有的 ERC 结果。

④ 窗口定位：

a. 在输出窗口中双击任何一项可以直接定位到图像编辑窗口。

b. 按 F4 键可跳到输出窗口中的下一个数据项位置。

c. 输出窗口中的内容可以导入或导出。

5. 主界面其他部分

① 标题栏：显示工程名、工作区名称，以及当前活动窗口名称。

② 菜单栏和常用工具栏：常用工具栏内的按钮对应于菜单栏内的命令。

③ 雷达图：显示当前窗口在整个芯片上的相对位置，可直接在雷达图上单击定位，也可显示芯片分块信息。

④ 状态栏：显示当前的数据操作状态、选中数据的属性、窗口内鼠标的位置等。

问题讨论 >>>

① 如何根据实际项目的特点创建不同类型的工作区？

② 在创建工作区的过程中需要对哪些属性进行必要的设置？

③ 关于工作区的操作有哪些？分别如何执行？

④ 逻辑提取主界面包括哪些具体内容？

⑤ 模板编辑窗口的作用是什么？

⑥ 如何才能打开多层图像面板窗口？

任务三　案例芯片的逻辑提取

任务概述 >>>

本任务以一个实际的芯片为例，详细介绍集成电路逆向设计中逻辑提取的相关工作，包括单元提取、线网提取、单元引脚和线网的连接、电学规则检查、提图数据的导入/导出等内容，并通过相关的六个实训案例开展具体的技能训练。

背景知识 >>>

一、单元提取

单元提取是对照片上的电路逻辑进行识别，然后用单元框画出照片上单元部分的图形，并在器件的接触孔处加上单元端口的过程，俗称“摆块”。每一种新建的单元上都有一个模板和一个实例，模板代表单元的种类，实例代表相同单元的数目。在照片上见到相同单元时，只要将实例复制到新建的单元处即可，这样可以大大加快单元提取的速度。

数字部分最明显的标志就是大片的阱连在一起，进行单元提取时应尽可能地将具有特定功能的单元提取出来，而不能提取成单独的管子，这样能减小后续逻辑整理的负担。提取数字单元时还可以自动搜索相同单元（这是针对单元具有明显重复性的工程而言的，如果单元重复性较低，如下面将提到的模拟部分，则要完全依靠人工进行手动摆块）。在整条的电源和地之间建立单元区，确定好电源线和地线的方向进行自动搜索，再用透视功能确认单元实例，相同的单元便提取好了。

模拟部分几乎都是电容、电阻、晶体管等，不易识别出功能单元，只能作为独立的器件来提取，整理逻辑时再进行功能模块的划分。模拟部分不能自动搜索相同单元，如遇到相同的单元，只能手动复制模板上的实例，并放到相同的单元上去。

I/O 接口和 ESD 保护部分通常是一些大宽长比的管子，也像模拟部分一样提取即可。

从步骤上来说，模拟器件和数字单元的提取是相近的，这里先以数字单元为例进行介绍，然后针对模拟器件的特殊性再做补充说明。

1. 数字单元的提取

数字单元提取的标准步骤为：首先标注单元区，然后流程分为单元模板操作和在所定义的单元区内进行的单元实例操作两部分，如图 2-26 所示。

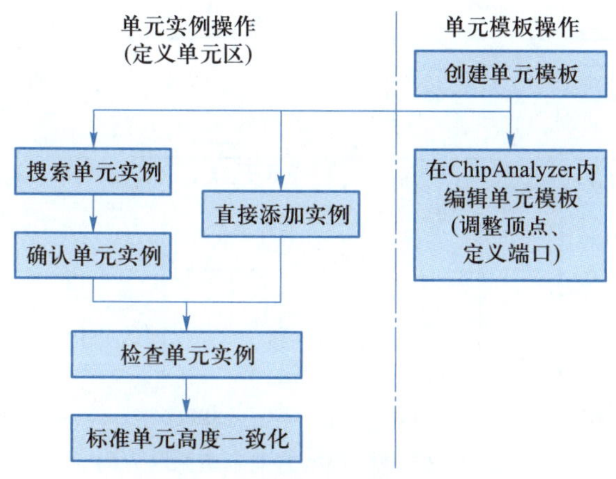

图 2-26　数字单元提取流程

（1）标注单元区

ChipAnalyzer 软件只在标注好的单元区内进行单元自动搜索。进入标注单元区状态，单击窗口工具条内的“单元区”按钮，或者选择“工具”→“创建单元区”菜单命令，用鼠标在单元区两个角点上拉出一个方框，弹出图 2-27 所示对话框。

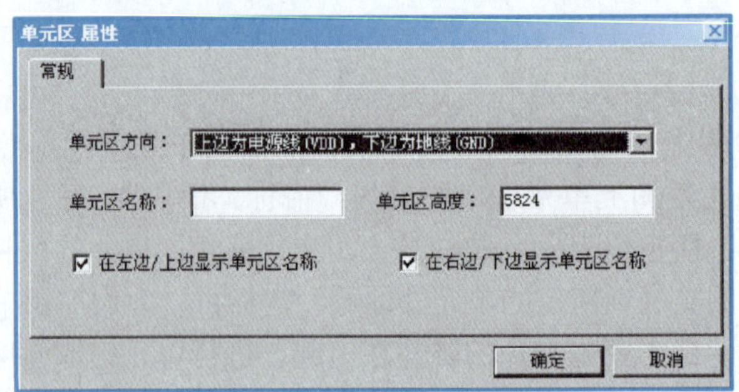

图 2-27 单元区属性

按照图 2-27 进行设置，单击“确定”按钮，即可完成单元区的标注工作。按 S 键可进入拉伸状态，用鼠标拉出方框选中单元区的一个角或一条边，用鼠标拖动边框可以改变单元区大小（选中整个单元区再拖动鼠标的效果相当于平移）。

小提示

必须正确选择单元区方向（电源线、地线的位置），同时单元区高度不能太小，否则将无法得到正确的搜索结果。如图 2-28 所示，其中图 2-28（a）表示一个正常摆放的“F”字样的单元模板，上面为电源线，下面为地线。在工作区内，对于图 2-28 所示的八种不同方向放置的实例，在搜索单元时 ChipAnalyzer 都能将其识别出来，但如果电源线方向标注错误，则软件将无法将其搜索出来。

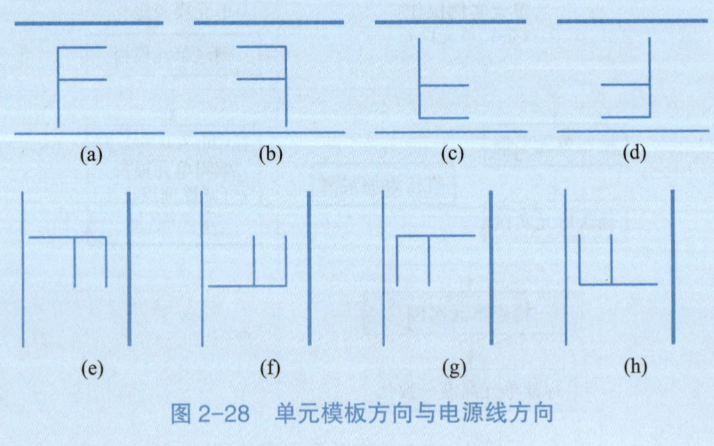

图 2-28 单元模板方向与电源线方向

（2）创建单元模板

单击窗口工具条内的“创建单元模板”按钮，然后在照片上以点点的方式画出器件的具体位置，就会出现图 2–29 所示的“单元模板 属性”对话框。

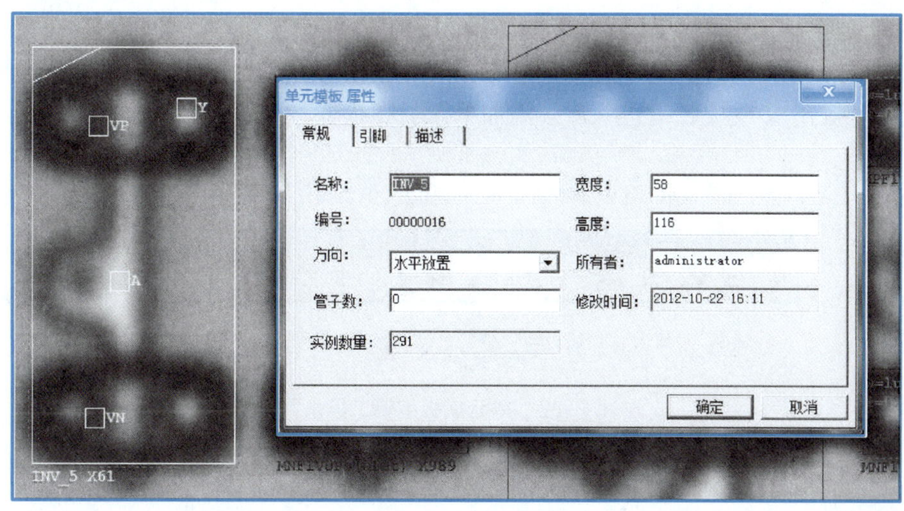

图 2–29　单元模板属性

在图 2–29 所示的“常规”选项卡中输入名称，单击“确定”按钮即可完成单元模板的创建。按 F2 键或者单击窗口工具条内的“创建单元模板”按钮，可进入连续绘制单元模板状态，按 Esc 键可以退出此状态。用鼠标在图像编辑窗口中连续单击两次可以创建一个单元模板。第一次单击后再右击可取消当前输入。第一次单击后，按住 Shift 键单击第二次，软件将会自动在当前已创建的单元模板内查找相似的单元模板，如果没有找到，则创建一个新的单元模板，否则将弹出一个对话框让用户确认相同模板，这个功能在实际操作中非常有用。

小提示

① 对于初学者来说，建议先从简单的单元做起，如反相器等。

② ChipLogic 系列软件与 Cadence 设计系统主要是通过 EDIF 格式实现电路图的兼容的。与 Cadence 设计系统不同的是，EDIF 格式不关心字母大小写，因此为了确保 ChipLogic 系列软件与 Cadence 设计系统一致，强烈建议 ChipAnalyzer 中包括单元模板名称在内的所有名称一律采用大写字母。另外，为了避免同一组内对同一类型单元的命名出现多种方法，在一开始就需要对命名规则进行统一，以免后续出现问题。

③ 软件允许单元实例之间存在至多 50% 的重叠。但是在进行单元自动搜索后，如果候选实例位置已被其他实例所占用，则软件将会忽略此候选实例位置。因此，建议设计者在圈定单元模板时尽可能将单元框画得小一些，以免实例不能被搜索到（设计者可在编辑单元模板时调整单元框）。另外要注意填写单元方向，否则单元比较的结果会不准确。

（3）编辑单元模板

刚创建好模板的单元是没有引脚的，可进入单元模板编辑状态加入引脚。选中刚建好的单元模板，右击，会出现图 2-30 所示的单元模板编辑工具条，可以通过单击工具条内的按钮或按 Ctrl + 方向键移动单元框的左上角和右下角顶点，也可以通过单击工具条内的“创建引脚”按钮或按 Z 键进入连续添加单元引脚状态。

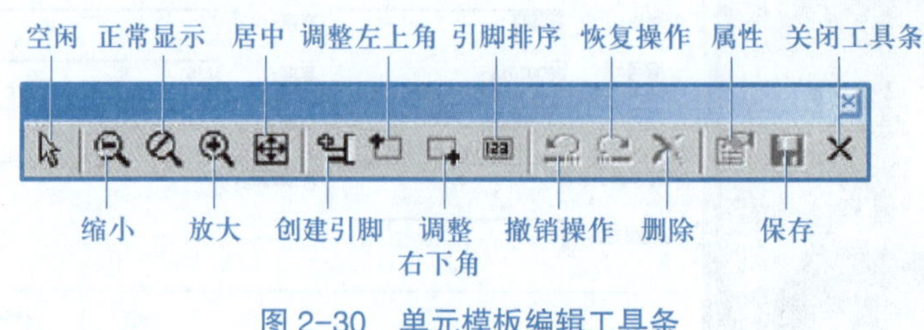

图 2-30　单元模板编辑工具条

小提示

① 在单元模板中添加引脚时通常要打开多层图像面板，以仔细观察引脚的连接，打开方式是按 Alt + 4 组合键，按数字键可以切换背景图像层。

② 单元引脚名建议使用大写字母，其输入 / 输出属性应与在 Cadence 设计系统内建立的单元库完全一致。

③ 选中位于单元框内的引脚后，用方向键可将其移到单元框外（但不要直接用鼠标单击框外）。在工作区窗口内，框外引脚将自动出现一根连接到单元框的斜线，指示该引脚属于此单元实例。

④ ChipAnalyzer 不允许用户输入同名引脚（软件会认为引脚被重定义），但是用户可以利用内部字符“$”创建等价引脚，如用户输入三个引脚名 A、A$1、A$3，则软件在导出网表时将认为这三个引脚均为 A。

⑤ 选中单元模板并右击，可进入单元模板编辑状态，引脚层号可以填 0，也可以填 1。不必关心引脚显示颜色的不同，通常输入引脚的方框为红色，输出引脚的方框为蓝色。

⑥ 通常输入引脚一般放在多晶接触孔上，输出引脚放在 P 管输出有源区的接触孔上，这样输出引脚才不会因为输出铝层形状的改变而改变。如图 2-31 所示的触发器，输入引脚 CP、CN、SB 放在多晶接触孔上，输出引脚 Q、QN 放在 P 管输出有源区的接触孔上。

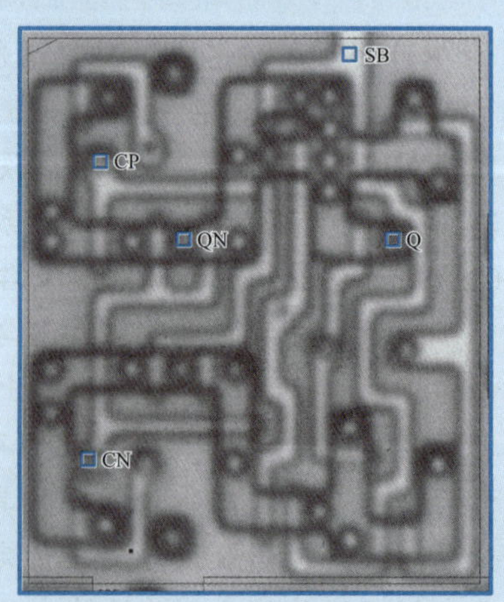

图 2-31　输入、输出引脚的放置位置

（4）搜索单元实例

在工程面板的单元栏内选中一个或多个单元模板，右击，在弹出的快捷菜单中选择“自动搜索单元”命令，可以启动搜索，如图 2-32 所示。

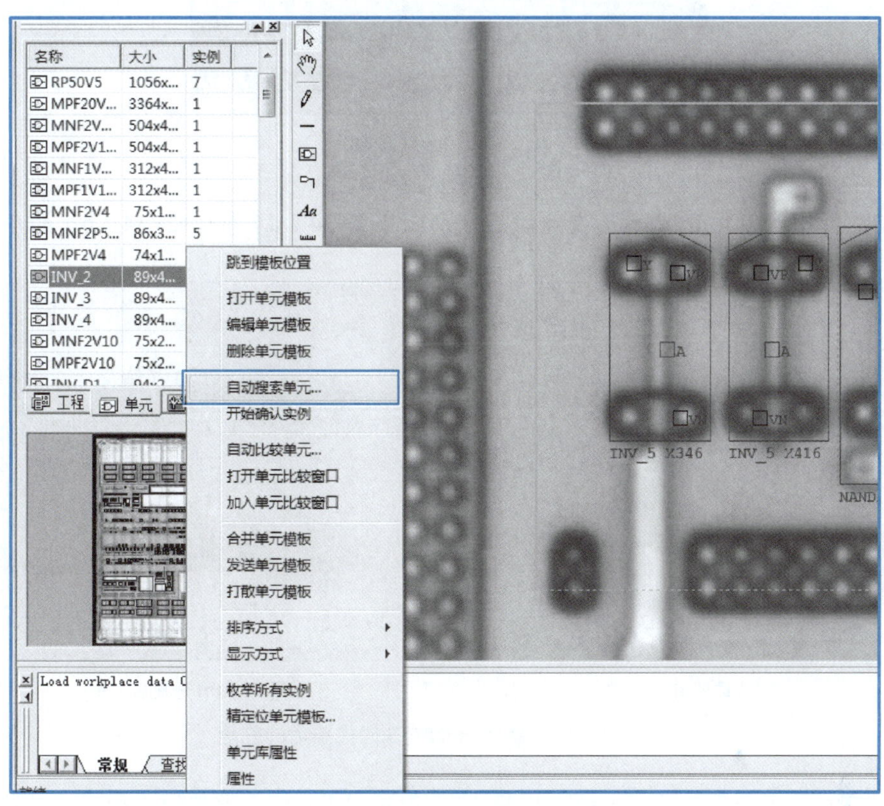

图 2-32　自动搜索单元

单元图标有三种显示状态：搜索前为黄色；搜索时为红色，同时显示百分比进度；搜索后为绿色。由于单元搜索往往需要较长时间，需要较好地协调服务器的资源，因此一般建议只在一个客户端启动搜索。单元搜索的结果是一系列候选实例位置，必须由用户逐一确认。

（5）确认单元实例

① 单元搜索完成后可以得到一个候选实例的队列，这个队列将按相似度从大到小排列。在确认单元实例时，软件会从该队列内逐个读取候选实例位置，如果发现该实例位置处已有其他实例，软件将立即去读取下一个位置；否则，软件会弹出对话框要求用户确认该实例。

② 在工程面板单元栏的右键快捷菜单中选择“开始确认实例”命令，将弹出图 2-33 所示的确认实例对话框。

③ 确认实例时按空格键或者 Enter 键即为确认该实例；按“]”键为忽略此实例并显示下一个候选实例；按 T 键可以将单元模板图像显示在当前候选实例处，用户可以借此判断该实例是否正确；按数字键可以切换背景图像层，透视单元模板图像时软件将自动显示相应层的图像。

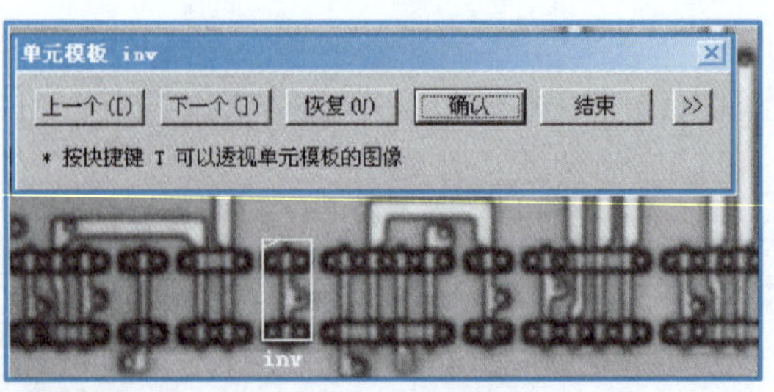

图 2-33　确认实例

例如，反相器单元 INV_5 透视前后的差别如图 2-34（a）和图 2-34（b）所示。

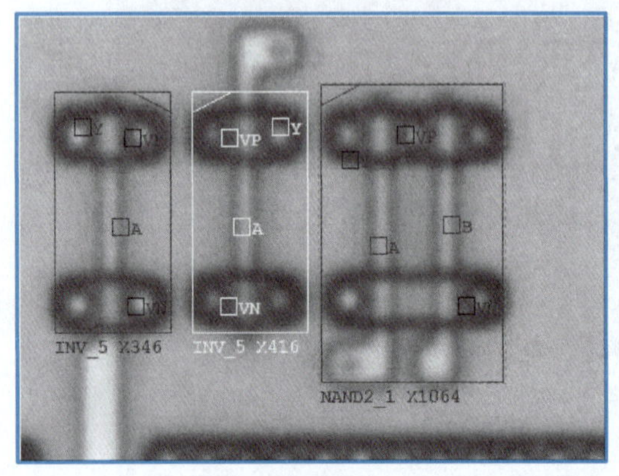

(a) 透视前

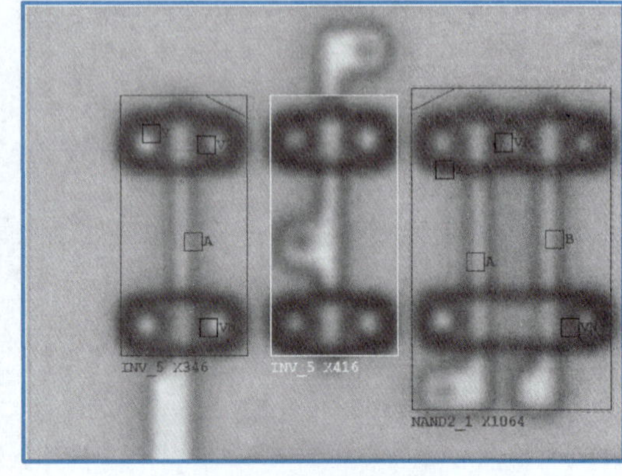

(b) 透视后

图 2-34　反相器单元 INV_5 透视前后的差别

可以看出，透视前后的两个单元还是有不同的。对于同一类型的反相器，其输入端信号可以从单元上方、下方或中间引出，是否要将输入端信号位置不同的反相器创建为同一个单元模板可以视具体情况而定，因此对每一个单元模板都要进行确认。

小提示

创建单元模板对初学者来说经常会出现一些概念上的问题，除了上面所举的反相器输入端引出位置不同的例子外，还有一定要为不同高度的反相器（宽长比不同的反相器）创建不同的单元模板等。

（6）直接添加实例

对于重复性较低的全定制电路以及模拟器件，一般不使用软件的自动搜索单元功能，此时用户需要手动摆块。并且，在使用自动搜索单元功能进行摆块时，软件也不总是能够搜索到所有的实例，用户也需要手动摆块。直接添加实例，即手动摆块的方法如下：

① 从工程面板直接拖动。选中工程面板单元栏中的某个单元模板，将其拖动到图像编辑窗口内，将会添加该模板的一个实例。

② 复制单元实例。选中图像编辑窗口内的一个或多个单元实例，按 C 键或者单击常用工具条内的“复制”按钮，然后单击选中实例上的一个参考点，移动鼠标至目标位置，在目标位置处的相应参考点上单击，即可完成实例复制。

（7）批量摆块

一般在进行单元摆块时，主要步骤是圈模板、搜索、确认。当工作区内的单元摆块已经完成了 80%~90% 时，可以考虑利用逐屏扫描的方式，即按一定的移屏顺序逐屏浏览，在没有摆块的位置摆上单元实例，这个步骤称为批量摆块。这里需要提示一下的是，移屏时一般使用 PgUp、PgDown、Home、End 键进行整屏移动，而不使用方向键进行部分移屏。批量摆块时，对于一个未放置单元实例的位置，用户有以下三种可能的操作：

① 如果能够识别出当前位置处的实例，可以利用上面所述的直接添加实例的方法添加此实例。

② 如果确定当前位置处为新单元，可以直接创建一个新的单元模板。

③ 如果当前位置处的单元可能已经存在，可以在创建新单元模板后进行自动比较。

进行批量摆块时，对于每个空白位置，用户都要添加一个单元实例，从而达到“摆满”的效果。

（8）检查单元实例

在单元提取过程中有以下两个原因可能引入错误：

① 搜索单元实例后，在确认搜索结果时可能会引入错误。

② 批量摆块时可能发生误识别。

单元提取是逻辑提取的基础，因此必须保证单元的完全准确，错误率应为 0。这一点在软件支持下是可以做到的。为保证每一个单元的正确性，需要按下述方法逐类检查单元实例是否正确。在工程面板的单元栏中单击“实例”列列名，将所有单元模板按照实例数进行排序。一般建议按照实例数从多到少的顺序逐类检查单元实例。在工程面板的单元栏中选中排序后的第一个单元模板（以后依次选中下一个），在其右键快捷菜单中选择“枚举所有实例”命令，则该单元所有实例都将枚举到输出窗口的查找栏内，可逐一进行检查。检查时的一些操作技巧如下：

① 按 F4 键，输出窗口将定位到下一个实例处，此时图像编辑窗口将跳到该实例处，并将选中该实例；按 Shift + F4 组合键，将跳到上一个实例处；双击输出窗口内的某个实例，也可直接定位该实例。

② 按 T 键可以透视实例的模板图像，以检查其是否正确。

③ 对于选中的实例，按 X 键、Y 键、Shift + X 组合键可以分别实现上下翻转、左右翻转、90° 旋转。

④ 若实例错误，可为其更换其他已有的单元模板或者创建新的单元模板。

在检查过程中，同组组员可以分工合作，交叉检查，以提高正确率。经过检查后，应该确保所有实例没有错误。

（9）关于单元实例的其他操作

除上述操作之外，用户还可以对实例进行以下操作：

① 移动实例：按 M 键进入移动状态，选中实例后按 Ctrl + 方向键对其进行微移。

② 删除实例：选中实例后，按 Delete 键。

③ 精定位实例：手动摆放的单元位置相对于模板图像一般都会有错位，软件提供了精定位功能，即可将指定的实例自动调整到最佳匹配位置。

a. 单个实例的精定位：选中实例后，按 F6 键。

b. 批量精定位：在工程面板单元栏的右键快捷菜单中选择“精定位单元模板”命令，在弹出的对话框内可以选择精定位当前选中模板还是精定位所有模板。对于超过 5 万门的较大工程，对工作区内所有模板进行批量精定位往往需要花费大量时间，并占用很大的服务器资源，所以建议在客户端并发度较低时进行批量精定位操作。

④ 标准单元高度一致化：针对标准数字单元，可将所有单元变为等高，并使每一行的单元一致对齐（即将单元的顶点排成一条直线）。如果在逻辑提取结束后还要绘制版图，那么这一步骤非常有用，具体操作如下：

a. 启动所有单元模板的整体精定位，以确保实例位置同模板吻合。

b. 打开单元列表窗口，在窗口内选中所有等高的单元，在右键快捷菜单中选择“统一设置单元模板的高度”命令，可将所有选中单元的高度设置为统一大小。

c. 用鼠标逐类框选每一行单元区内的所有单元后，选择“编辑”→“其他操作”→“向上对齐”菜单命令（如果是纵向单元区，则选择“向左对齐”菜单命令）。

2. 模拟器件的提取

（1）模拟器件提取方法

模拟器件可以使用窗口工具条内的模拟器件提取按钮来提取，如图 2-35 所示，从上到下依次为 MOS4、MOS3、BJT、RES、DIODE、CAP、“其他”按钮。单击与要提取的模拟器件对应的按钮，在照片上以点点的方式画出器件的具体位置，就会出现器件属性对话框，在“常规”选项卡中输入名称，在“参数”选项卡中输入类型名称、属性名和属性值，如图 2-36 所示。

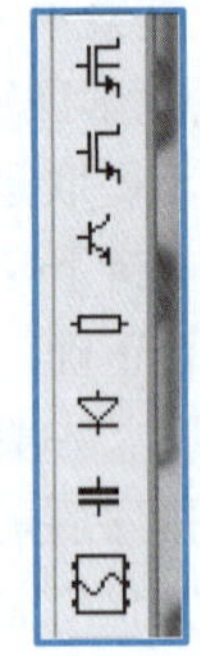

图 2-35 窗口工具条内的模拟器件提取按钮

对于模拟器件的类型名称，如果是 MOS 管，可以填写 pfet、nfet，这样可以适合衬底电位并非电源、地的所有情况；也可以填写 PMOS4、NMOS4，表示是除了栅端、源端、漏端之外还有一个衬底端的四端器件，其中衬底电位可以接整个电路的电源线或者地线，也可以接其他电位。如果衬底电位接整个电路的电源线或者地线，那么为简化起见，可以选择不带衬底端的三端 PMOS、NMOS。对于 MOS 管，源端和漏端可以不用区分。w、l 的属性值通常只考虑到小数点后 1 位即可。

（2）关于模拟器件提取的若干说明

① 提取单元的周围有绿色虚线框时，该单元为模板，只有红色实线框时，该单元为实例（注意要看一下是否被选中而点亮）。对于模拟单元，在建好单元模板后，再遇到相同的单元时，只要复制一个实例到新的器件上即可，不必重新提取。如图 2-37 所示为电阻的一部分，上半部分的单元周围有绿色虚线框，因此是模板，下半部分的单元周围只有红色实线框，因此是实例，下方的实例是由上方的模板复制下来的。

② ChipAnalyzer 中的模拟器件与 Cadence 的 analogLib 库全面兼容，只要名称一致，则导入 Cadence 和 ChipMaster 中时无须建库；ChipAnalyzer 提供的 ERC 功能能够检查模

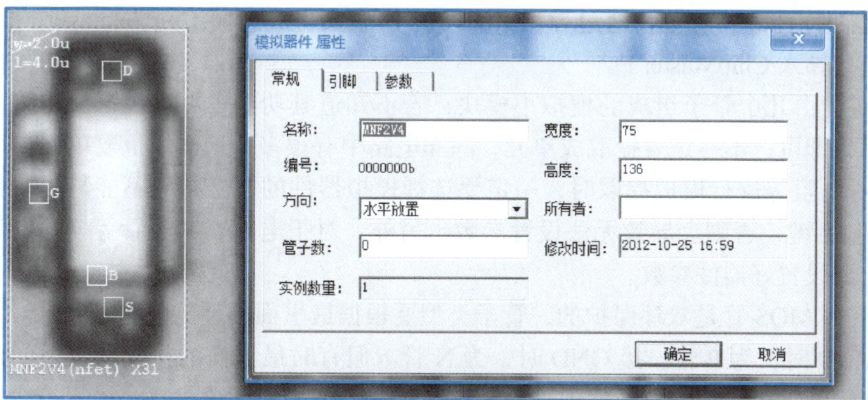

(a) 模拟器件常规属性

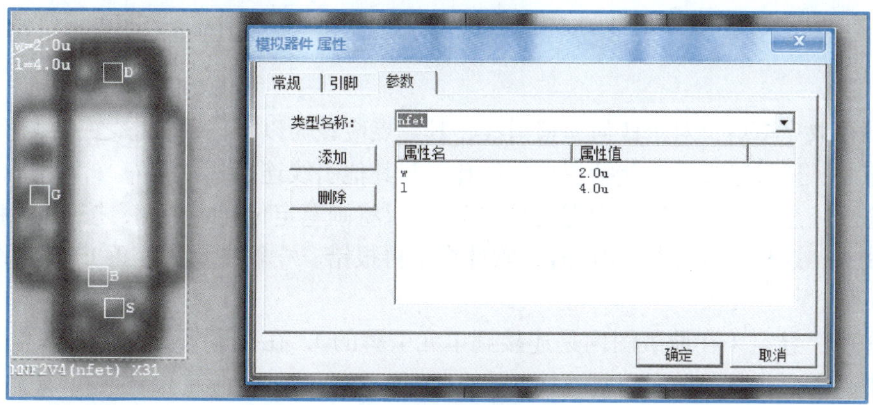

(b) 模拟器件参数属性

图 2-36　模拟器件属性

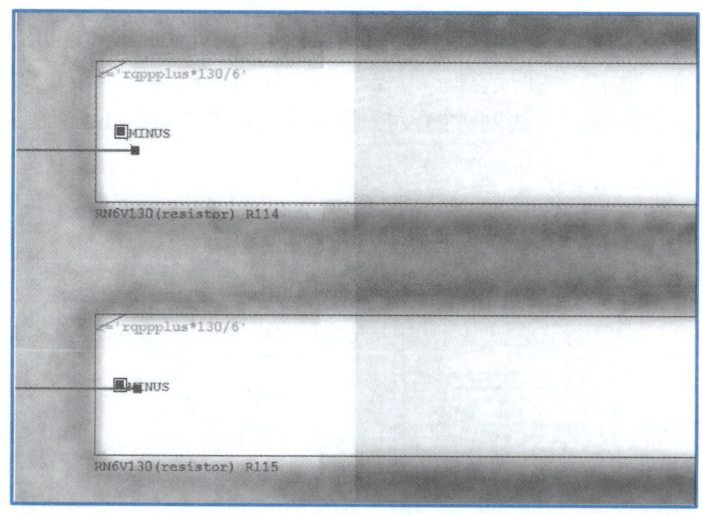

图 2-37

图 2-37　电阻模板复制到实例

拟器件是否符合命名规范；通过导出 EDIF200 网表文件，可将 ChipAnalzyer 内输入的器件参数直接导入 ChipMaster 内。

③ 对于由几个管子组成的模拟小模块，若不知道其功能，可以提取成单管，只要连接关系正确即可；不一定要提取成单元，除非电路中有很多个这样的重复单元。

④ 对电阻等进行模拟提取时，一定要选择模拟器件的符号，而不能与提取数字单元一样使用 F2 键，否则会导致无法设置参数。另外，对于电容、二极管等模拟器件，在提取时一定要设置好器件参数。

⑤ 有些 MOS 管是双环保护的，管子类型要根据最里面的环的电位来确定。当最里面的环接 VDD 时，为 P 管；接 GND 时，为 N 管。但有时最里面的衬底是零散的，因此要认真仔细判断，否则容易判断错误，给后续工作带来很大的麻烦。

二、线网提取

线网提取完毕后，对于任何一根引线，其端点应该为以下三种状态之一：

状态一：通过连接点（包括拐点、通孔）与其他引线连接。

状态二：悬空（在原版图内即为悬空），可以将画笔定位到线头上，按 F9 键将其标记为悬空线头。这样后续进行 ERC 时，软件将不再报错。一般主要在修正 ERC 错误时进行该标记工作。

状态三：悬空（在原版图内是连接到单元引脚的），在接下来的单元引脚和线网连接的步骤中，需要将其与单元引脚连接起来。

1. 线网提取的两种方法

（1）线网自动搜索

利用 ChipAnalyzer 具有的自动搜索功能，自动识别连线，可完成整个芯片的线网提取。

选择“工程”→“工作区参数设置”菜单命令，在弹出的对话框内设定线网搜索参数，如图 2-38（a）所示；然后选择“工程”→“自动提取线网”菜单命令，在弹出的对话框内选择图像层、线网层、线网方向及搜索范围，如图 2-38（b）所示。

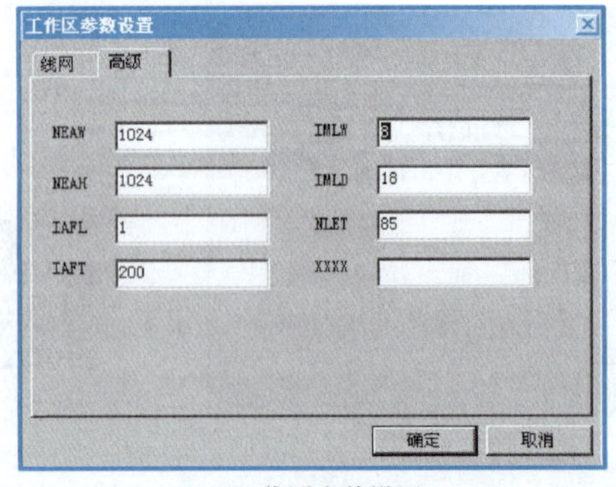

(a) 工作区参数设置

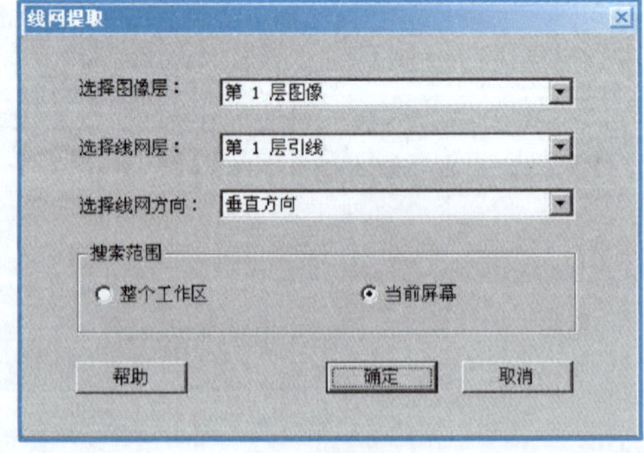

(b) 线网提取

图 2-38　线网自动搜索

（2）人工线网绘制

受照片质量等因素影响，当电路规模不大的时候，通常采用人工线网绘制的方法进行线网提取。人工线网绘制是指按照照片上的金属线，人工画出电路单元连接线。绘制时可依照金属线将各层电路单元连接线逐一画出，层与层之间有连接的需打上连接孔，打孔时可利用锁屏功能逐屏扫描打孔。

2. 线网提取的各种操作

（1）设置引线层属性

绘制线网前，必须先设置引线层属性。设置完毕后，软件将自动为用户绘制的线网设置引线层属性。

按 N 键，或者选择“网表”→“创建引线”菜单命令，可以进入画线状态，这时按 F3 键可对画线功能进行设置，一般选择 45° 斜线的鼠标移动模式和连续画线模式，如图 2-39 所示。

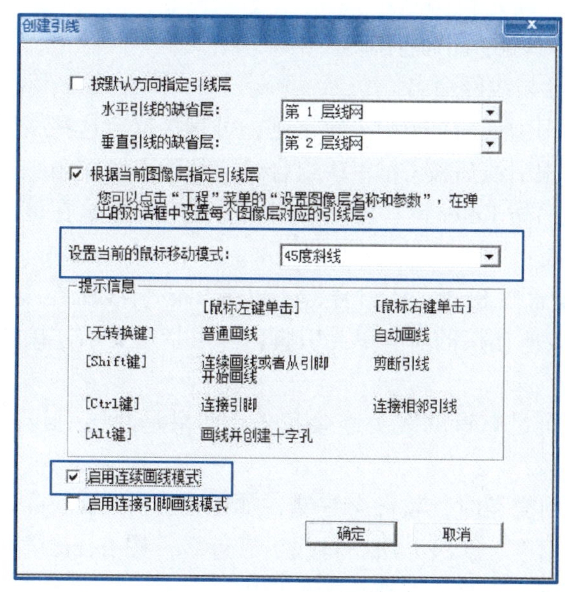

图 2-39　设置画线功能

（2）逐屏扫描模式

完成当前屏的引线绘制后，按 F4 键可切换到下一屏进行绘制。按 F7 键或者单击常用工具条内的“锁屏”按钮，可进入锁屏模式，防止屏幕意外移动。锁屏时只能用 PgUp、PgDown、Home、End 键进行整屏移动。

超出一屏的长引线可在下一屏接续，若接续不上，则可以利用画笔的跳线头机制以及 Q 键的融合线头功能进行逐屏接续。

（3）鼠标画线

① 按 N 键或者单击窗口工具条内的“创建引线”按钮可进入鼠标画线状态，按 Esc 键取消。

② 连续单击两次可绘制一根引线，如图 2-40 所示。第一次单击后按 Esc 键，可取消第一个输入点。

图 2-40　鼠标画线

③ 按住 Shift 键单击可绘制拐线。

小提示

在绘制过程中，引线应尽可能位于实图金属线的中间。还要注意识别实图引线上的接触孔，有的是连接孔，有的是层与层之间的通孔。

（4）画笔画线

① 按 Insert 键或者单击窗口工具条内的“画笔”按钮可激活画笔，按 CapsLock 键可切换空心画笔和实心画笔，只有在用方向键移动实心画笔时才会创建引线。

② 使用画笔可以非常方便地进行线网修补和短线输入。

③ 在屏幕内单击，可定位画笔。

④ 多层图像面板默认将随画笔移动。

（5）修改引线属性与线网命名

① 选中一根或多根引线后按 Ctrl + 数字键，可直接指定这些线网的引线层属性。

② 选中一根或多根引线后按 Ctrl + H 组合键，可输入线网名。

③ 选中一根引线后按 Enter 键，可弹出引线属性对话框，在该对话框内可修改引线层属性，也可修改线网名。

④ 选中一根引线后按 Shift + H 组合键，可弹出该引线所在线网的连接属性对话框，对话框内会列出该引线所连接的所有单元引脚，并可指定显示连接任意两个引脚的通路。

（6）线网融合

线网融合能使两个足够近的线头连接起来，如果是两层引线，则可自动产生一个引线孔。

例如，当同层线网交叉时，软件会报错，如图 2-41 所示。首先需要确认在此位置的实图上同层金属是否相连。解决办法：将线头靠近后，按 Insert 键出现绿色光圈，将它移至要连接处，按 Q 键进行连接，并在连接处产生一个节点，如图 2-42 所示。

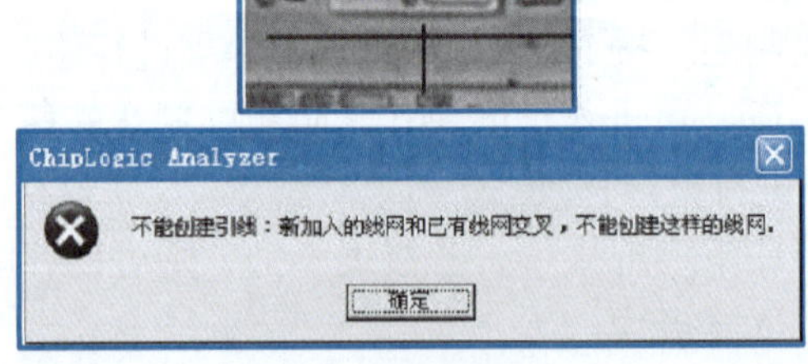

图 2-41　线网交叉

图 2-42

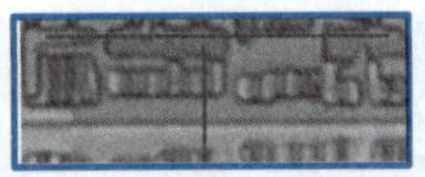
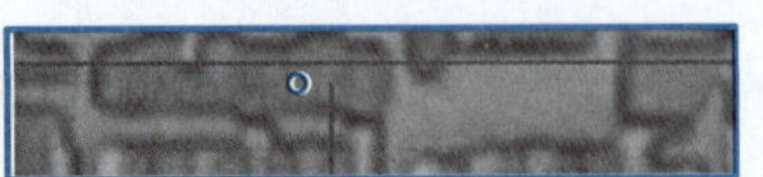
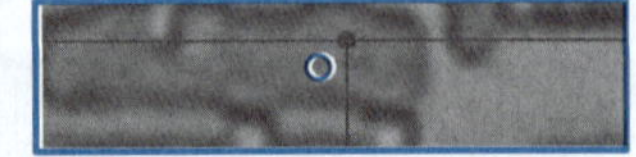

图 2-42　线网融合

又如，连接两层金属层时需要打孔，打孔的时候必须确认实图上确实有连接。按 Insert 键，将光圈移至需要连接处，按 Q 键就可实现两层金属层的互连，如图 2-43（a）所示。若为十字形孔，可将光圈的圆心移至两层线网相交处，按 O 键进行连接，如图 2-43（b）所示。

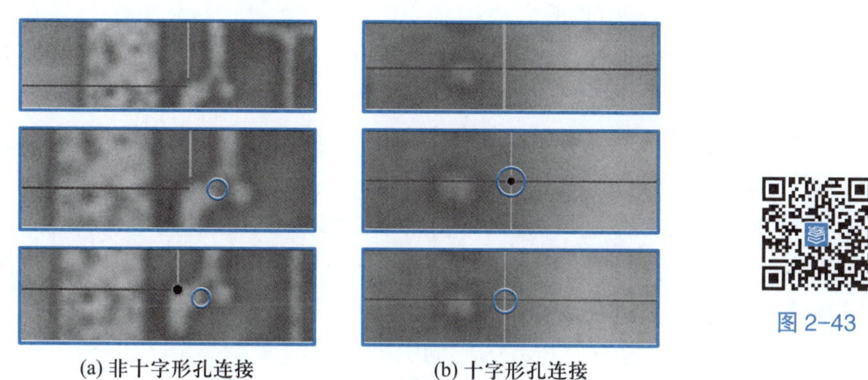

(a) 非十字形孔连接　　(b) 十字形孔连接

图 2-43　两层金属层的连接

线网融合操作具体如下：

① 按 Q 键可以融合画笔邻域的两个线头。

② 对于 T 形线网的连接，必须用画笔定位到线头后使用方向键使其延长或缩短，将线头搭接到长引线中间。

（7）其他画线操作

① 剪线：

a. 按 Ctrl + X 组合键，可剪断画笔邻域内的所有引线。

b. 按 Shift + D 组合键，进入鼠标连续剪线状态，单击可剪断鼠标邻域内的所有引线。

② 添加两层孔：

a. 按 O 键可以添加一个邻层孔，将画笔处的邻层引线连接起来。

b. 按 Shift + O 组合键，可去除画笔处的通孔。

③ 添加穿透孔：

a. 按 P 键可添加一个穿透孔，将画笔处的非邻层线连接起来。

b. 按 Shift + P 组合键，可直接编辑画笔处多层引线的连接通孔。

④ 直接延长引线：

a. 画笔位于引线线头处时，按 A 键可使引线延长至屏幕边缘。

b. 画笔位于引线线头处时，按 Shift + A 组合键可使引线直接延长至工作区边缘。

⑤ 删线：选中一根引线或者框选多根引线后，按 Delete 键可将其删除。

⑥ 整体选中和突出显示：双击连通的线网中的任何一根引线，可将该线网整体选中。按 B 键可突出显示线网，按 Shift + B 组合键可取消所有突出显示。

三、单元引脚和线网的连接

在完成单元提取及线网绘制后，接下来要连接单元引脚和线网，以完成整个网表图。

1. 单元引脚和线网连接的基本操作

对于单元重复性较高的电路，一般采用逐类连接引脚的方案，即按照一定顺序对模板进行排序，然后利用枚举所有实例功能将某个模板的所有实例枚举在输出窗口内，按 F4 键逐一定位实例，并将每个实例的线网线头和单元引脚连接起来。

有以下两种连接引脚的方法：

① 画笔位于线头时，按 W 键，可以创建一个使当前线头连接最近引脚的连接器，连续按 W 键可以连接次近的引脚。

② 按 V 键或者单击窗口工具条内的“工具箱”按钮，在弹出的菜单内选择“连接引脚”选项，先后单击一个线头和一个引脚，它们之间将会产生一个连接器（无法使用 Enter 键查看连接器属性）；先后单击两个引脚，可以在这两个引脚之间产生一根引线，引线两端各有一个连接器与引脚相连（该引线默认层属性为第 1 层，可以在单击第二个引脚时按住 Shift 键，将弹出对话框提示输入默认层属性，或者选中引线，用 Enter 键修改属性）。图 2-44 所示为一个 PMOS 管的引脚连接。

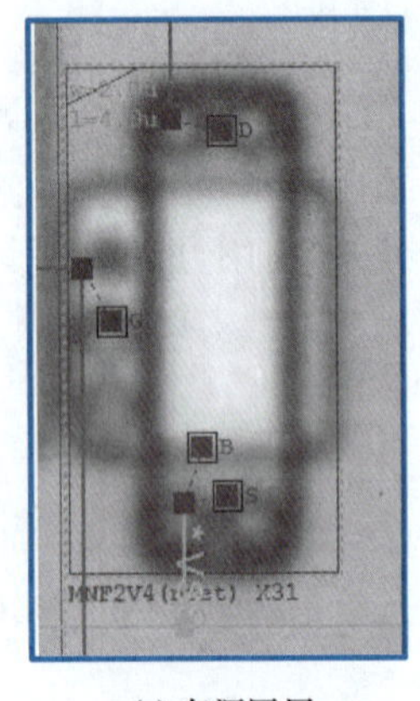

(a) 有源区层

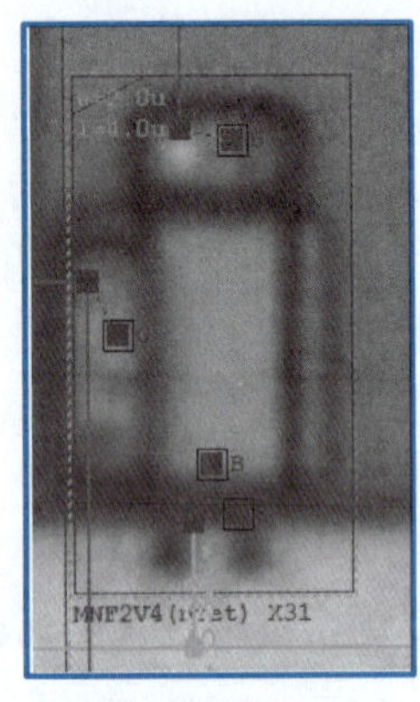

(b) 一铝层

图 2-44　一个 PMOS 管的引脚连接

小提示

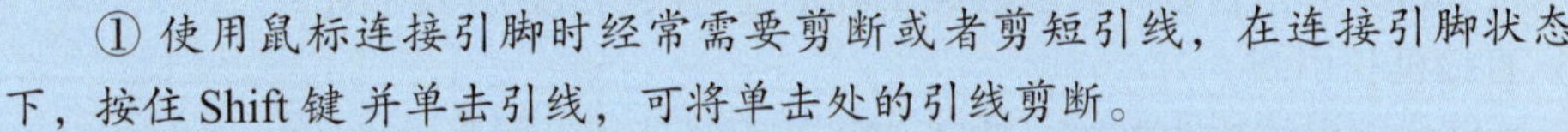

① 使用鼠标连接引脚时经常需要剪断或者剪短引线，在连接引脚状态下，按住 Shift 键并单击引线，可将单击处的引线剪断。

② 连接引脚时一定要切换金属层，看好接触孔连接在哪一层金属上，切忌盲目就近。

图 2-45 中分别显示了连接器不好的连接方式和较好的连接方式，应该尽量按图 2-45（b）所示去绘制连接器。具体连接时，对于图中的右边两个连接器，应该将画笔跳到线头上后向下缩短引线，再按 W 键进行连接；对于图中最左边的连接器，应该先将原来的直线剪断，再分别为两个线头连接引脚。

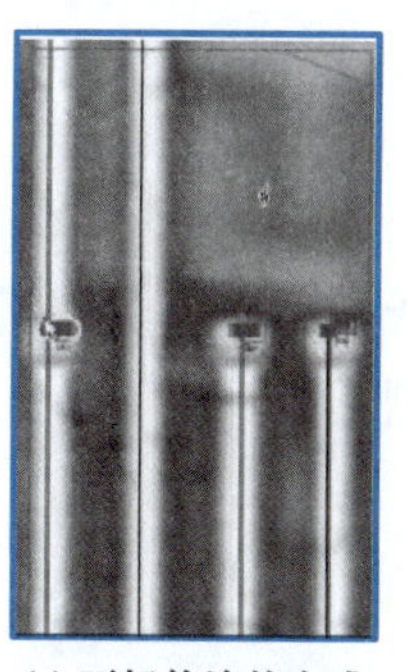 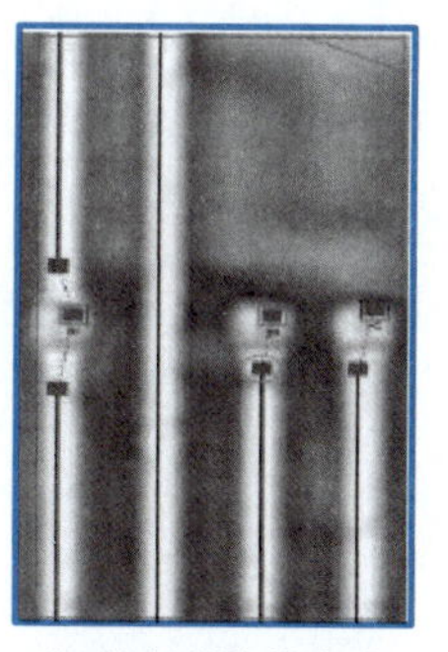

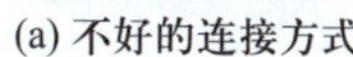

(a) 不好的连接方式　　(b) 较好的连接方式

图 2-45　两种单元引脚和线网的连接方式

图 2-45

2. 单元引脚和线网连接的其他操作

（1）跳线头机制

选择“工具”→“选项”菜单命令，将弹出图 2-46 所示的对话框，可设置跳线头选项。

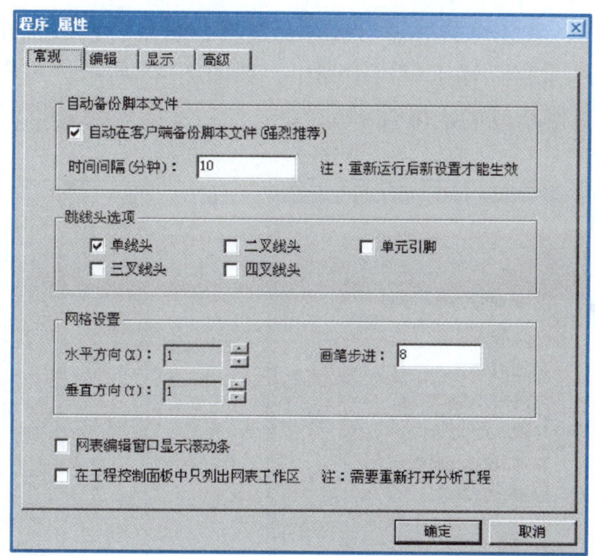

图 2-46　跳线头选项

一般情况下，合并邻层引线后启动画笔，可按 Tab 键跳线头（单线头），结合使用方向键和 Q 键融合线头功能可迅速绘制引线孔。

选择三叉线头和四叉线头时，画笔跳线头可用来检查线网连接错误。绝大多数线网连接错误都表现为多叉线头误连。

（2）文本标注和标尺功能

① 文本标注功能：按 L 键或单击窗口工具条内的“文本标注”按钮 Aa，可在弹出的窗口内输入文本标注，并可在标注文本属性对话框内设定标注文本的大小和方向。

② 标尺功能：按 K 键，可用鼠标在窗口内测量背景图像的尺寸。

a. 可在工作区属性对话框内设置标尺单位（必须由项目经理进行）。

b. 不要轻易修改标尺单位。

c. 标尺定位的设定对于芯片版图的修改极为重要。

（3）突出显示和消隐功能

① 选中引线后按 B 键可突出显示线网，按 Shift + B 组合键可取消所有突出显示。

② 按 F8 键可临时隐藏所有数据，只显示背景，但此时仍可进行数据操作，再按 F8 键可取消消隐。消隐功能不能屏蔽突出显示的数据。

四、电学规则检查

在逻辑提取过程中由于人为因素可能会出现各种各样的电学错误，可以通过 ERC（电学规则检查）对已经提取完成的网表进行检查。可以在一个模块工作区完成后进行 ERC，也可以在全芯片工作区完成数据提取后进行 ERC。ChipAnalyzer 软件所具备的联机 ERC 功能能够在分析过程中及时对电学规则进行检查。

1. 执行 ERC

选择“工具”→“电学规则检查”菜单命令，会弹出图 2–47 所示的对话框。

从图 2–47 可看出，系统总共可进行物理、逻辑、名字、模拟器件和高级选项五种类型的错误检查。检查结果将在输出窗口中列出，如图 2–48 所示。用户需要逐一在图像上定位这些错误，并进行修正或确认排查。

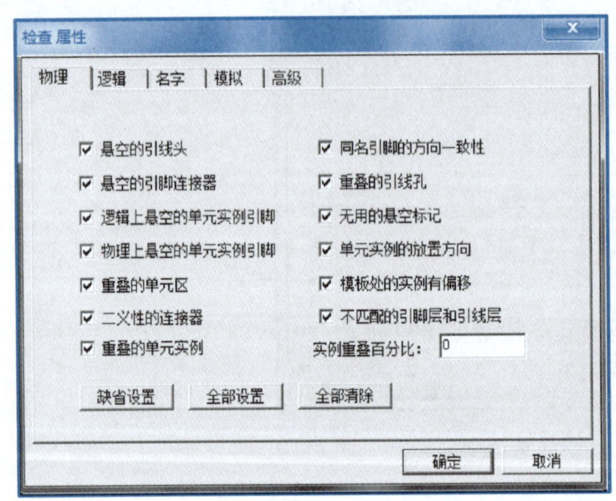

图 2–47　ERC 内容

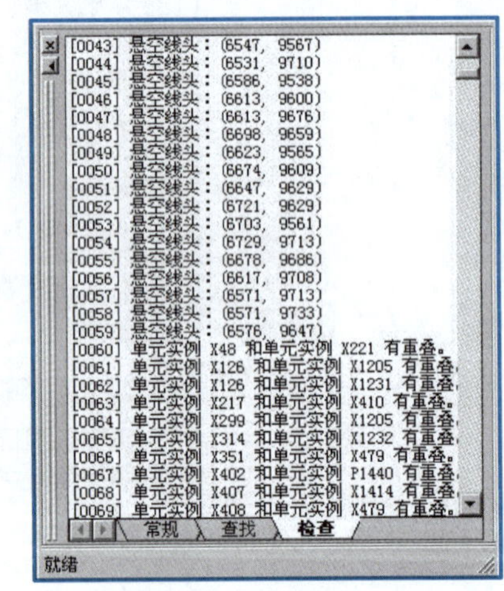

图 2–48　ERC 结果输出

多人同时进行检查时可以先把图 2–48 所示输出窗口中的内容导出为一个文件，如取名为 group1erc.txt，然后把该文件导入每个人的工作区进行同步工作，并按错误编号进行分工。检查时可先检查物理错误和名字错误，最后检查逻辑错误。

通过检查后的网表数据可以确保较高的准确率，大大降低电路分析、仿真等后续处理的难度。

2. ERC 类型

（1）物理检查

物理检查主要针对在图像物理位置上出现的各种各样的错误进行检查，其内容如

图 2-47 所示。

① 悬空错误：

a. 悬空的引线头。

b. 悬空的引脚连接器。

c. 悬空的单元实例引脚，这些错误可能是移动或删除单元导致的，有多种可能。

d. 无用的悬空标记。

② 重叠错误：

a. 重叠的单元区。

b. 重叠的单元实例。

c. 重叠的引线孔。这是指三层以上走线时，同一点处存在多层引线通孔。当芯片采用多层布线时，有可能在同一点处存在多个重叠的引线孔，这种错误通常是误操作导致的，但也有可能是连接错误，需要逐一定位这样的引线孔并检查其是否正确。

③ 其他错误：

a. 二义性的连接器，指软件无法自动判断连接关系的连接器。

b. 同名引脚的方向一致性。

c. 单元实例的放置方向。

d. 模板处的实例有偏移。

e. 不匹配的引脚层和引线层。

（2）逻辑检查

逻辑检查主要针对网表逻辑关系上的错误进行检查，其内容如图 2-49 所示。

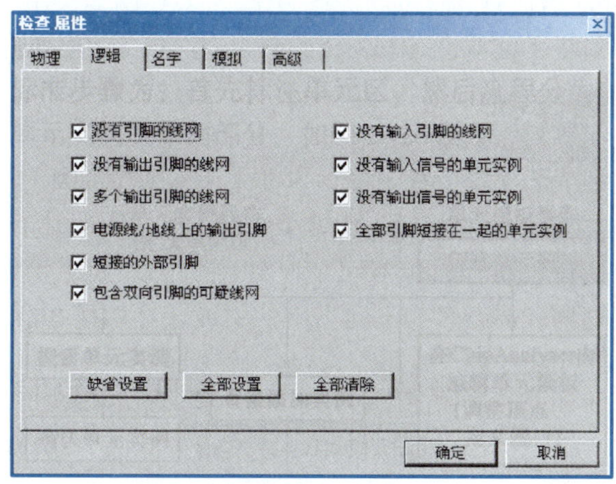

图 2-49　逻辑检查内容

① 没有引脚的线网、没有输出引脚的线网、没有输入引脚的线网。

② 多个输出引脚的线网和包含双向引脚的可疑线网。

③ 没有信号的单元实例：包括没有输入信号的单元实例、没有输出信号的单元实例。

④ 多个输出引脚的线网：

a. 可以选中线网中的任意一根引线，按 Shift + H 组合键，在弹出的线网连接窗口内按 Shift 键，先后选中两个引脚名，再单击“显示通路”按钮，软件将选中连接这两个引脚的通路。

b. 定位短路点时可结合使用突出显示功能和消隐功能。

⑤ 电源线 / 地线上的输出引脚。

⑥ 短接的外部引脚。

（3）名字检查

名字检查主要针对网表中与名字相关的错误进行检查，其内容如图 2–50 所示。

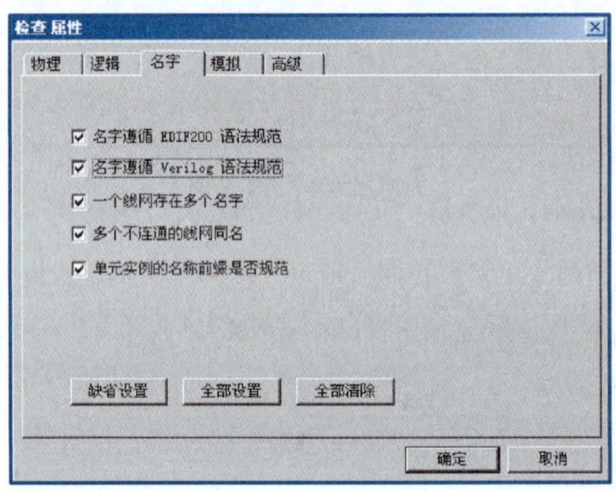

图 2–50 名字检查内容

① 名字遵循 Verilog 语法规范。单元名、引脚名、线网名、工作区名等都必须符合 Verilog 语法规范，否则将不能导入 Cadence 设计系统和 ChipMaster 中进一步分析处理。单元名称前缀不符合规范主要是由于在编辑模板时，器件的类型名称没有与常用的名称定义保持一致。

② 一个线网存在多个名字：出现该错误主要是由于先前一些独立的线网中引脚的名字有所保留，在修正连接点错误时将两个或多个线网连通，却未修正线网名称。

线网重名有可能是命名错误，也有可能是线网短路。如果是线网短路，则可按住 Shift 键先后选中线网中两个被命名为不同名字的引线，然后按 Shift + L 组合键，软件会突出显示这两根引线之间的通路，短路点肯定位于该通路上。可采用按 B 键突出显示及按 F8 键消隐的技巧迅速查出此类错误。

③ 多个不连通的线网同名：出现该错误主要是由于先前一些接触点和通孔的连接错误中某个引脚的名字有所保留，在对 ERC 结果进行修正后，便会出现一个线网被分为两个或多个同名线网的情况。

④ 单元实例的名称前缀是否规范：如果单元实例的名称前缀不符合规范，软件将会认为它是一个新单元，导出到后端的功能分析软件 ChipMaster 后，软件将不会自动替换符号图和电路图，同时器件属性也将无法正确导出。

⑤ 名字遵循 EDIF200 语法规范。

（4）模拟器件检查

模拟器件检查主要针对模拟器件有关的错误进行检查，其内容如图 2–51 所示。

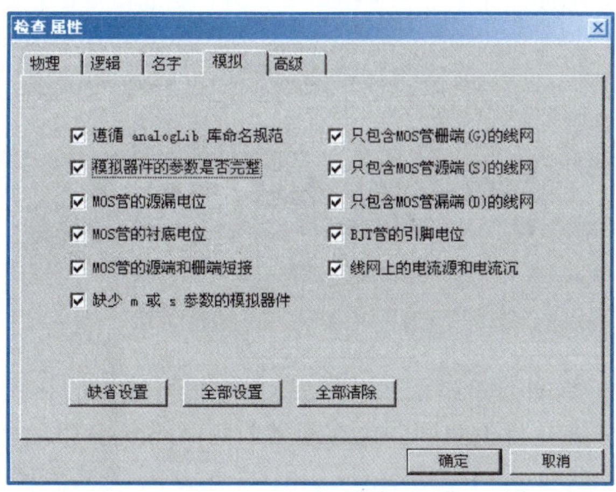

图 2-51　模拟器件检查内容

① MOS 管的源漏电位和衬底电位。

② MOS 管的源端和栅端短接、只包含 MOS 管栅端 / 源端 / 漏端的线网。

③ 遵循 analogLib 库命名规范。

④ 模拟器件的参数是否完整、缺少 m 或 s 参数的模拟器件。

⑤ BJT 管的引脚电位。

⑥ 线网上的电流源（source）和电流沉（sinker）。

小提示

针对 MOS 管的源、漏反置问题，需要对实图的逻辑关系进行分析后再进行必要的修改。

（5）高级选项检查

除了以上几类检查外，还有一些高级选项检查，其内容如图 2-52 所示。

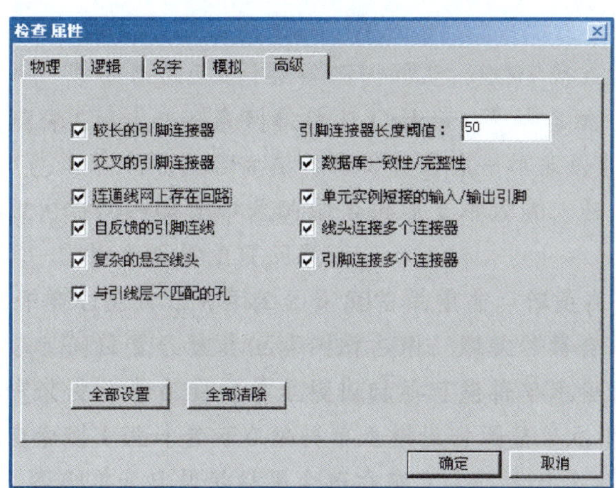

图 2-52　高级选项检查内容

① 引脚和连接器：包括较长的引脚连接器、交叉的引脚连接器、线头连接多个连接器、引脚连接多个连接器、自反馈的引脚连线、单元实例短接的输入 / 输出引脚，还可以设置引脚连接器的长度阈值。

② 其他：包括连通线网上存在回路、复杂的悬空线头、与引线层不匹配的孔、数据库一致性 / 完整性。

五、提图数据的导入 / 导出

按照图 2-9 所示的逻辑提取流程，接下来就可以进行数据的导入 / 导出了。选择“文件”→“导入”或“导出”菜单命令，可以看到 ChipAnalyzer 中的数据导入 / 导出内容，包括以下几项。

1. 脚本文件

脚本文件用作提图数据的备份文件，选择“文件”→“导出”→“脚本文件”菜单命令，将弹出图 2-53 所示的对话框。

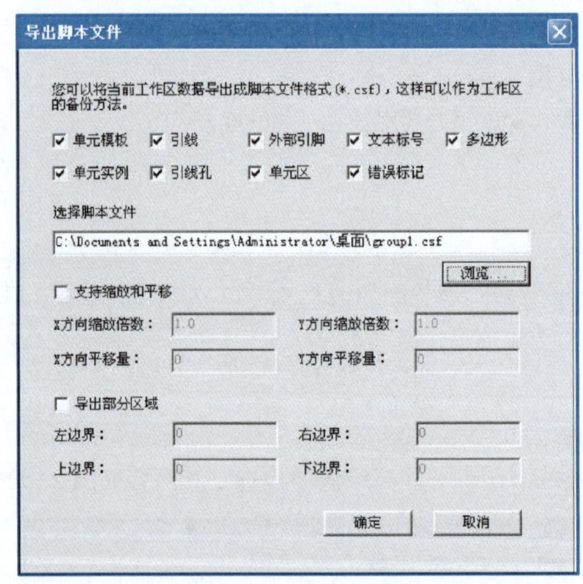

图 2-53　导出脚本文件

由图 2-53 可见，导出的脚本文件中可以包含单元模板、单元实例、引线、引线孔、外部引脚、单元区、文本标号、错误标记和多边形等内容，具体选择哪些应根据实际需要确定。按图 2-53 进行设置后，单击“确定”按钮，就会在计算机桌面上产生一个名为 group1.csf 的脚本文件。

脚本文件可以导入空的工作区，从而将提图数据全部转入该工作区中。

2. 输出窗口内容

输出窗口内容可以导出为一个文本文件，并可以将该文件导入当前工作区的输出窗口内。

3. 网表数据

用户可以导入/导出模块工作区网表数据，也可以导入/导出全芯片网表数据，支持 Verilog 和 EDIF200 两种格式。其中，Verilog 格式的网表文件可直接导入 Cadence 内生成 Cadence 电路图，但这个电路图是由 Cadence 自动布图的，单元位置与原芯片没有联系，很不直观，所以一般不这么做。实际工作中会采用以上两种格式中的任意一种，将 ChipAnalyzer 中的提图数据导入 ChipMaster 中，这样在 ChipMaster 中生成的电路图中所有单元的相对位置均与原芯片相同，比较直观，非常有利于进行逻辑分析和整理工作。整理到一定程度后，可以通过 EDIF200 格式将这种电路图导入 Cadence，进行后续的设计工作。

关于如何使用 ChipMaster 将提图数据导入 Cadence 部分的内容，本书不再详细叙述，读者可以通过阅读 ChipMaster 工具手册来了解这一过程。

技能训练 >>>

一、D503 项目的单元提取

1. D503 项目的数字单元提取

（1）定义单元区

按照“背景知识”部分介绍的方法完成本项目引入的 D503 项目数字单元区的定义，如图 2-54 所示。

图 2-54　D503 项目数字单元区的定义

（2）创建单元模板

按照“背景知识”部分介绍的方法进行 D503 项目单元模板的创建。创建过程中会遇到同一种单元但器件宽长比不同的情形，如有多种不同宽长比的反相器，则其单元模板的名称应不同。

器件尺寸可以通过“工具”→“添加标尺”菜单命令进行测量。测量时可以设置格点，方法是：选择“工具”→“选项”菜单命令，在弹出的对话框中切换到“高级”选项卡，其中可以设置 X、Y 方向的格点大小。

按照图 2-55 所示进行 D503 项目各个数字单元模板的创建。

（3）直接添加实例

在实训过程中，为锻炼学习者辨别单元的能力，尤其是对于一些复杂的单元，如触发器等，可以先不使用自动搜索单元的功能，而采用“背景知识”部分所介绍的方法直接添加实例。

对于一些特殊单元，无法进行自动搜索，也可以直接添加实例。这里举一个冗余单元的例子，如图 2-56 所示。在图 2-56 中，反相器的栅接固定电平——电源，且输出悬空，很显然这是一个冗余单元，可以直接添加一个实例。

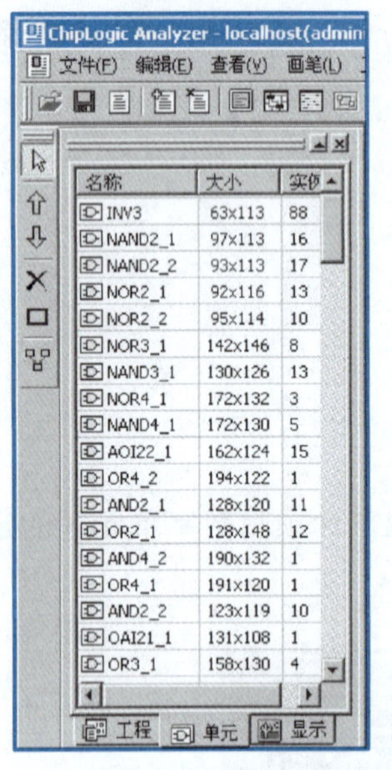

图 2-55　D503 项目的数字单元模板

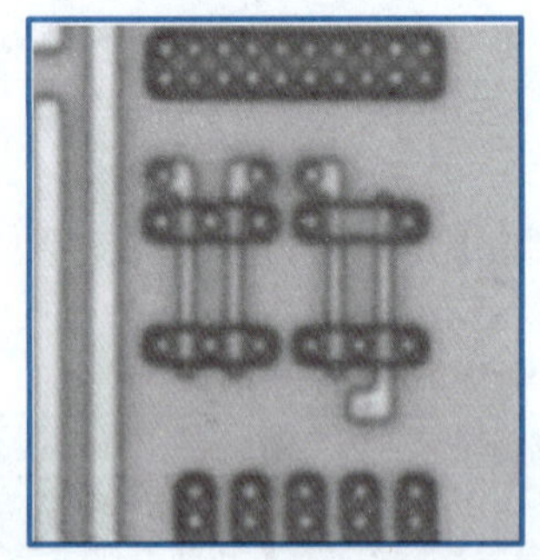

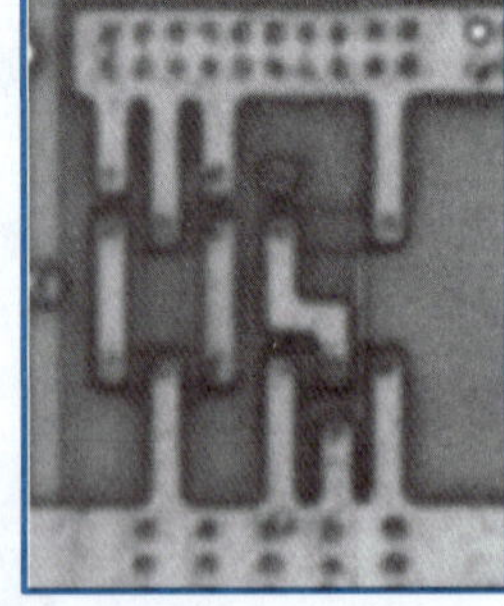

图 2-56　冗余单元两层照片

小提示

冗余单元在集成电路中是很常见的，这种冗余单元可以是晶体管或者电阻、电容等元器件。冗余单元可能是最初设计时的错误，经过改版后成为冗余单元；也可能是一开始设计时就人为增加的，这样可以通过修改少量的掩膜版来实现不同的电路功能。在逻辑提取过程中，用户必须把背景图像中所有的单元、元器件全部提取出来，包括这些冗余单元。

（4）批量摆块

图 2-57 所示为 D503 项目完成批量摆块后的效果。

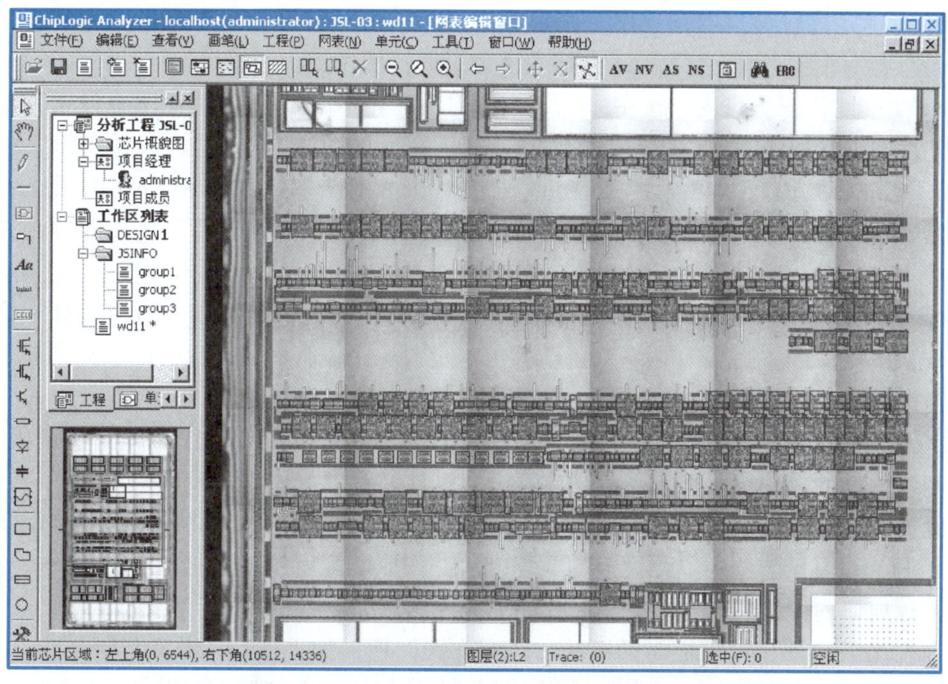

图 2-57　D503 项目完成批量摆块后的效果

（5）D503 项目中关于单元模板的其他操作训练

① 单元图像比较。单元图像比较窗口如图 2-58 所示，窗口中多个单元模板图像并列显示，有助于发现重复的单元模板。

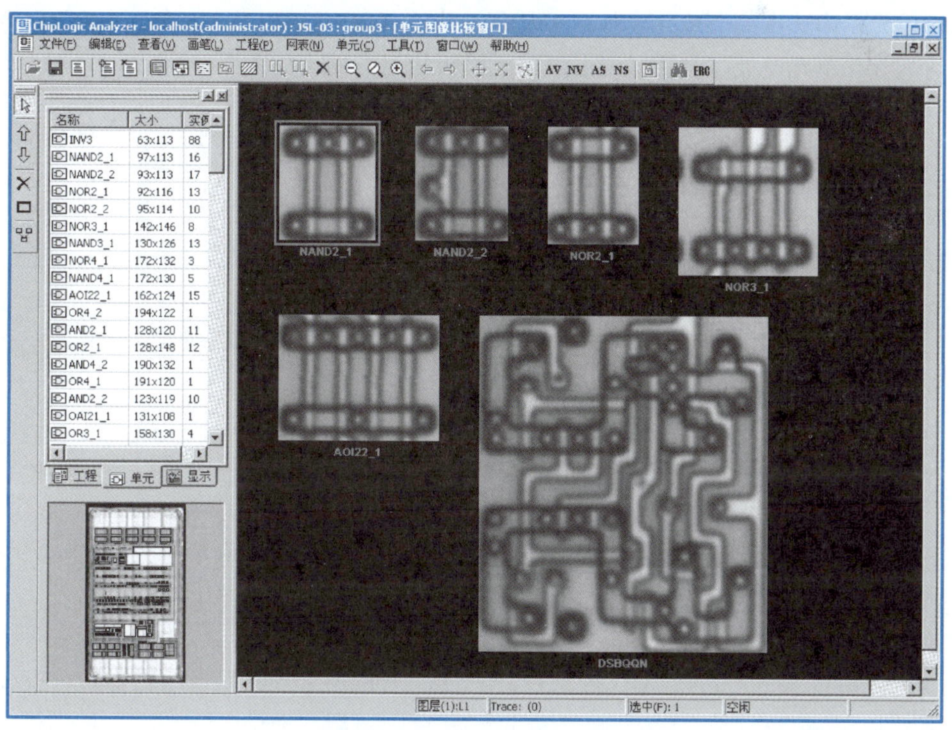

图 2-58　单元图像比较窗口

a. 在单元比较窗口内，选中一个模板图像后按 Delete 键，可在窗口内将其删除；按 X、Y 键可将图像上下、左右翻转；按数字键可切换图像层。

b. 在单元比较窗口内，选中一个模板图像后单击按钮，可将此图像设置为参考单元。此后选中其他图像后按 T 键，可以透视参考单元的图像。

c. 单击单元比较窗口工具条内的“合并单元模板”按钮，然后在单元比较窗口内先后选择两个单元，将会弹出合并单元模板对话框，单击“确定”按钮即可合并单元模板。

d. 用户在工程面板单元栏内选择若干单元后，在右键快捷菜单中可以选择“打开单元比较窗口”命令，则选中的单元会显示在单元图像比较窗口中；也可以选择“加入单元比较窗口”命令，将选中的单元添加到单元图像比较窗口中。

② 自动比较单元模板。如果用户认为某个单元模板可能与工作区内其他模板相同，可以利用软件的自动比较单元模板功能进行自动比较和匹配。在工程面板单元栏内选中一个单元模板，在右键快捷菜单中选择“自动比较单元”命令，软件将自动计算当前工作区内的其他单元模板与选中单元模板的匹配度，并按照匹配度的高低将相似的单元模板列在单元比较窗口内。该功能对大规模芯片的单元库整理非常有用。

在弹出的自动比较模板对话框的“匹配方式”栏，如果选择“单元模板的大小”，则软件将只在窗口内列出与当前单元模板大小基本相同的单元模板而不做任何计算；如果选择“图像相似度”，则软件将把大小基本相同的单元模板与当前单元模板逐一进行相似度计算，并按相似度从低到高的顺序将结果列在输出窗口内。

③ 合并单元模板。有下列几种操作方式：单击单元比较窗口工具条内的“合并单元模板”按钮；按 Ctrl + T 组合键，在弹出的对话框内输入要合并的两个单元模板名；在工程面板单元栏内选中一个单元模板，在其右键快捷菜单中选择“合并单元模板”命令，在弹出的“合并单元模板”对话框内设置单元模板相对方向，如图 2-59 所示。

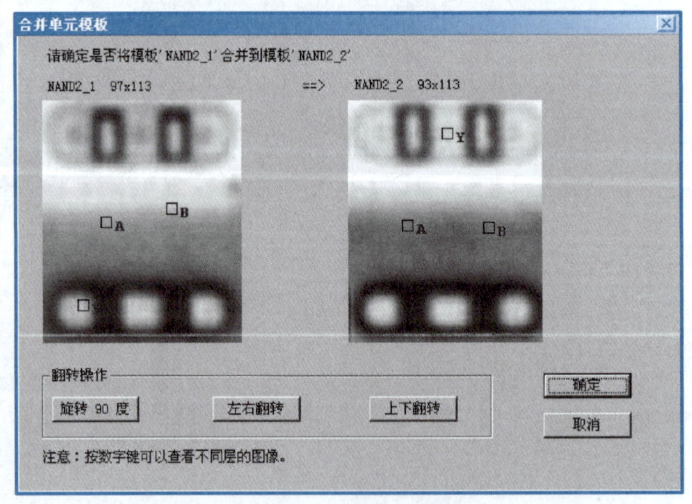

图 2-59　合并单元模板

小提示

① 被合并单元模板的所有实例将添加到目标单元模板内。

② 对于初学者来说，尤其是几个组员共同在一个工作区中进行单元提取时，经常会出现单元模板重复的问题，因此单元模板的比较和合并操作是经常要用到的。通常单元模板的合并操作由组内一个人负责，以免多人操作再出现问题。

③ 从理论上讲，多一个或少一个单元模板也不是大问题，只是后期在 Cadence 设计系统中建立单元库的时候会增加一些工作量。

④ 单元要由有意义的最小逻辑组成，如对于由两个反相器组成的缓冲器，只要提取为一个反相器即可。

④ 发送单元模板。如果用户是在多个单元工作区内分别进行操作（值得再次提醒的是，应尽量在同一个单元工作区内提取单元），则可以利用软件的发送单元模板功能进行模板共享。

发送单元模板的操作过程是：在工程面板单元栏内选择一批单元模板，在其右键快捷菜单中选择“发送单元模板”命令，在弹出的对话框内指定一个或多个目标工作区，如图 2-60 所示。发送结果将显示在输出窗口内。

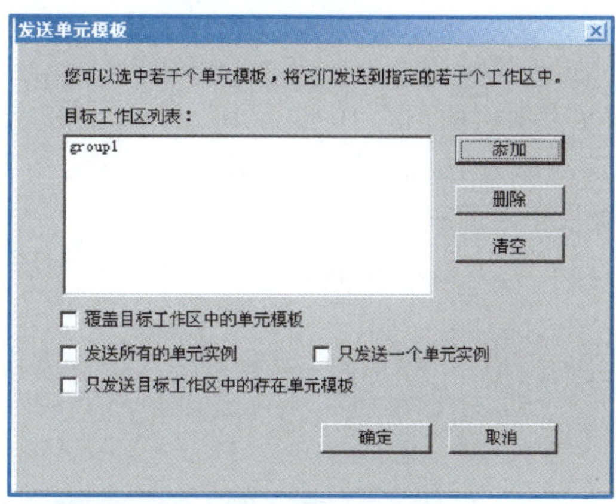

图 2-60　发送单元模板

完成单元提取和线网提取后，用户会将数据合并到一个新的工作区内进行单元引脚和线网连接的步骤。在这个步骤中，有时候还会发现单元实例错误、引脚名称或位置错误等，此时需要在原单元工作区进行修正后，再通过“发送单元模板”命令将其更新到新工作区内。

完成上述训练任务后，可以得到 D503 项目完整的数字单元列表，如图 2-61 所示。

2. D503 项目的模拟器件提取

以下器件均为从 D503 项目背景图像中提取出来的模拟器件：

① MP_4P2V1P4M2：表示沟宽为 4.2 μm，沟长为 1.4 μm，并联个数为 2 的 PMOS 管。

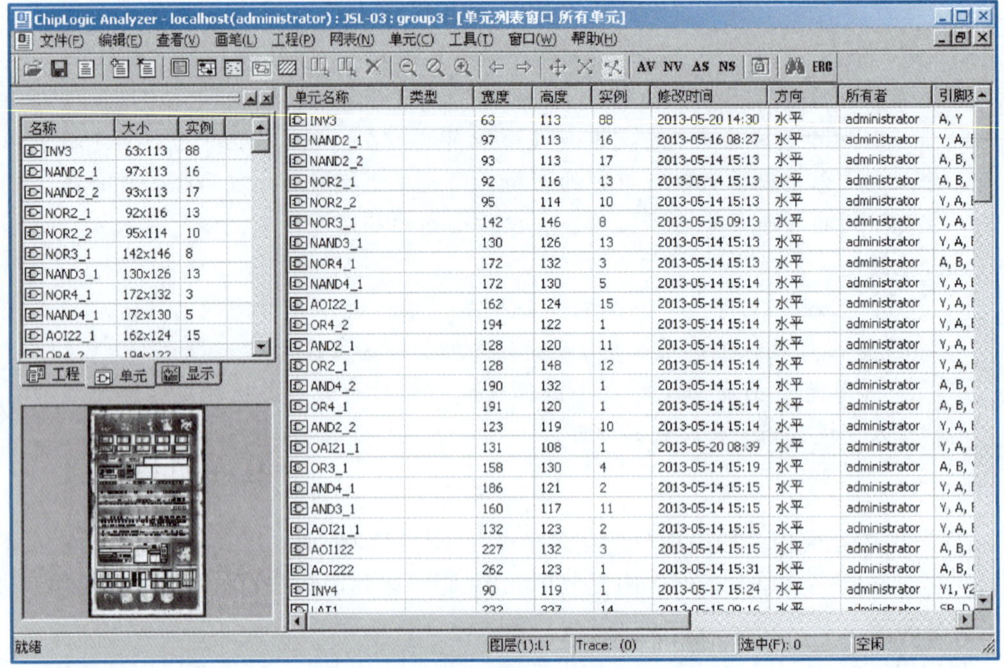

图 2-61　D503 项目完整的数字单元列表

② INV_4_1_1：表示 P 管沟宽为 4.0 μm，N 管沟宽为 1.0 μm，P 管、N 管沟长为 1 μm 的反相器。

③ PNP_5V5：表示发射区面积为 5 μm × 5 μm 的 PNP 管。

④ NPN_10V10：表示发射区面积为 10 μm × 10 μm 的 NPN 管。

⑤ D_100：表示 N 区面积为 100 μm^2 的二极管。

⑥ C_100：表示两极板正对面积为 100 μm^2 的电容。

⑦ R_10_40_M2（S2）：表示宽为 10 μm，长为 4 μm，并联个数为 2（串联个数为 2）的电阻。

为便于初学者看懂各种模拟器件，图 2-62 中列出了上述模拟器件中的几种典型器件的结构。

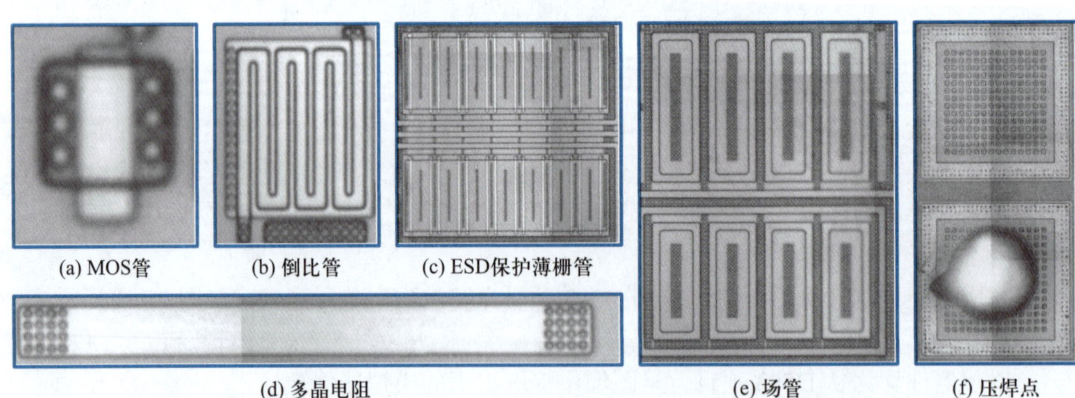

(a) MOS管　(b) 倒比管　(c) ESD保护薄栅管　(d) 多晶电阻　(e) 场管　(f) 压焊点

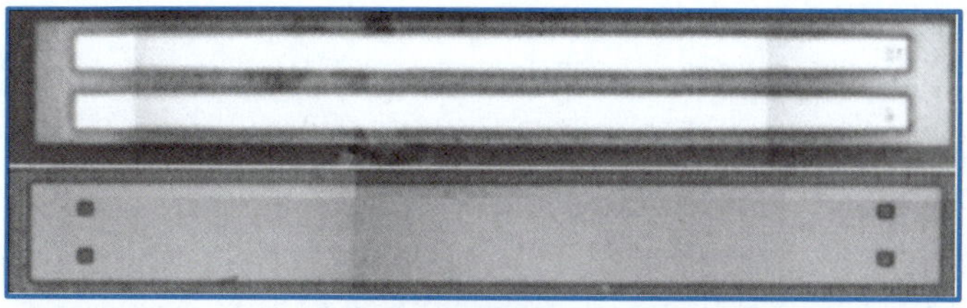

(g) N阱电阻

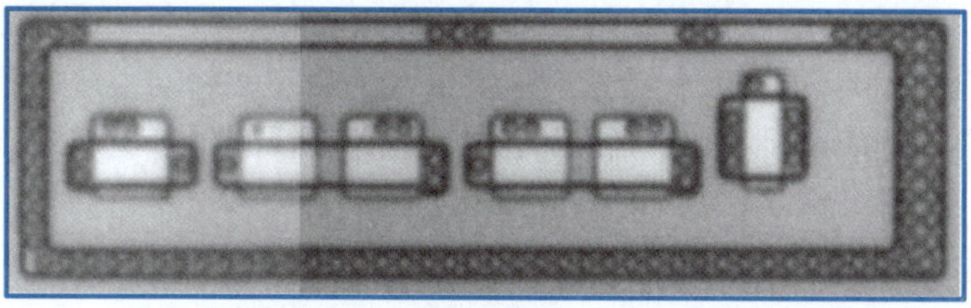

(h) 保护环

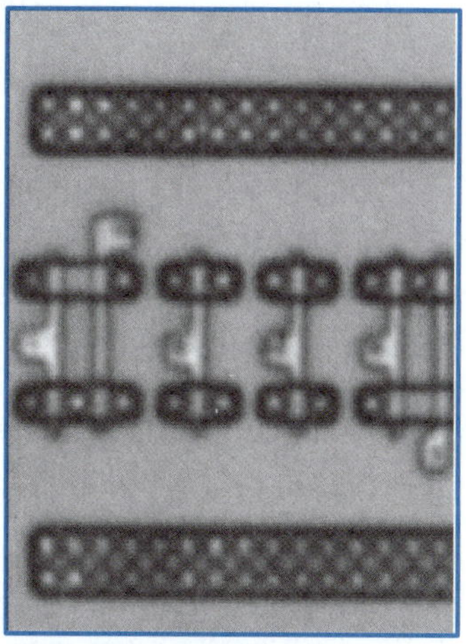

(i) 衬底接触孔

染色层

有源区层

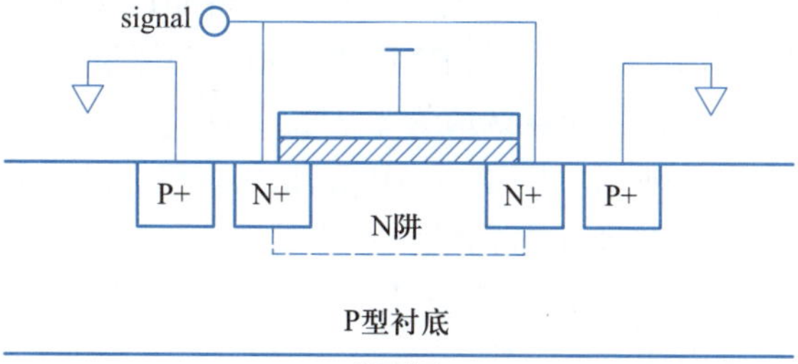

剖面图

等效电路图

(j) 一个极板接电源的MOS电容

图 2-62　D503 项目中的模拟器件

二、D503 项目的线网提取

下面以 D503 项目为例，熟悉线网提取的两个步骤。

1. 绘制单层引线

具体步骤如下：

① 自动搜索单层引线：调用软件的线网自动搜索功能搜索引线，得到一个线网草稿数据，再进行步骤②、③，才能得到比较可靠的单层引线数据。

② 单层引线的修正和调整：包括在逐屏扫描模式下进行删线、剪线、添线、延长线等操作。

③ 利用跳画笔逐屏扫描连接单层引线。

自动搜索后，再经过步骤②、③的初步调整，还可能会存在部分引线没有接好的状况，主要原因有以下两个：a. 超出一屏的长引线由于不是一次绘制完成，可能会被绘制为多根短线；b. 绘制拐线时没有按住 Shift 键，导致拐线断连。

此时还要进行第二遍逐屏扫描，专门进行线网连接工作，具体包括以下工作内容：

① 按 Insert 键或者单击 按钮，在图像编辑窗口中将出现画笔（绿点），按 CapsLock 键可以切换实心画笔和空心画笔。按方向键可移动画笔，如果为实心画笔，将会完成创建引线（其默认层属性可按 Ctrl + L 组合键后设定）、延长或缩短引线的操作；移动空心画笔则不会修改引线。一般可以利用鼠标初步绘制引线，再利用画笔进行引线的延长或缩短以及引线的连接。

② 连续按 Tab 键，画笔将逐个定位当前屏幕内的线头。如果当前屏幕内的每个线头都已经被跳过，则软件将提示是否需要重新跳。此时按 Shift + Tab 组合键可以回跳。

③ 每跳到一个线头，用户可以通过方向键实现线头的延长或缩短。

④ 直接按 Q 键，软件会自动将画笔邻域内的两个线头连接起来。

通过上述步骤，就可以完成单层线网的连接。线网提取工作完成后，项目经理可以进行总体浏览来判断单层线网的提取质量。

由于 D503 项目规模不大，并且为了达到练习人工线网绘制的目的，这里采用人工线网绘制的方法进行线网提取。

对于 D503 这样采用双层铝工艺的项目来说，通常做如下规定：纵向二铝用第 3 层线网；通道间横向一铝用第 2 层线网；单元与通道中一铝的多晶连接线用第 1 层线网。按 N 键或者单击 按钮，进入绘制引线状态。按 F3 键进行画线功能设置，基于上述规定，水平引线默认值为第 2 层线网，垂直引线默认值为第 3 层线网。

一个特殊的例子如图 2-63 所示。图 2-63 中垂直方向为二铝，由于使用以上设置，水平方向自动确定为一铝，但图中水平方向的白色引线为二铝，所以选中该线，按 Enter 键，准备把第 3 层线网改成第 2 层线网，但系统提示“线网名不是一个正确的标识符”，修改失败；软件会自动把水平引线改成二铝。

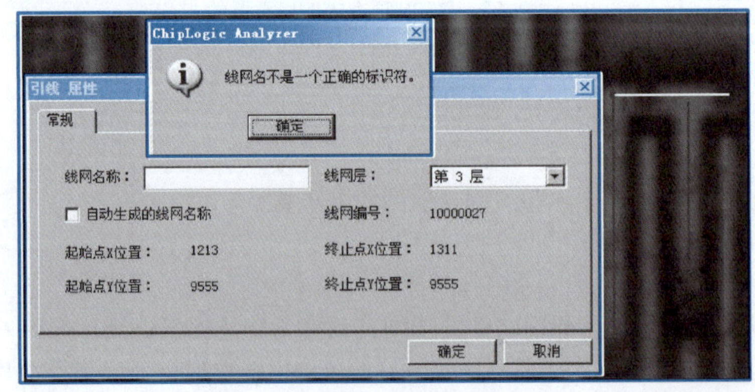

图 2-63　D503 项目线网属性设置

在 D503 项目的线网提取过程中，统一先绘制通道内一铝，包括 VDD、GND；然后绘制纵向二铝；这些铝线因为有相应的接触孔，所以起点、终点是有依据的，如二铝可以伸到单元内部的通孔上；最后绘制单元与通道中一铝的连接线（多晶，垂直方向），如果连接线直接连到单元内部管子的栅极，则连接线的终点可以是单元的边缘；但如果单元模板建立时周围方框尺寸较大，则连接线的终点可以到达芯片内部。绘制过程中可以尝试软件的各种功能，包括连续画线、45° 画线等。按住 Shift 键单击，可以绘制拐线。

2. 连接邻层通孔

以上三层线网绘制完毕后，可以进行引线连接，包括连接线网与一 / 二层铝之间的通孔，连接线网与一铝 / 多晶之间的接触孔。打孔时建议打开 D503 项目的多层图像面板。在打孔这个步骤中，主要利用的还是逐屏扫描模式下的“Tab 键 + Q 键”机制；对于十字孔，则按 O 键。

经验表明，网表数据出错的原因大部分是线网错误，而线网错误几乎全部体现为通孔错误，主要表现为错误的多叉线头以及漏打十字孔。可以通过下列方法定位这两类问题：

（1）多叉线头检查

选择“编辑”→“枚举”→“多叉线头”菜单命令，软件将在输出窗口内列出所有的多叉线头，可以放大图像编辑窗口后按 F4 键逐个定位这些多叉线头，看是否有错误。统计表明，在完成第二遍网表提取工作后与第一遍线网进行 SVS，通常会花费很多时间，与其如此，还不如花几个小时仔细检查多叉线头，这样反而可以节省时间。所以枚举多叉线头这个步骤非常重要。

（2）漏（十字）孔检查

将除了待检查的通孔层以外的所有数据全部设为不可显示，并临时将该通孔层的尺寸设为最大（7）以突出显示，然后用逐屏浏览的方式检查是否有漏孔，此时漏孔是很容易看出来的。

小提示

对于模拟单管，在进行线网连接时要注意，衬底要连接到衬底环上，不要采用将衬底和源端相连的方法。

D503 项目部分线网提取结果如图 2-64 所示。

3. D503 项目线网电源 / 地短路检查方法

线网提取中要避免的最主要问题是：实际上没有短接的线，但由于操作不当，在线网提取完成后造成短路。下面以 D503 项目中的电源、地短路为例，具体描述该问题应该如何解决。

当线网电源和地短接或其他线网短接时，可通过“加亮显示选中的数据（B）”命令、“去除选中数据的加亮显示（Shift + B）”命令、“显示 / 消隐工作窗口内除选中或加亮显示数据外的所有网表数据（F8）”命令来找出错误，具体方法如下。

图 2-64　D503 项目部分线网提取结果

一般情况下都是先点亮电源的线网，可以发现该线网上连接了两个外部端口，一个是电源，一个是地。错误有两种：一种是在线网的某个地方电源线、地线交叉的地方多了一个不应该有的通孔，造成电源线和地线短路；另一种是单元的引脚连接器连接了地和电源。检查步骤如下：

① 点亮线网，按 H 键可以发现线网名称有两个，即有两条线网短接，如图 2-65 所示。

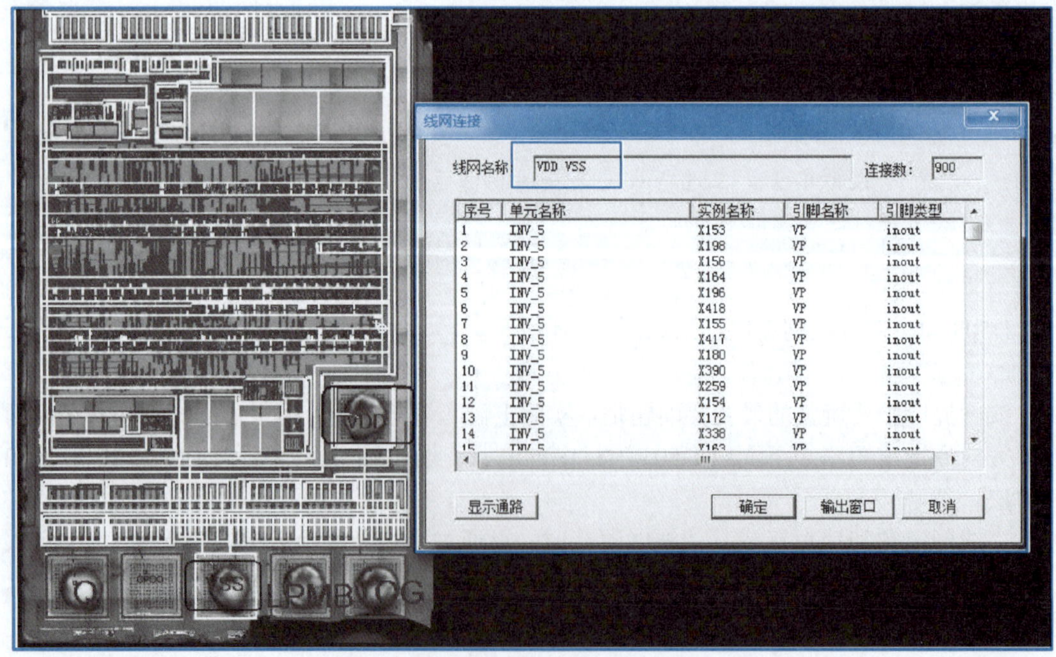

图 2-65　点亮线网显示短接线网名称

② 按 B 键（标记选中的元素），线网将显示一个绿色外框，如图 2-66 所示。

③ 检查绿色外框线网的孔和连接，可以发现电源和地的交叉线网上有多余的孔，如图 2-67 所示。

图 2-65 ~ 图 2-67

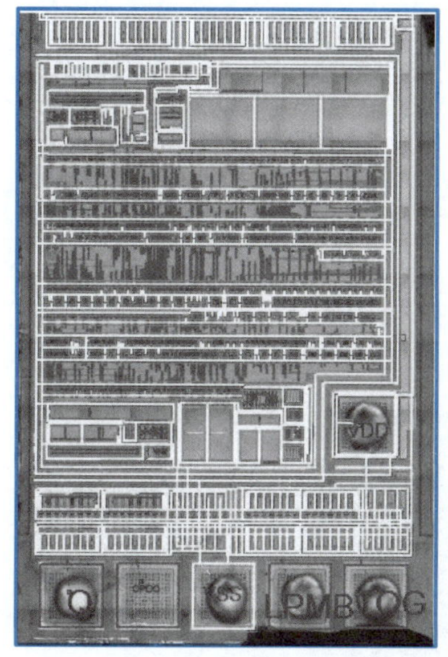

图 2-66　标记线网

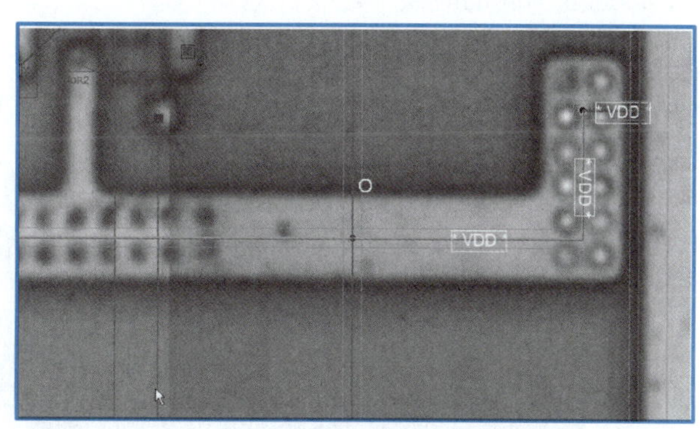

图 2-67　短路的线网

三、D503 项目单元引脚和线网的连接

按照“背景知识”部分介绍的方法进行 D503 项目单元引脚和线网的连接，可能会遇到以下问题：

① 单元内部 P 管和 N 管源端的连接示例如图 2-68 所示。

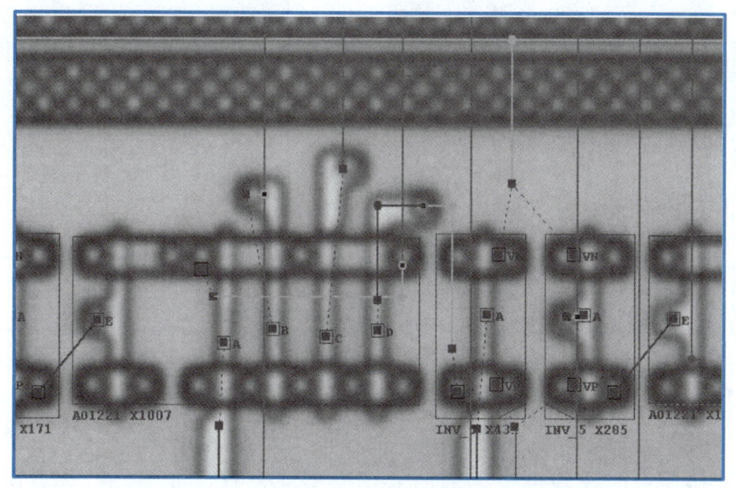

图 2-68

图 2-68　两种单元电源和地的线网连引脚

图 2-68 中，AOI221 单元中的 P 管、N 管的源端是直接连到 VDD、GND 的，这种情况下，线网连引脚的动作可以不做；而 INV_5 单元中的 P 管、N 管的源端 VP、VN 是连接到某一个中间电平的，需要有一个将 VP、VN 连接到这个中间电平的动作。

② 引脚和引脚之间连接线的线网层次并不是必须与实际照片上的连接层次相同（如照片上用多晶连接的，这里并非必须要用第 1 层线网）；与此类似，如果在照片上两个需要连接的引脚是通过一铝和多晶两个层次实现的，可以直接用一根引脚和引脚的连线把它们连起来。

③ 虚线和虚线可以相交，但实线碰到虚线引脚或者实线引脚碰到虚线时比较容易短路，因此连引脚的时候一定要注意。

④ 对于像 CP 这样的长线，可以先绘制一根长线，然后将每个单元的 CP 端口与这个长线相连（先要绘制一个短线头），如图 2-69 所示。

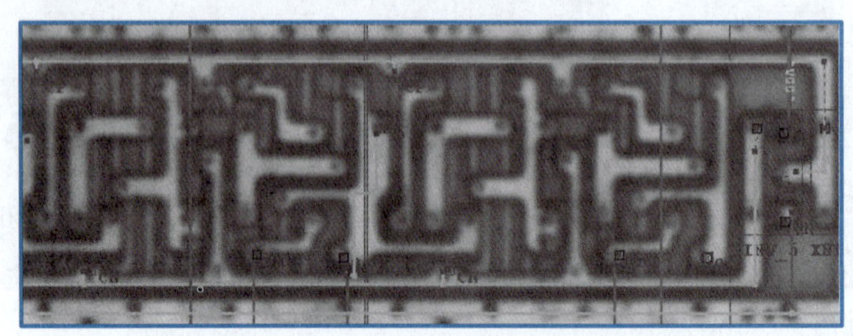

图 2-69 ~ 图 2-71

图 2-69 一些特殊长线的线网连引脚

⑤ 连接引脚时会发现很多输出引脚都是悬空的，这是允许的。如图 2-70 中，反相器的输出 Y 通过一铝连接但没有通过二铝连出去，即输出 Y 悬空；图 2-71 中，触发器的输出 Q、QN 悬空。

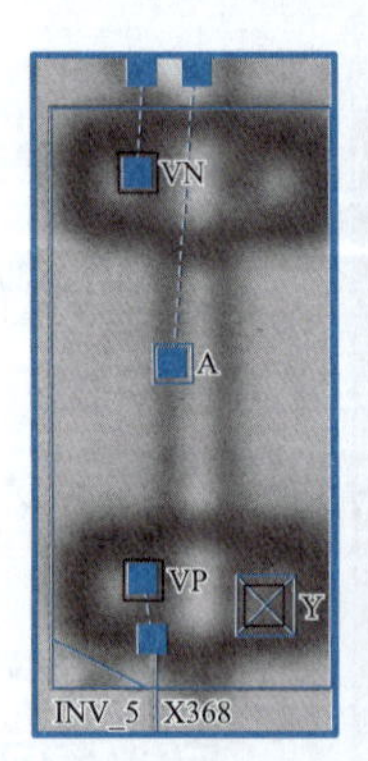

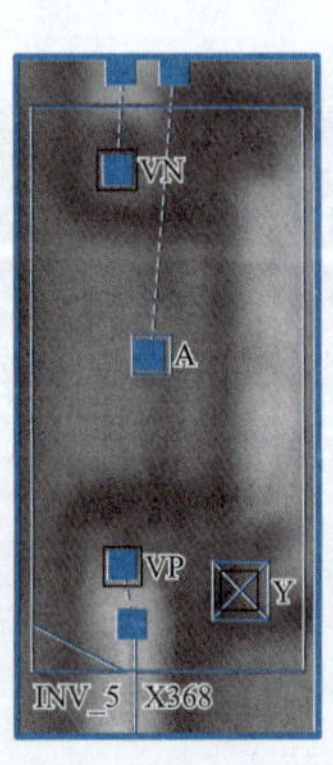

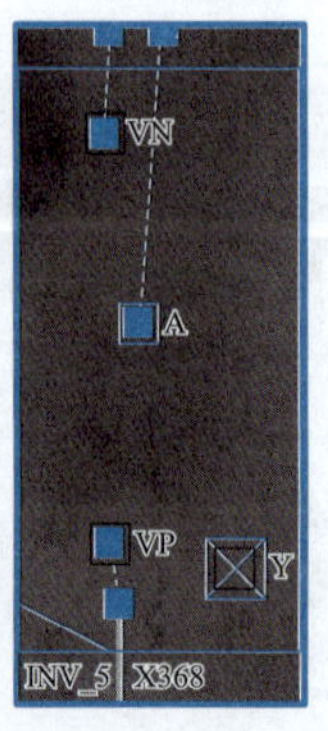

图 2-70 反相器输出悬空

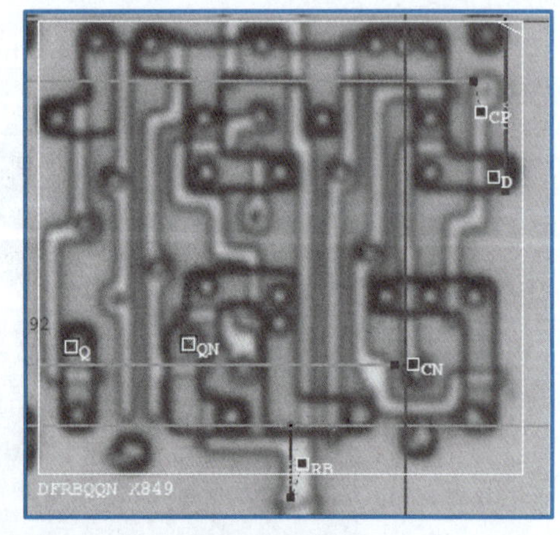

图 2-71 触发器输出悬空

⑥ 照片中许多二铝线是悬空的，由于照片的处理过度或其他一些因素，有些地方看不清晰，判断连接关系时比较混乱，就需要切换多层来看，如多晶孔和有源区孔需要通过切换多晶层和一铝层来看，通孔需要通过切换一铝、二铝两层来看。

⑦ 在芯片中增加外部端口的方法：单击窗口工具条内的“添加外部端口”按钮 ，在 PAD 上单击，为其添加端口，在弹出的外部端口属性对话框中输入引脚名称、引脚方向即可，如图 2-72 所示。

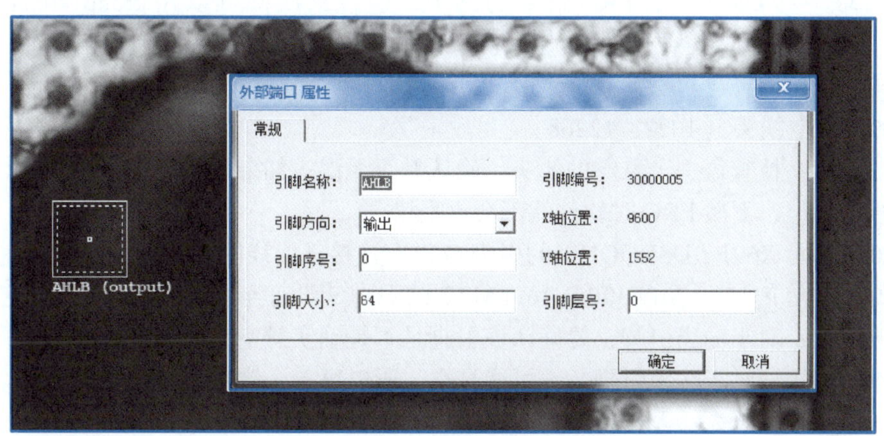

图 2-72　添加外部端口

完成单元引脚和线网连接后的 D503 项目逻辑提取结果如图 2-73 所示。

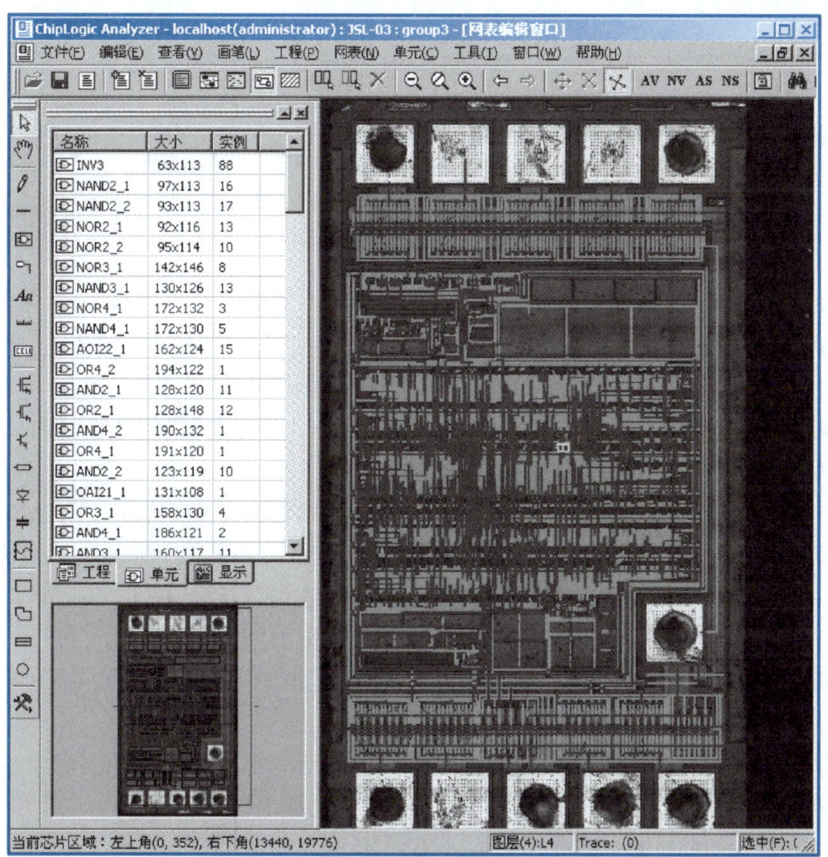

图 2-73　D503 项目逻辑提取结果

四、D503 项目电学规则检查

下面举一些 D503 项目 ERC 错误的例子，这些错误都可以在 group1erc.txt 文件中找到。

1. 物理检查错误

[0001] 悬空线头：（1022，12268）。

修改提示：检查每一个悬空的线头，确认是否无误；如果线头确实是悬空的，可以为其添加悬空标记，下次 ERC 时软件就不会再报错。

[0002] 单元 X691（DSBQQN）的引脚 Q 没有连接任何线网（物理悬空）。

[0009] 单元 P1178（MPF30P7V16P8M2）的引脚 S 没有连接任何线网（逻辑悬空）。

修改提示：对于输出引脚，要确认该引脚是不是确实悬空，如果是，则忽略；如果漏接，则重新连接。对于输入引脚，不可能悬空，所以每一个错误都需要找到原因，并进行修改。

[0012] 重叠引线孔：（2282，9101）VIA1 VIA2。

[0013] 单元实例 X126 和单元实例 X1205 有重叠。

修改提示：以上类型的问题可以忽略。

2. 逻辑检查错误

[0001] 线网 VDD 上有 3 个输出引脚，这些输出引脚是：X915（INV2）.Y，X919（INV2）.Y，X922（INV2）.Y。

修改提示：这些输出引脚连接到固定的 VDD 电平上，在逻辑上是允许的，逐个确认即可。

[0002] 线网 X111_Y 上有 2 个输出引脚，这些输出引脚是：X111（INV2）.Y，X113（INV2）.Y。

修改提示：两个输出引脚连接到一个线网上，从逻辑关系上来说这样会造成逻辑竞争，通常是不允许的，因此需要逐个确认。

[0009] 线网 VDD 上有 122 个双向引脚和 125 个输出引脚。

修改提示：这个错误的性质与上一个错误相同，但因为这里有双向引脚，因此不能马上确定是否确实有问题，需要看具体的逻辑关系。

[0033] 线网 X1275_A 没有输出引脚，所有输入引脚为："X1275.A"，"X1306.B"。

修改提示：这个线网没有信号来源，因此该类型错误需要逐个修改。出现此错误的最大的可能性是输出引脚没有正确地连接到输入引脚所在线网上。

[0040] 单元 X915（INV2）的输出引脚 Y 连接到电源线 VDD 上。

修改提示：从逻辑关系上来说这是允许的，因此逐个核查一下，看看有没有连错即可。

[0044] 线网 X765_Y 没有输入引脚，该线网上的所有引脚为："X765.Y"。

修改提示：通常不会出现这种情况，需要逐一确认。

[0078] 单元 X1095（X）没有任何输入信号。

修改提示：要看 X 是什么单元，如果该单元是正常的逻辑门，则这种情况是不允许的。

[0092] 单元 X345（NAND2_1）没有任何输出信号。

修改提示：从逻辑关系上来说这是允许的，可逐一核查。

[0116] 单元 R1104（RNWELL130V5P2）的所有引脚均短接到线网 VDD 上。

修改提示：电阻短接，也存在其他可能性，需要逐一检查。

3. 名字检查错误

[0001] 单元模板 RN130V4P5（resistor）的实例 R994 的名称前缀不符合规范，规范的前缀应该是 X。

修改提示：这个错误可以忽略。

[0010] 单元模板 MPF2V154P6（pmos4）的实例 N1401 的名称前缀不符合规范，规范的前缀应该是 P。

修改提示：对于 P 管，最好把前缀改成 P，这样导入 Cadence 设计系统后，容易分辨管子类型。

4. 模拟器件检查错误

[0001] 单元模板 MPF18V35P5M2（pmos4）的实例 P1082 源端和栅端短接，该器件可能源漏反置。

修改提示：通常这种连接只会出现在 ESD 保护中，正常的逻辑中不会出现这种错误，要检查一下连接是否有错误，是不是源极、漏极接反了等。

[0003] 单元模板 MPF45P5V31M2（pmos4）的实例 P1179 衬底连接的线网是 GND，可能连接有错误。

修改提示：P 管衬底通常应该连接 VDD，需要检查该错误。

[0004] 线网 P1174_D 上的 2 个引脚全部是 MOS 管的漏端，可能存在连接错误。

修改提示：需要仔细检查该错误。

[0006] 线网 N1068_D（2 个引脚）上没有电流源（source）。

修改提示：不能说没有电流源、电流沉就一定有错，应逐一仔细检查连接是否有错。

[0026] 模拟单元 MPF20V60M3（pmos4）的 m 或 s 参数不存在。

修改提示：这个错误可以忽略。

5. 高级选项检查错误

[0001] 线网 VDD 存在一个交叉但非连接点，可能存在连接错误。

修改提示：针对每一个交叉点进行检查。

[0012] 交叉的引脚连接器：(2761，9640)－(2791，9565)。

修改提示：可以忽略。

[0066] 较长的引脚连接器：(1296，9277)－(1230，9373)，长度 116。

修改提示：可以忽略。

[0283] 单元 X345（NAND2_1）的引脚短接在一起：A B。

修改提示：逐一确认。

[0419] 线头连接多个连接器：(2178，7656)。

修改提示：逐一检查。

[0709] 单元 X2（INV2）的引脚 A 连接多个连接器。

修改提示：逐一检查。

五、D503 项目提图单元的逻辑图输入

至此，在 ChipAnalyzer 中进行的逻辑提取工作就结束了。按照图 2-9 所示的逻辑提取流程，接下来就是要把逻辑提取的结果导入 Cadence 系统。在导入之前首先要在 Cadence 系统中建立相应的单元库，定义每个单元的逻辑图和符号，这是因为利用 ChipAnalyzer 可以得到单元级网表，但每类单元只定义了端口，而没有内部的电路图。

关于在 Cadence 系统中输入基本单元逻辑图的相关内容，在其他课程中都有介绍，这里就不再详细叙述了。

这里只给出最终完成逻辑图输入后的 D503 项目中的所有单元列表，如图 2-74 所示。图 2-74 中显示的这些单元都分别在 Cadence 系统中完成了逻辑图的输入，并放在名为 group1（库名应尽量跟一个或者一组用户相对应，比如 D503 项目是由几个组完成的，而 group1 是其中一个组。因为后续的工作都会遇到库名称对应的问题，因此尽量取一个有意义的名称，避免取类似 temp、try 之类的名称）的逻辑库中。其中，pmos、nmos、diode、resistor、vdd、gnd 等分别是从 Cadence 自带的 sample 库和 basic 库中复制过来的。

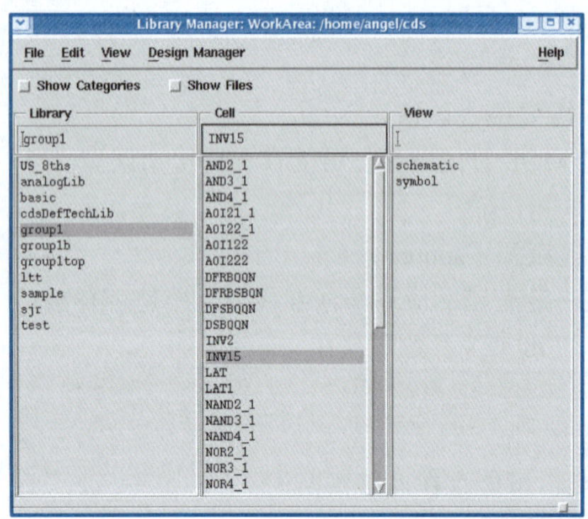

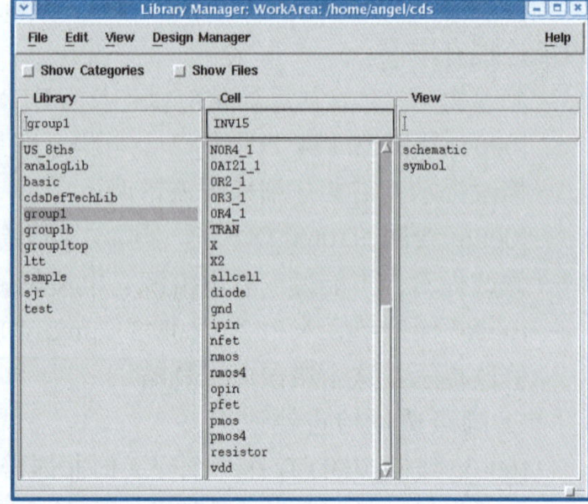

图 2-74　D503 项目单元列表

六、D503 项目提图数据的导入 / 导出

逻辑提取数据与 Cadence 之间的交互流程如图 2-75 所示。

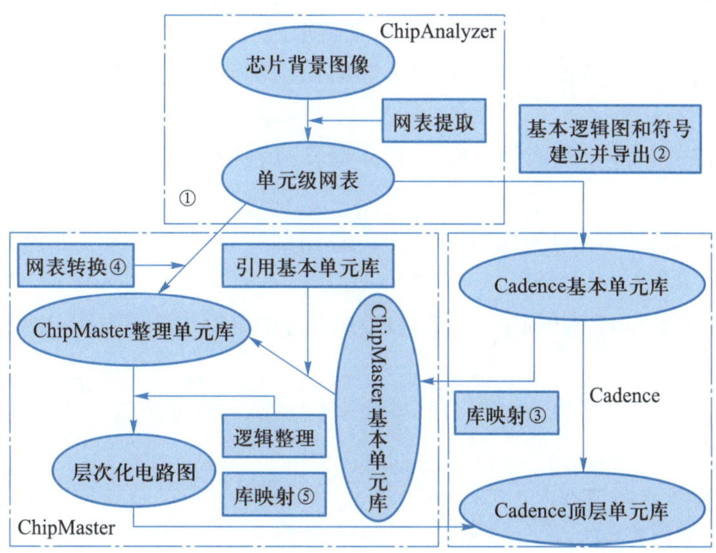

图 2-75　逻辑提取数据与 Cadence 数据之间的交互流程

关于上述两个工具之间数据的交互内容本书不再详细叙述，这里只给出导入 Cadence 系统后的最终结果，如图 2-76 所示。

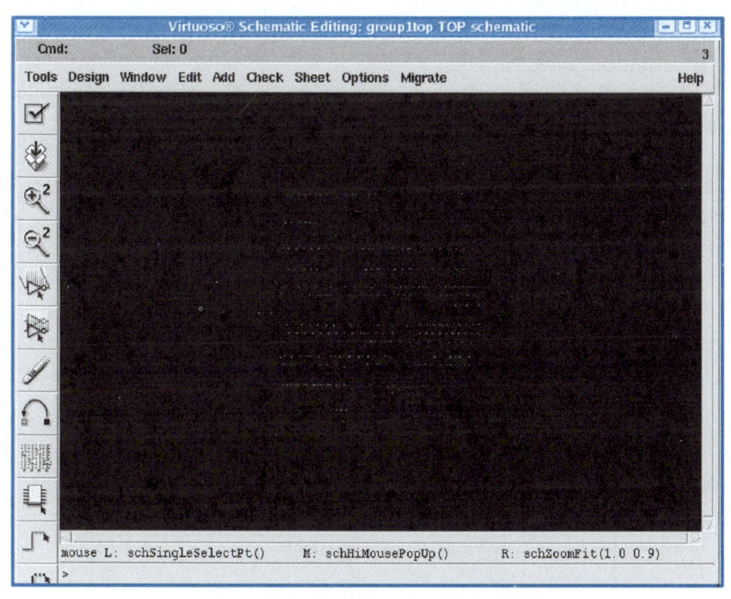

图 2-76　Cadence 系统显示提图结果

图 2-76

问题讨论

① 逻辑提取过程中，关于单元提取的几个重要的步骤分别是什么？关于单元模板和单元实例的操作分别有哪些？这些操作需要达到哪些效果？有哪些特殊的单元需要在逻辑提取过程中特别注意？

② 触发器逻辑提取的基本步骤是什么？在提取过程中需要注意哪些细节和具体问题？

③ 在模拟器件的逻辑提取过程中应该如何识别不同的器件类型？如何避免器件之间的短路问题？

④ 线网提取的具体步骤有哪几步？具体操作过程中有哪些技巧？如何避免电源、地的短路？

⑤ 进行单元引脚和线网的连接时通常会遇到哪些特殊的问题？如何有效地解决这些问题？

⑥ ERC 包括哪些具体的内容？从 D503 项目的 ERC 实例中可以吸取哪些经验和教训？

⑦ 提图单元的逻辑图准备过程有哪些重要的步骤？在这些步骤的实施过程中分别需要注意什么问题？

⑧ 提图单元的数据导入 / 导出过程包含了哪些重要步骤？各自应针对怎样的数据类型进行操作？结果如何？

项目总结

本项目主要针对集成电路逆向设计方法中的逻辑提取部分进行了详细介绍，包括逻辑提取相关工具、流程和方法等，并以一个实际的芯片——D503 为例进行了逻辑提取的训练。

学习者在完成本项目相关内容的学习和训练后，应能够胜任集成电路逆向设计过程中的逻辑提取相关任务，为后续将要开展的逻辑验证和仿真做好准备。

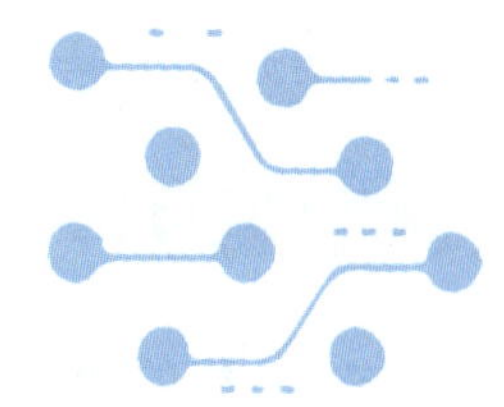

项目三

CMOS 数字集成电路设计与验证

项目简介

本项目主要介绍 CMOS 数字集成电路的设计，并采用相关工具进行仿真验证。本项目从 CMOS 集成电路及其设计的认知开始，以组成 CMOS 数字集成电路最基本的器件——MOS 管的工作原理作为切入点，从简单到复杂逐个介绍 CMOS 反相器、CMOS 逻辑门电路以及 CMOS 基本逻辑部件的设计与验证过程。

通过对本项目相关内容的学习和训练，需要实现以下学习目标：

① 了解 CMOS 集成电路及其设计方法、流程和工具等相关知识。

② 了解 MOS 管的工作原理。

③ 熟悉 CMOS 反相器、CMOS 逻辑门电路以及 CMOS 基本逻辑部件的电路结构。

④ 初步掌握 CMOS 数字集成电路设计与验证工具的使用。

⑤ 掌握 CMOS 反相器、CMOS 逻辑门电路以及 CMOS 基本逻辑部件的设计方法。

⑥ 掌握 CMOS 反相器、CMOS 逻辑门电路以及 CMOS 基本逻辑部件的仿真验证方法。

任务一　CMOS 集成电路设计认知

任务概述

本任务作为 CMOS 数字集成电路设计与验证的基础，从 CMOS 集成电路及其设计的简介开始，详细介绍 CMOS 数字集成电路的设计流程和方法，在此基础上对设计过程中所使用的 Cadence 设计工具、虚拟机及 Linux 操作系统等背景知识进行详细介绍，最后通过一个实训案例开展具体的技能训练。

背景知识 >>>

一、CMOS 集成电路设计简介

集成电路是指通过采用一定的工艺，把一个电路中所需的三极管、二极管、电阻、电容和电感等元器件及布线互连在一起，制作在一小块或几小块半导体晶片或介质基片上，并最终实现所需功能的微型电路结构。

根据电路中所采用的器件，即双极型晶体管（bipolar transistor）或者 MOS 场效应晶体管（metal oxide semiconductor field-effect transistor，MOSFET），集成电路可以分为双极型集成电路和 MOS 集成电路两大类，其中 MOS 集成电路目前主要是指 CMOS（complementary metal oxide semiconductor，互补型金属氧化物半导体）集成电路，这种类型的集成电路是基于 MOSFET 互补对形成的。

CMOS 集成电路具有功耗低、开关速度快（可以与 TTL 电路相比拟）、抗干扰能力强、电源电压适应范围宽、易于与其他电路接口等特点，所以，CMOS 电路适用于制作大规模集成电路（LSI）与超大规模集成电路（VLSI），如微处理器（CPU）、数字信号处理器（DSP）、大规模数字逻辑电路等。

根据电路所处理信号的不同，CMOS 集成电路通常可分为数字集成电路、模拟集成电路和混合信号集成电路三类。不管是哪一种类型，集成电路产品的实现都要经过设计、工艺制造、封装测试等过程。

本项目所介绍的 CMOS 数字集成电路设计过程重点包括以下三个主要的设计阶段：

① 功能定义或称系统设计。

② 逻辑设计与电路设计。

③ 版图设计。

所谓功能定义是指实际应用中，系统整机对其中的元器件——集成电路所需要完成的功能给予明确的定义，这种定义通常是在系统层面上的，也称为系统设计。对于简单的集成电路，可以人工定义其功能；而目前集成电路的规模已经发展到了巨大的程度，通常需要借助系统设计工具来完成其功能定义。

在明确集成电路的具体功能后，接下来就可以进行逻辑设计与电路设计了。其中，电路设计主要集中在设计一些基本的单元电路，包括逻辑门电路和时序单元等；而逻辑设计则是基于这些基本单元电路，完成整体电路的设计。逻辑设计可以采用本书项目一所介绍的正向设计方法，即基于 Verilog 等硬件描述语言，对集成电路的功能进行描述，然后采用 Design Compiler（DC）等逻辑综合工具完成逻辑综合，得到映射到某一具体工艺库上的完整逻辑。逻辑设计也可以采用本书项目二所介绍的逆向设计方法，即基于现有的集成电路背景图像，完成逻辑提取，并通过整理、分析和仿真，得到该集成电路的完整逻辑，之后再采用逻辑仿真工具来验证设计的正确性。

集成电路版图设计是整个集成电路设计流程中十分重要的一环。它是指根据电路的功能、电路组成以及相关的制造工艺流程，设计一套完整的供制作掩膜用的复合版图。集成电路制造厂家借助于所制作的掩膜版，利用光刻技术就能实现电路制造的图形转移与复印，并最终得到具备所预期功能且参数指标符合要求的集成电路芯片。

本书主要介绍集成电路设计前两个阶段的相关内容。

二、CMOS 数字集成电路的设计流程和方法

CMOS 数字集成电路设计通常包括正向设计和逆向（或称为全定制）设计两大类，其中正向设计的典型流程如图 3-1 所示。首先基于所完成的电路功能定义，用 Verilog 硬件描述语言进行电路寄存器传输级（RTL）的行为描述；然后通过编写仿真测试激励，采用 Cadence 公司的 NC-Verilog 或者 Synopsys 公司的 VCS 等仿真工具进行电路功能验证，判断电路是否符合功能要求；在此基础上进行逻辑综合，目前行业中比较常用的工具包括 Synopsys 公司的 DC 等，得到门级网表（需要的话也可以通过仿真工具进行验证）；最后将门级网表转化成版图，并最终进行电路生产。上述流程的前端部分都已经在项目一中做过详细的介绍。

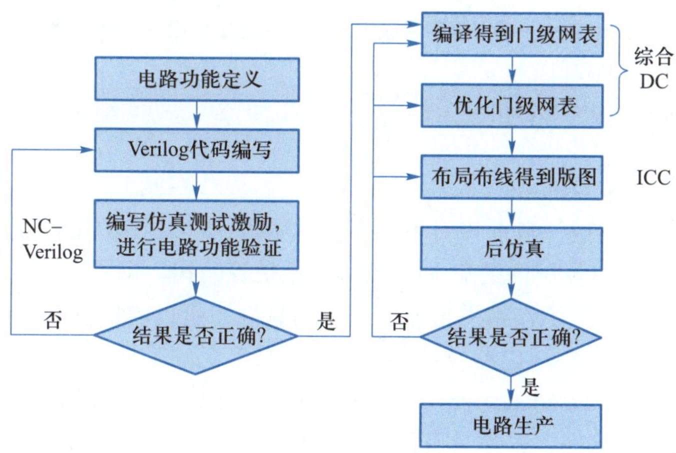

图 3-1　CMOS 数字集成电路正向设计典型流程

本项目所介绍的 CMOS 数字集成电路设计流程如图 3-2 所示。

在图 3-2 中，数字电路的逻辑来自逆向设计（项目二所介绍的基于芯片背景图像的逻辑提取），或者由设计者全定制设计而成。全定制设计是从基本逻辑门甚至晶体管级开始设计的一种方法，是相对于基于 IP 或者标准单元的半定制设计而言的。将逆向设计或者全定制设计得到的逻辑图在 Cadence 系统中完成输入；在此基础上采用 NC-Verilog 进行门级功能仿真，以确定数字电路功能的正确性；完成这一验证步骤后，与图 3-1 所示的正向设计流程一样，便可以进入版图设计阶段了。

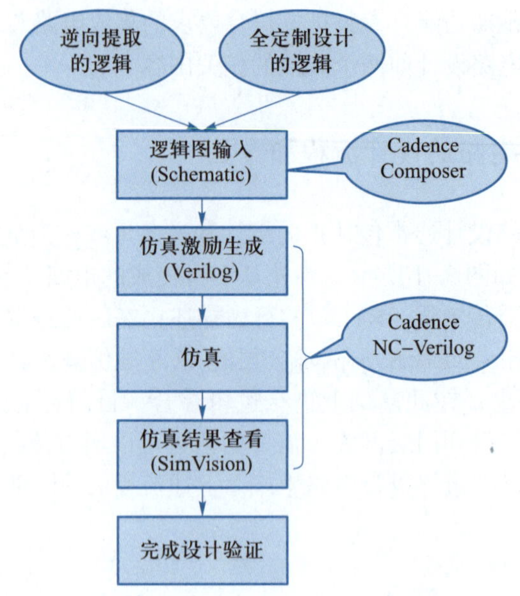

图 3-2　CMOS 数字集成电路逆向或全定制设计典型流程

三、设计工具 Cadence 认知

1. Cadence 设计工具简介

在集成电路设计领域，目前设计软件的主要供应商包括国外的 Cadence、Synopsys、西门子 EDA 等公司，以及国内的华大九天和芯愿景等公司。国外主要的三家供应商重点提供 UNIX、Linux 环境下工作站平台的开发工具软件，是目前集成电路设计软件的主流，其中 Cadence 已成为目前集成电路设计领域中使用最广泛的工具。

Cadence 软件是美国 Cadence 公司所开发的集成电路设计软件的简称，它是一套大型的 EDA 综合开发工具软件，也是具有强大功能的大规模与超大规模集成电路计算机辅助设计系统软件。作为业界非常流行的 EDA 设计工具，Cadence 软件可以借助于它的各相关模块完成多种电子设计，包括 ASIC 设计、FPGA 设计和 PCB 设计等。与其他著名的 EDA 软件相比，虽然 Cadence 的综合工具性能略为逊色，但在电路仿真、原理图设计、自动布局布线、版图设计及验证等方面都占有绝对的优势。Cadence 软件在集成电路设计方面常用的功能模块如下：

① Verilog HDL 仿真工具——NC-Verilog。

② 电路原理图绘制工具——Composer。

③ 模拟电路仿真工具——Spectre。

④ 版图设计工具——Virtuoso。

⑤ 版图验证工具——Dracula 和 Diva。

本项目中主要使用 Composer、NC-Verilog 以及 Spectre 等工具。

2. 虚拟机简介

Cadence 等集成电路设计软件大多采用 UNIX 或者 Linux 操作系统，而 PC 上大多运行的是 Windows 操作系统，因此如果要在 PC 上使用 Cadence 软件，需要在 PC 中安装虚拟机（virtual machine）。能够在 PC 上运行的虚拟机软件有很多，其中 VMware Workstation（威睿工作站）是被广泛使用的一种。

VMware Workstation 是一款功能强大的桌面虚拟计算机软件，可在一部实体机器上模拟完整的网络环境和便于携带的虚拟机器，其最重要的特点是可以在一台机器上同时运行多个 Windows、DOS、Linux、Mac 系统。

与多启动系统相比，VMware Workstation 采用了完全不同的概念。多启动系统在一个时刻只能运行一个系统，切换系统时需要重新启动机器。VMware Workstation 可以真正在主系统的平台上“同时”运行多个操作系统，就像标准 Windows 应用程序一样切换，而且每个操作系统都可以进行虚拟的分区、配置而不影响真实硬盘的数据，甚至可以通过网卡将几台虚拟机连接为一个局域网，极其方便。图 3-3 所示为 VMware Workstation 的简要信息。

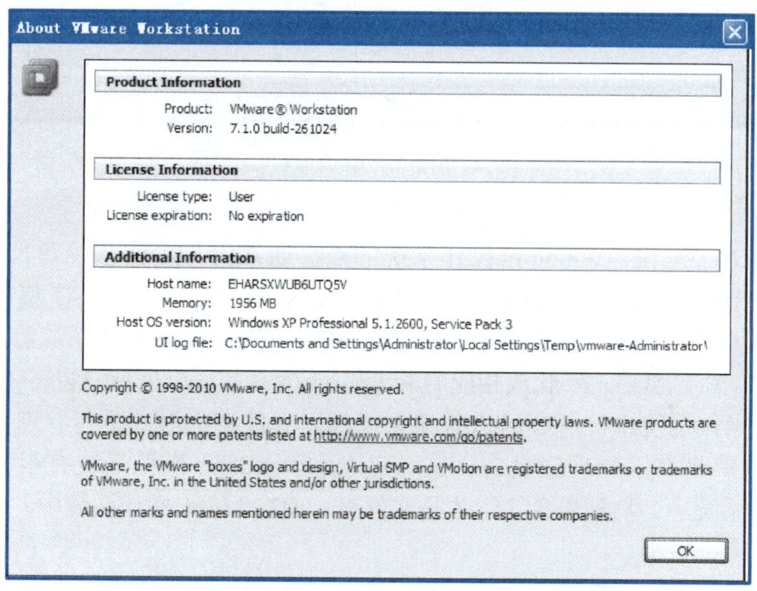

图 3-3　VMware Workstation 简要信息

将 Cadence 等集成电路设计软件安装在虚拟机中，就可以进行相关的设计工作。图 3-4 所示为 VMware Workstation 的主界面，其中包含了以下几部分：

① 顶部的菜单栏，包括 File、Edit、View、VM、Team、Windows、Help 等菜单。

② 左边的 Sidebar，主要用于显示虚拟机的状态和进行个人喜好的设置。

③ 右边大半部分显示的就是一个操作系统为 CentOS 的虚拟机，其中包括 Commands、Devices 和 Options 三个模块，分别表示虚拟机执行的一些命令、虚拟机的一些硬件属性和进行虚拟机设置的一些选项等。

3. Linux 操作系统

上述 VMware Workstation 虚拟机采用 CentOS 企业级 Linux 发行版本，除此之外还可以运行 Red Hat（红帽）等其他 Linux 操作系统。与 Windows 操作系统相比，Linux 操作系统在磁盘格式、运行方式、文件管理、操作方法等方面都有很大不同，下面进行具体介绍。

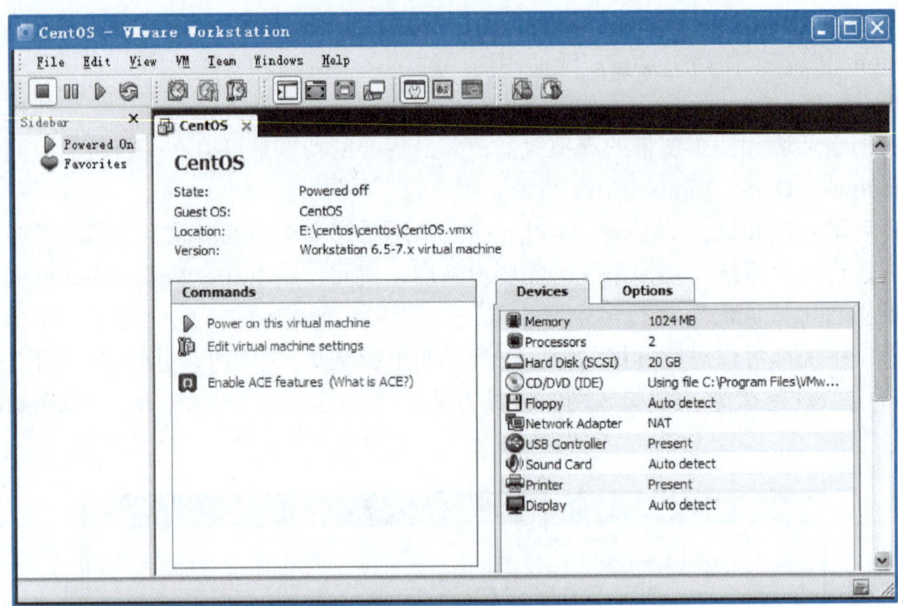

图 3-4 VMware Workstation 主界面

从磁盘格式上来说，Windows 操作系统的磁盘通常为 FAT 格式或者 NTFS 格式，而 Linux 操作系统的磁盘格式为 Ext2、Ext3、VFAT、swap 等。除了 VFAT 格式外，其他格式在两种操作系统间都无法相互读取。所以在 PC 上安装 Linux 操作系统前，必须先对磁盘进行格式化，将磁盘格式转化成相应的 Ext 和 swap 后才可以进行安装。

在 Linux 操作系统中，所有的磁盘和文件都以文件夹的形式进行管理，也就是说文件夹的管理范围是高于物理磁盘的，这一点也和 Windows 操作系统有很大的区别。在 Windows 操作系统中，物理磁盘之下才是文件夹；而在 Linux 操作系统中，文件夹下可以包含一个或者多个磁盘。

Linux 操作系统最大的特点体现在它对文件系统的操作管理上。不同于 Windows 操作系统，Linux 操作系统是命令与图形并行的操作系统，也就是说，一方面它可以与 Windows 操作系统一样通过图形界面的操作来完成一系列任务，另一方面它也可以通过命令的形式来完成操作任务，这一点与 DOS 系统类似。随着 Linux 操作系统的不断更新，以及图形界面功能的不断增强，其操作也越来越趋于人性化，大部分过去必须要用命令才能完成的操作，现在都可以很简便地用图形界面来完成，但很多核心的操作仍然要用命令方式才能完成。下面要运行和使用集成电路设计软件时，同样也需要用到许多 Linux 操作命令。Linux 文件系统的层次结构示意图如图 3-5 所示。

4. Linux 常用命令

目前集成电路设计都是基于在 Linux 操作系统中运行的 EDA 软件实现的，因此掌握一些常用的 Linux 命令就显得尤为重要了。这部分内容已经在项目一中详细介绍过，这里不再重复。

5. 文本编辑器 vi 的使用

在 Linux 系统中进行文本编辑需要用到相应的编辑器，vi 是其中最常用的一种。

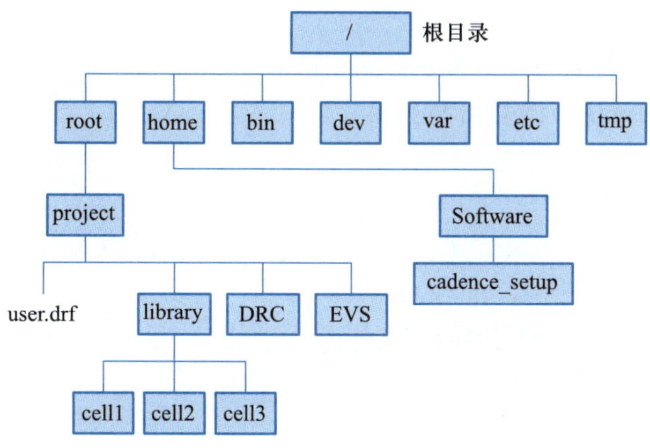

图 3-5 Linux 文件系统的层次结构示意图

vi 有两种模式：文本输入模式、指令模式。文本输入模式是用来输入文字资料的；而在指令模式下可以进行光标移动、字符删除、字符替换、字符复制、文件保存、vi 退出等操作。

在 Linux 操作系统的终端（terminal）输入命令：

```
/root> vi filename
```

此时 vi 界面打开，并且处于指令模式。进行文本编辑时，会切换到文本输入模式。例如，按 A 键会进入文本输入模式，按 Esc 键则会返回指令模式。借由指令模式中提供的各种功能强大的命令，用户可以对庞大的数据文本进行高效的检索和修改。这也是推荐集成电路设计者学会使用 vi 的原因，因为在进行集成电路设计时常常会遇到冗长的数据需要处理，此时 vi 能够快速帮助设计者进行查找，并且能够避免一些人为的错误。

下面介绍 vi 中几类主要的命令。

（1）光标移动

- h：光标左移一个字符。
- l：光标右移一个字符。
- k：光标上移一行。
- j：光标下移一行。
- Ctrl + f：向文件尾翻一页。
- Ctrl + b：向文件首翻一页。
- G：跳转至文本末尾。

（2）书写文本

- i：在光标前开始插入文本。
- a：在光标后开始插入文本。
- o：在当前行后插入新行，并开始插入文本。
- x：删除当前光标后的一个字符。
- dd：删除当前行。

（3）查找替换

- /asic：向当前光标后查找名为 asic 的字符串。
- :m, n s/asicA/asicB/：将第 m 行到第 n 行中名为 asicA 的字符串替换为 asicB。

（4）保存退出

- :w：保存当前文件。
- :q：退出当前文件，如果文件已经被修改过，会提示无法操作。
- :wq：保存修改，并退出当前文件。
- :q!：不保存修改，直接退出当前文件。
- :w filename：另存文件为新名称。

（5）更多 vi 命令

- A：在行尾开始插入文本。
- I：在行首开始插入文本。
- s：替换光标后的一个字符。
- cw：替换光标后的一个单词。
- u：撤销上次的命令。
- Ctrl＋r：取消上一次撤销动作（重做）。

小提示

vi 的命令虽然有很多，但实际上只要掌握常用的一小部分就足够应付大部分工作了，但还是建议设计者对 vi 能有个全面的认识，这样会对工作有很大帮助。

技能训练

Cadence 工具基本操作

下面针对本项目中所使用的 Cadence 相关工具，介绍启动工具、添加设计仿真库等的操作方法。

在 Linux 操作系统的终端窗口中输入命令“icfb &”即可启动 Cadence 系统，弹出图 3-6 所示的 Cadence 系统 CIW（命令行窗口）主界面。

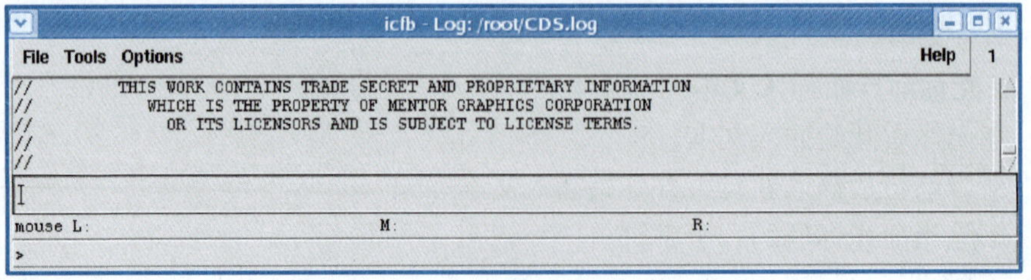

图 3-6　Cadence 系统 CIW 主界面

选择图 3-6 中的 Tools → Library Manager 菜单命令，弹出图 3-7 所示的 Library Manager（库管理器）窗口。

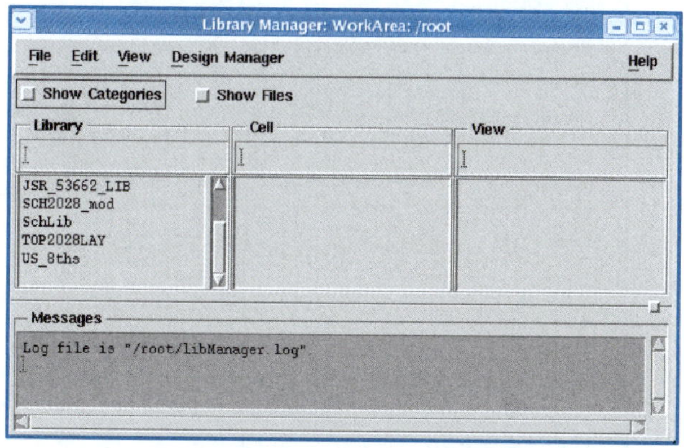

图 3-7　Library Manager 窗口

选择图 3-7 中的 Edit → Library Path 菜单命令，弹出图 3-8 所示的窗口。

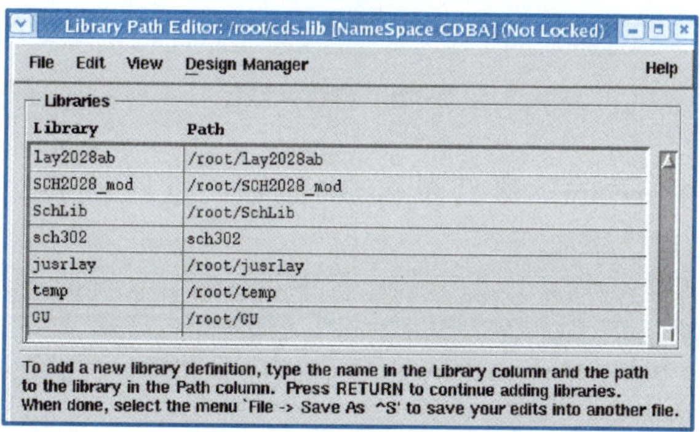

图 3-8　Library Path Editor 窗口

选择图 3-8 中的 Edit → Add Library 菜单命令，弹出图 3-9 所示的对话框。

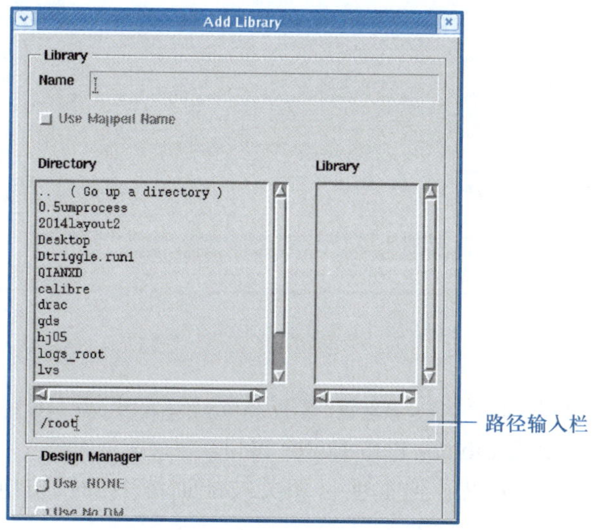

图 3-9　Add Library 对话框

在图 3-9 中的路径输入栏输入“/mnt/hgfs/D”，按 Enter 键，界面如图 3-10 所示。

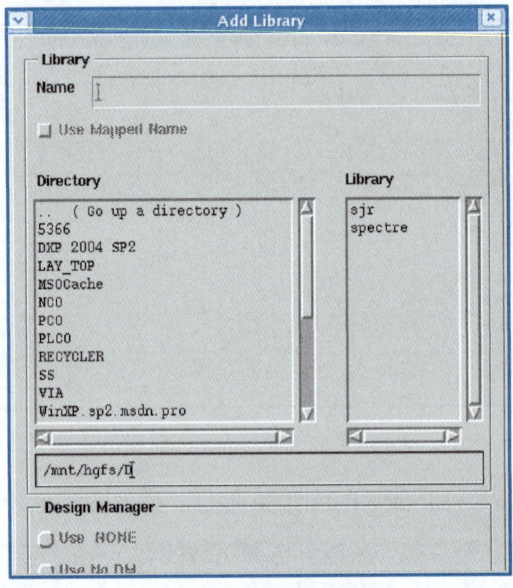

图 3-10　设置库路径

在图 3-10 中选中 spectre，然后单击 OK 按钮，返回 Library Path Editor 窗口，如图 3-11 所示，spectre 库已添加。

Library Path Editor: /root/cds.lib [NameSpace CDBA] (Not Locked)

File　Edit　View　Design Manager　Help

Libraries

Library	Path
SCH2028_mod	/root/SCH2028_mod
SchLib	/root/SchLib
sch302	sch302
jusrlay	/root/jusrlay
temp	/root/temp
GU	/root/GU
allcell	/root/allcell
TOP2028LAY	/root/TOP2028LAY
JSR1115	/root/JSR1115
liming	/root/liming
spectre	/mnt/hgfs/D/spectre

To add a new library definition, type the name in the Library column and the path to the library in the Path column. Press RETURN to continue adding libraries. When done, select the menu `File -> Save As ^S' to save your edits into another file.

图 3-11　添加 spectre 库

选择图 3-11 中的 File→Save As 命令，然后依次单击 OK、Yes 按钮，再选择 File→Exit 菜单命令，退出 Library Path Editor 窗口。

经过以上操作后，就可以看到本项目相关技能训练中的模拟电路仿真验证库——spectre，如图 3-12 所示。

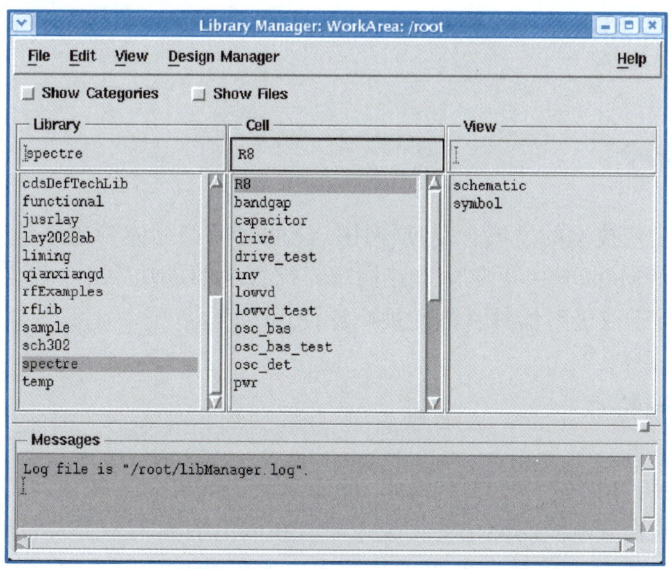

图 3-12　模拟电路仿真验证库 spectre

问题讨论 >>>

① 什么是集成电路设计？

② 什么是集成电路版图设计？

③ 试比较 Linux 和 Windows 两个操作系统的不同点。

④ Linux 常用命令中，与目录操作有关的命令有哪些？与文件操作有关的命令有哪些？

⑤ vi 编辑器有哪两种工作模式？两种工作模式之间如何进行转换？

⑥ 如何通过虚拟机启动 Linux 操作系统，并启动终端？

⑦ 如何将 PC 本机数据导入虚拟机中，再将虚拟机中的数据导入 PC 本机？

⑧ 如何用 vi 编辑器编写一个文本文件？

⑨ 如何在 /home 目录下新建名为 cadence 的文件夹？

⑩ 如何在 /home/cds 目录下查找名为 cds.lib 的文件（如查找出多个同名文件，取其中任意一个即可），并将它复制到其他目录下？

任务二　MOS 管工作原理认知

任务概述 >>>

本任务主要介绍组成 CMOS 数字集成电路的最基本器件——MOS 管的结构特点、工作原理及特性曲线，在此基础上采用仿真工具对 MOS 管的特性曲线进行仿真分析，完成技能训练。

背景知识 >>>

随着半导体工艺技术的发展，早期使用广泛的双极型晶体管越来越多地被 MOS 管所取代，特别是功率 MOS 管由于驱动电路简单，需要的驱动功率小，开关速度快，工作频率高，热稳定性优于双极型器件，因此被广泛使用。

一、MOS 管结构特点

MOS 管是金属氧化物半导体（metal oxide semiconductor）场效应晶体管的简称。双极型晶体管是把输入端电流的微小变化放大后，在输出端输出一个大的电流变化，是一种电流控制型器件，用放大倍数 β 来表示其输出电流的变化和输入电流的变化之比。MOS 管则是把输入电压的变化转化为输出电流的变化，是一种电压控制型器件，用跨导 g_m 来表示其输出电流的变化和输入电压的变化之比。

MOS 管和双极型晶体管一样，通常包含三个极，分别为栅极 G（gate）、源极 S（source）和漏极 D（drain），另外常用 B 表示其衬底，如图 3-13 所示。

图 3-13 中的栅极 G 和半导体衬底 B 之间是由一薄层的二氧化硅绝缘层（称为栅介质）分隔开来的，而半导体材料是有 P 型和 N 型之分的，现以轻掺杂 P 型硅衬底为例来介绍 MOS 管的工作原理。在 P 型硅衬底上与栅极相对应区域的两边有两个选择性 N 型掺杂的区域——源区和漏区，分别连接到上面提到的源极和漏极，如图 3-14 所示。

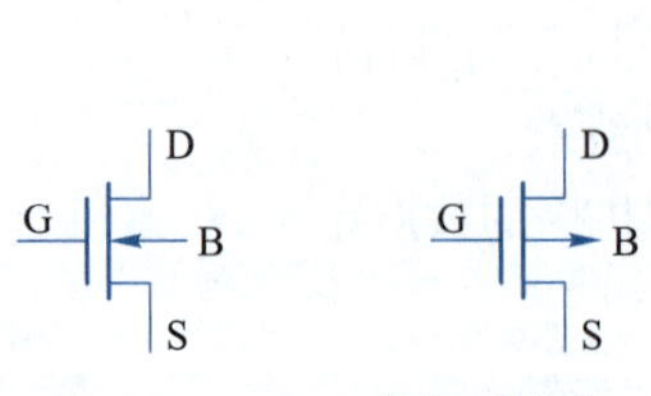

图 3-13　MOS 管图形符号

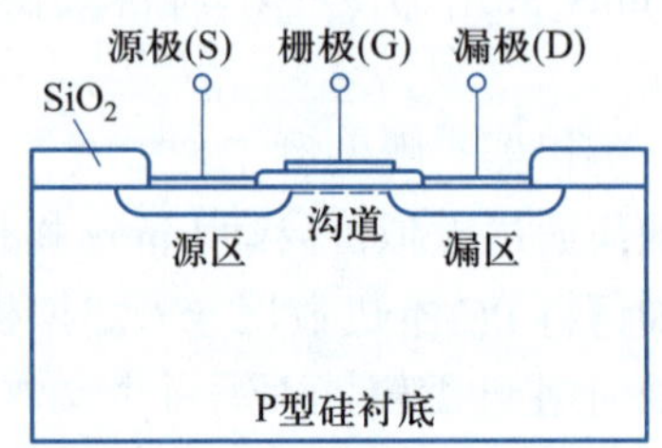

图 3-14　MOS 管纵向剖面图

一开始栅极电位为 0 V，P 型硅衬底和源极接地，漏极接正电位。由于金属和半导体衬底性能上的差异会在栅介质上产生一个小的电场，这个电场使金属栅极带轻微的正电位，P 型硅衬底则为负电位。该电场把硅衬底中底层的电子吸引到表面来，同时把空穴排斥出表面。由于该电场很弱，所以载流子浓度的变化非常小，对器件整体特性的影响也很小。

当栅极相对于 P 型硅衬底正偏置时，穿过栅极的电场加强了，有更多的电子从衬底被拉了上来，同时空穴被排斥出表面。随着栅电压的升高，会出现表面的电子比空穴多的情况，由于有过剩的电子，因此 P 型硅衬底表面看上去就像 N 型硅，即形成掺杂极性的反转，而反转的硅层成为沟道，形成沟道时的电压称为阈值电压 V_T。当栅极和衬底之间的电压差小于 V_T 时，不会形成沟道，这时漏极和衬底之间的 PN 结处于反偏状态，只有很小的电流从漏极流向衬底。只有当电压差超过 V_T 时，沟道才形成，这个沟道就像一薄层短接漏极和源极的 N 型硅，由电子组成的电流从源极通过沟道流向漏极。由此可见，MOS 管导通后是电阻特性，因此其一个重要的参数就是导通电阻。

以上形成 N 型沟道的 MOS 管称为 NMOS 管。与之相对应的是，在轻掺杂 N 型硅衬底上与栅极相对应区域的两边选择性地进行 P 型掺杂，形成源区和漏区。如果栅极相对于衬底正向偏置，电子就被吸引到表面，空穴就被排斥出表面，没有沟道形成；如果栅极相对于衬底反向偏置，空穴被吸引到表面，P 型沟道就形成了，这就是 PMOS 管。

通过上面的分析可以看出，MOS 管只靠一种极性的载流子（电子或者空穴）来传输电流，因此称为单极型晶体管；而通常所说的晶体管在电流传输过程中，两种极性的载流子都起作用，因此称为双极型晶体管。

MOS 管最重要的参数是上面提到的阈值电压 V_T。阈值电压也称为开启电压，是促使源极和漏极之间开始形成导电沟道所需的栅极电压。不同的工艺下，V_T 也不同。

小提示

> 影响 MOS 管阈值电压的因素包括金属半导体功函数、栅氧化层电荷效应、衬底偏置效应（也称为体效应）以及短沟道效应。这方面的知识偏重理论，可以参见半导体器件物理的相关知识。

二、MOS 管漏极电流与特性曲线

上面提到了 MOS 管依靠电子或者空穴来传输电流，通常以其漏极电流的大小来衡量 MOS 管的电流传输能力。下面以 NMOS 管为例，通过分析图 3-15 所示的输出特性曲线来判断其所处的工作状态。

图 3-15 所示 NMOS 管的电流 - 电压曲线（即输出特性曲线）中明确标明了该 MOS 管的三种工作状态，分别对应于双极型晶体管的非饱和区、饱和区和截止区。

① 非饱和状态：当 V_{GS} 变化时，导通电阻 R_{ON} 也随之变化，因此该区域也称为可变电阻区。该区域内的 V_{DS} 满足如下条件：

$$V_{DS} \leqslant V_{GS} - V_T$$

在该区域内，NMOS 管的输出伏安特性方程（也称为 $I-V$ 方程）为

$$I_{DS} = K_n[2(V_{GS} - V_T)V_{DS} - V_{DS}^2] \qquad (3\text{-}1)$$

式中：K_n 为 NMOS 管的导电因子，其表达式为

$$K_n = \frac{1}{2}\mu_n C_{ox}\frac{W}{L} \qquad (3\text{-}2)$$

式中：μ_n 为电子迁移率；C_{ox} 为 NMOS 管的单位面积氧化层电容；W/L 为 NMOS 管的宽长比。

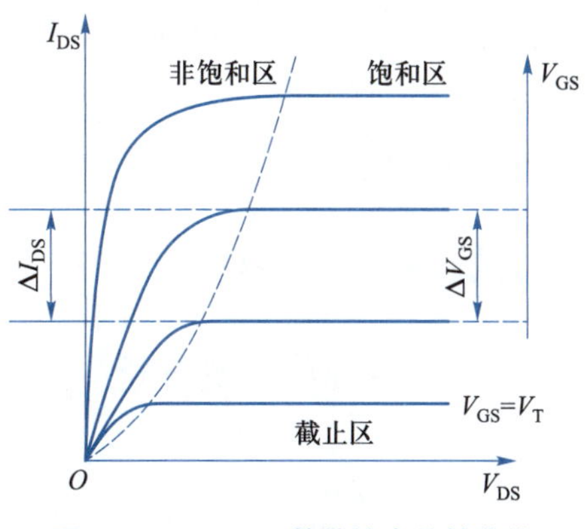

图 3-15　NMOS 管的输出特性曲线

② 饱和状态：V_{GS} 一定时，I_{DS} 基本饱和，随 V_{DS} 变化的变化不大，因此该区域也称为恒流区。该区域内的 V_{DS} 满足如下条件：

$$V_{DS} > V_{GS} - V_T$$

在该区域内，NMOS 管的输出伏安特性方程为

$$I_{DS} = K_n(V_{GS} - V_T)^2 \tag{3-3}$$

③ 截止状态：在该区域，$V_{GS} < V_T$，MOS 管处于截止状态。

四个引脚的 MOS 管的源区和漏区是可以对调的，它们都是在 P 型衬底中形成的 N 型区（或者 N 型衬底中形成的 P 型区），在多数情况下，这两个区是一样的，即使对调也不会影响器件的性能，这样的器件被认为是对称的，只能通过偏置来确定源极和漏极的属性。当然，也有些 MOS 管的源极和漏极是不能互换使用的，如用于大功率场合的 VDMOS 管。MOS 管的工作是以半导体表面电场效应为基础的，几乎没有电流流过栅绝缘层，因此 MOS 管的栅电流很小。从体积上看，MOS 管也更小，因此在很多应用场合取代了双极型晶体管。

以上在分析 MOS 管的结构特点时提到，对于 NMOS 管，当栅源之间的电压 V_{GS} 小于该管子的阈值电压 V_T 时，沟道没有形成，漏极电流几乎为零；当 V_{GS} 升高到 V_T 时，就开始形成沟道，从而形成漏极电流；当 V_{GS} 超过 V_T 时，随着 V_{GS} 的增加，沟道中导电载流子数量增多，沟道电阻减小，漏极电流上升。以上特性可以用图 3-16（a）所示的转移特性曲线来描述。

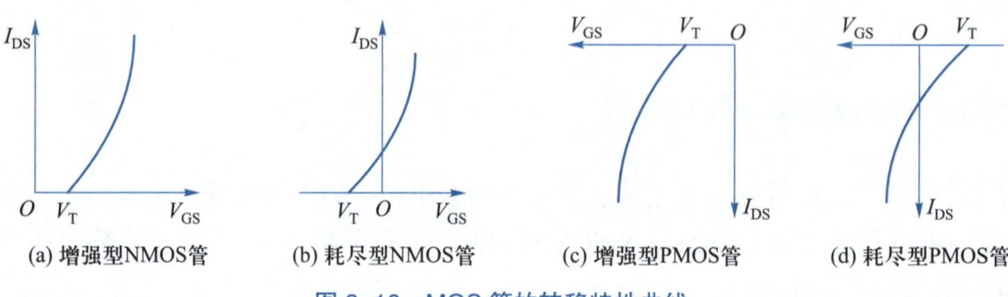

图 3-16　MOS 管的转移特性曲线

图 3-16 中，$V_{GS}=0$ 时 MOS 管处于截止状态，漏极电流 I_D 几乎为零的器件是增强型器件，如图 3-16（a）、（c）所示；而 $V_{GS}=0$ 时导通，漏极电流 I_D 不为零的器件是耗尽型器件，如图 3-16（b）、（d）所示。通常主要用到的是增强型器件，因此有时提到 MOS 管时默认其是增强型的。从图 3-16（b）、（c）还可以看出，耗尽型 NMOS 管和增强型 PMOS 管的 V_T 是负数。

技能训练 >>>

MOS 管特性曲线仿真分析

1. 设计准备

建立一个 NMOS 管的仿真逻辑图，如图 3-17 所示，单元名为 MOSFET。

在图 3-17 中，N0 是一个宽长比为 20/0.5 的 NMOS 管（采用 sample 库中的 nmos），因为要仿真电流，所以在其漏端接一个非常小的电阻 R_1（采用 sample 库中的 resistor，阻值为 1×10^{-24} Ω，N0 的三个极分别连接三个输入端口。

2. 仿真状态设置

选择逻辑编辑窗口中的 Tools → Analog Environment 菜单命令，弹出图 3-18 所示窗口。从图 3-18 中可以看出，目前正在仿真的设计是 mosfet，是针对 schematic（逻辑图）进行仿真的。

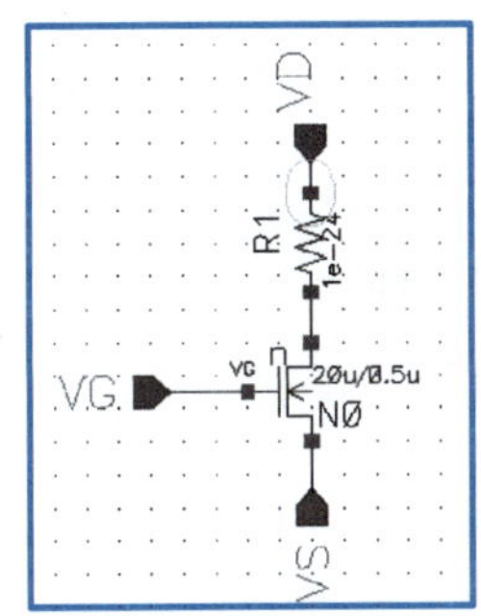

图 3-17 NMOS 管仿真逻辑图

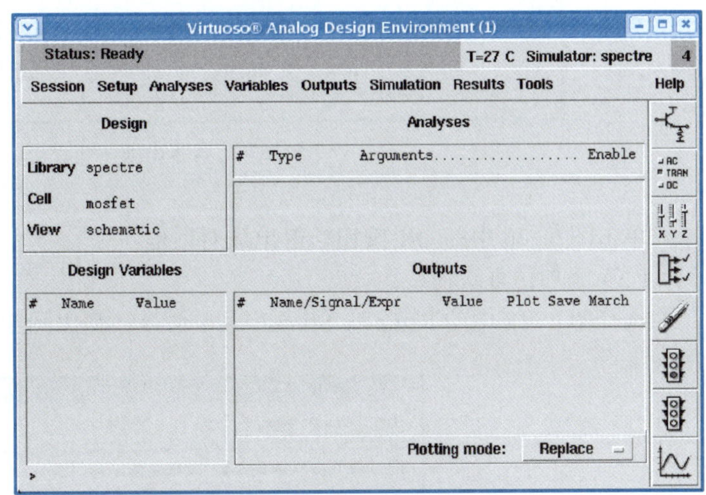

图 3-18 NMOS 管仿真窗口

在图 3-18 所示窗口中需要进行以下设置。

（1）选择仿真模型文件

选择图 3-18 中的 Setup → Model Libraries 菜单命令，弹出图 3-19 所示对话框，在 Model Library File 栏输入“/mnt/hgfs/D/spectre/s05mixddst02v12.scs”，在 Section（opt.）栏输入“tt”（指采用典型工艺参数进行仿真）。

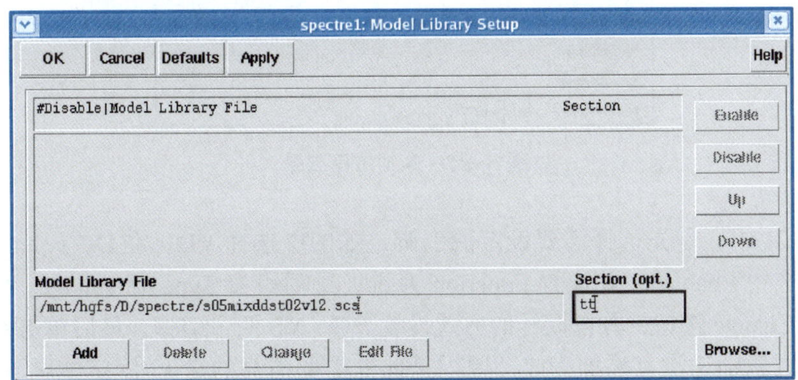

图 3-19 添加仿真模型

单击图 3-19 中的 Add 按钮，仿真模型就添加完成了，如图 3-20 所示。

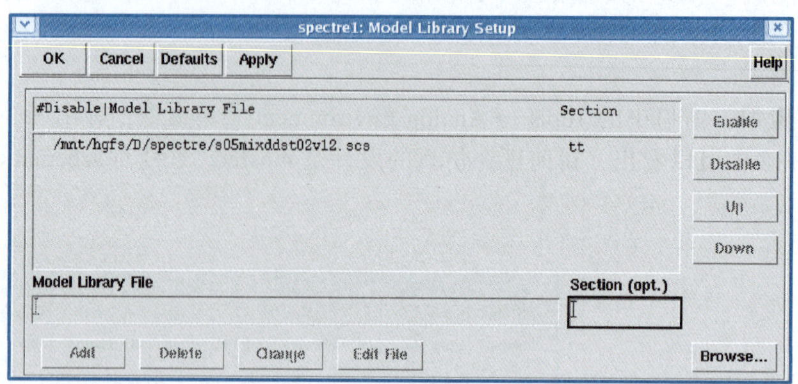

图 3-20 仿真模型添加完成

单击图 3-20 中的 OK 按钮，退出该对话框。

（2）添加仿真激励

选择图 3-18 中的 Setup → Stimuli 菜单命令，弹出图 3-21 所示对话框。

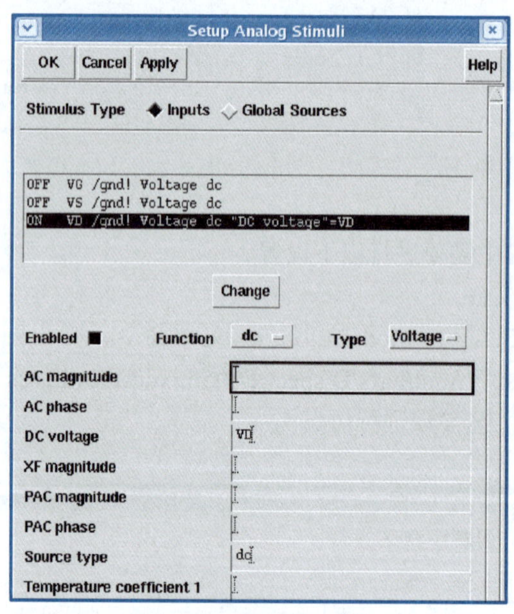

图 3-21 添加仿真激励

在图 3-21 中，首先选择需要设定的引脚，如图中选择 VD（在 DC voltage 栏中显示 VD），然后选中 Enabled，并设置 Function 为 dc，最后设置 Type 为 Voltage。完成以上设置后，单击 Change 按钮，并以同样的方式设置 VG、VS 两个引脚，最后单击 OK 按钮。

此时仿真激励还没有添加完成，原因是此处需要仿真的是 V_G 固定情况下 I_D 随 V_D 的变化，因此 V_D 要变化，即需要进行变量设置。选择图 3-18 中的 Variables → Edit 菜单命令，弹出图 3-22 所示对话框。

在图 3–22 中，变量名为 VD，值为 4（即 4 V），然后单击 Add 按钮。采用同样的方法设置 VG 值为 1，VS 值为 0。设置完成后单击 OK 按钮，退出变量设置对话框。

（3）设置仿真类型和时间

选择图 3–18 中的 Analyses → Choose 菜单命令，弹出图 3–23 所示对话框。

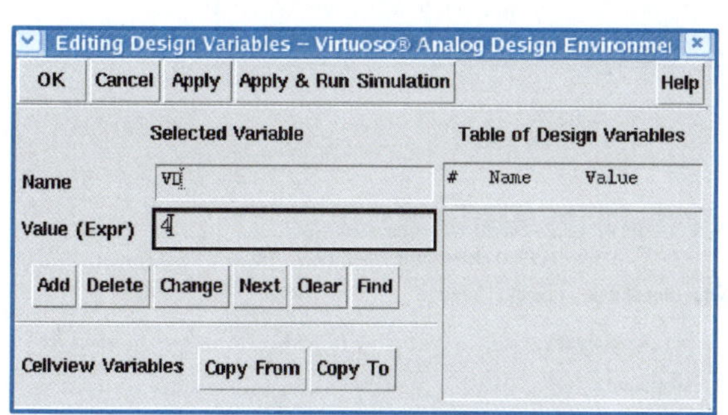

图 3–22　仿真激励中变量的设置

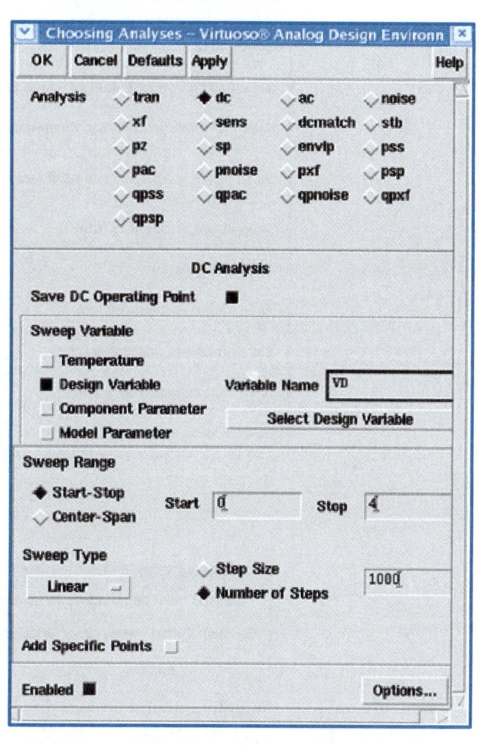

图 3–23　设置仿真类型

在图 3–23 中，在 Analysis 栏中选中 dc，接下来就可以进行 DC Analysis 的有关设置。选中 Save DC Operating Point；选中 Sweep Variable 栏中的 Design Variable，在 Variable Name 栏中输入“VD”；在 Sweep Range 栏中选中 Start–Stop，设置 Start 为 0、Stop 为 4；在 Sweep Type 栏中选中 Number of Steps，并在右侧输入“1000”；最后选中 Enabled，并单击 OK 按钮退出该对话框。

（4）保存输出结果

因为在仿真过程中要观察电流，所以要把电流结果保存起来，方法是选择图 3–18 中的 Outputs → Save All 菜单命令，弹出图 3–24 所示对话框。

在图 3–24 中，选中 Select device currents 栏中的 all，并单击 OK 按钮退出。

（5）选择输出信号

选择图 3–18 中的 Outputs → To Be Plotted → Select On Schematic 菜单命令，然后在图 3–17 所示的逻辑图中选中电阻的一个端口。

最终设置好的 NMOS 管仿真环境如图 3–25 所示。

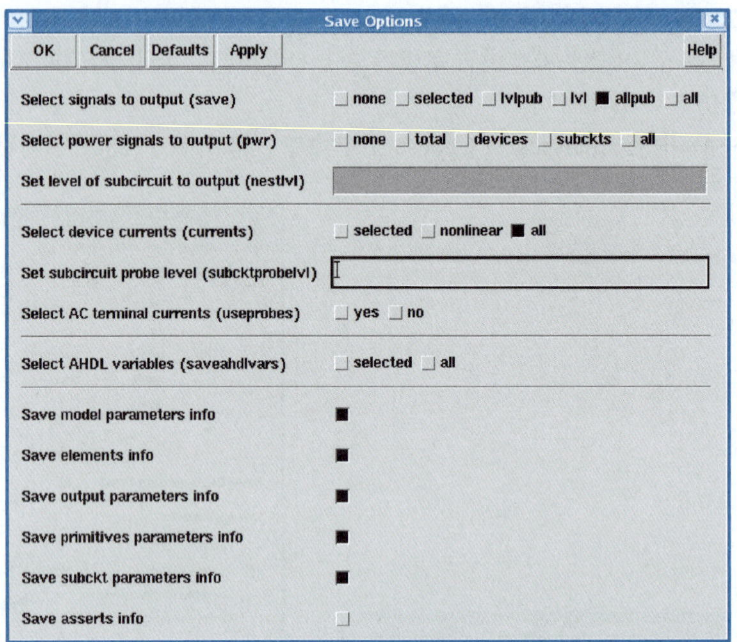

图 3-24 保存电流结果

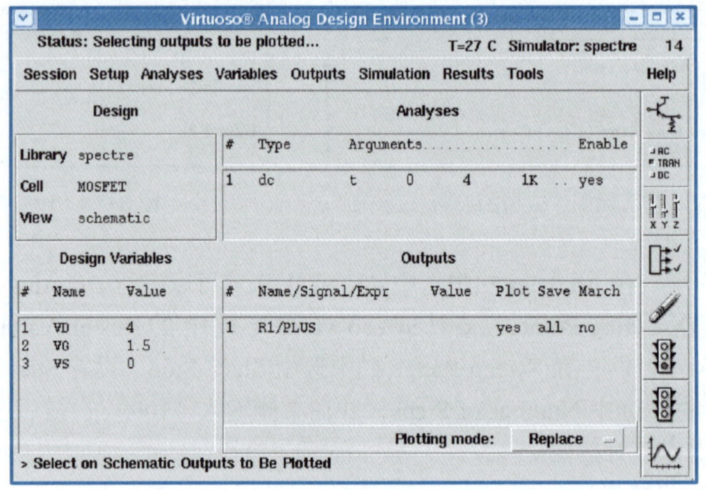

图 3-25 最终设置好的 NMOS 管仿真环境

3. 仿真运行和波形分析

完成以上准备工作后就可以进行仿真了，仿真后可以得到图 3-26 所示的仿真结果。

4. 获取不同 V_G 情况下 NMOS 管的 I–V 曲线

图 3-26 中只有一条曲线，与图 3-15 所示的特性曲线相比，主要是针对某一个固定的栅压所进行的仿真。

为了得到图 3-15 所示的特性曲线，可改变电压 V_G，从 1.5 V 变到 4.5 V，观察输出曲线的变化。

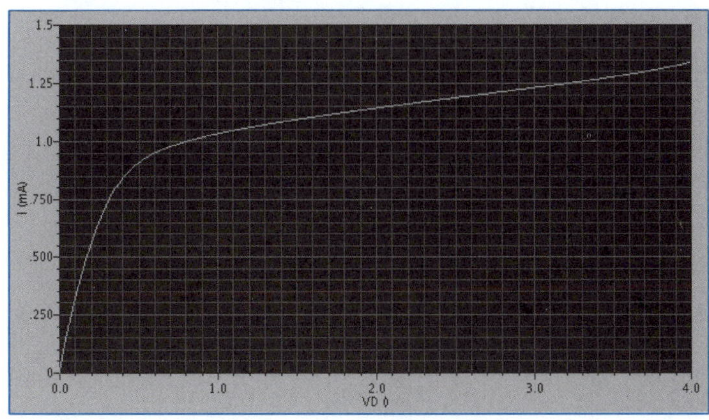

图 3-26　NMOS 管仿真结果

选择图 3-18 中的 Tools → Parametric Analysis 菜单命令，弹出图 3-27 所示窗口。

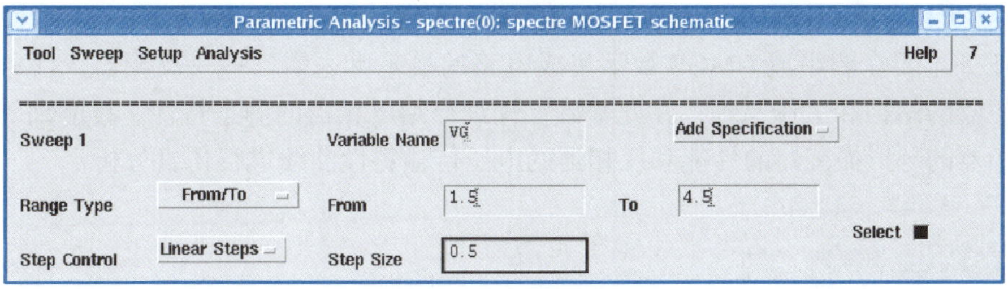

图 3-27　参数化分析

在图 3-27 中，将 Variable Name 设为 VG；将 Range Type 设为 From/To。其中 From 设为 1.5，To 设为 4.5；将 Step Control 设为 Linear Steps，Step Size 设为 0.5；然后选中 Select，并选择 Analysis → Start 菜单命令，开始仿真，得到图 3-28 所示结果。

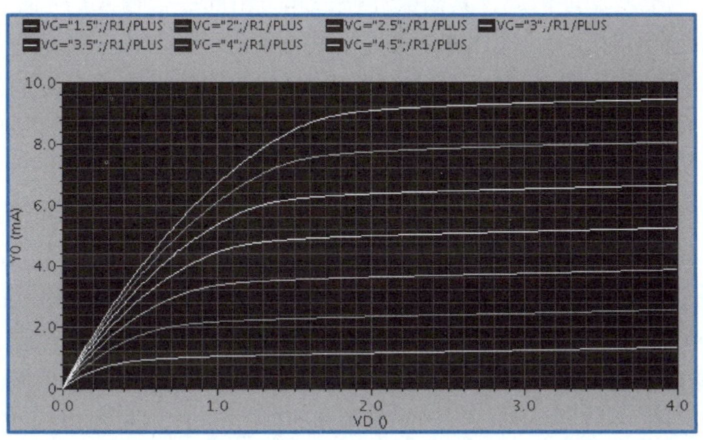

图 3-28　不同 V_G 情况下 NMOS 管的 I–V 曲线

问题讨论

① MOSFET 有哪些结构特点？
② MOSFET 的工作原理是什么？
③ 如何理解 MOSFET 的 $I-V$ 特征曲线？
④ 饱和与非饱和两种工作状态下 MOSFET 的 $I-V$ 方程有什么区别？
⑤ 简述使用 Spectre 工具进行仿真的流程。

任务三 CMOS 反相器设计与验证

任务概述

本任务主要介绍组成 CMOS 数字集成电路的最基本逻辑门——反相器。任务中首先介绍反相器的结构和工作原理，在此基础上详细介绍反相器的静态特性。技能训练部分对基于反相器的环形振荡器的性能和反相器的电压传输特性曲线进行仿真分析。

背景知识

一、CMOS 反相器的结构和工作原理

1. CMOS 反相器的结构

CMOS（complementary metal oxide semiconductor，互补型金属氧化物半导体）数字集成电路是由两个 MOS 管所组成的互补对形成的，这一互补对由一个 PMOS 管和一个 NMOS 管两种导电类型器件构成，其栅极连在一起，由同一个输入信号控制，这样可以保证当一个 MOS 管导通时，另一个 MOS 管处于截止状态。

CMOS 反相器电路如图 3-29 所示。电路中 NMOS 管的衬底总是接地，PMOS 管的衬底总是接电源。所以为了绘制方便，可以省略衬底这一极，常采用图 3-30 所示的简化电路来表示。

图 3-29 所示的 CMOS 反相器是由一个 PMOS 管和一个 NMOS 管构成的，两个 MOS 管形成互补对。PMOS 管与 NMOS 管的栅极连接在一起，作为电路的输入端；漏极连接在一起，作为输出端。NMOS 管的源极和衬底接地（0 V），PMOS 管的源极和衬底接电源（V_{DD}）。

2. CMOS 反相器的工作原理

为帮助理解 CMOS 反相器的工作原理，将其相关电流和电压的值及方向进行标注，如图 3-31 所示。图 3-31 中 NMOS 管的栅源电压 $V_{GSN}=V_i$，漏源电压 $V_{DSN}=V_o$；PMOS 管的栅源电压 $V_{GSP}=V_i-V_{DD}$，漏源电压 $V_{DSP}=V_o-V_{DD}$；流过两个管子的电流分别为 I_{DSN}、I_{DSP}。

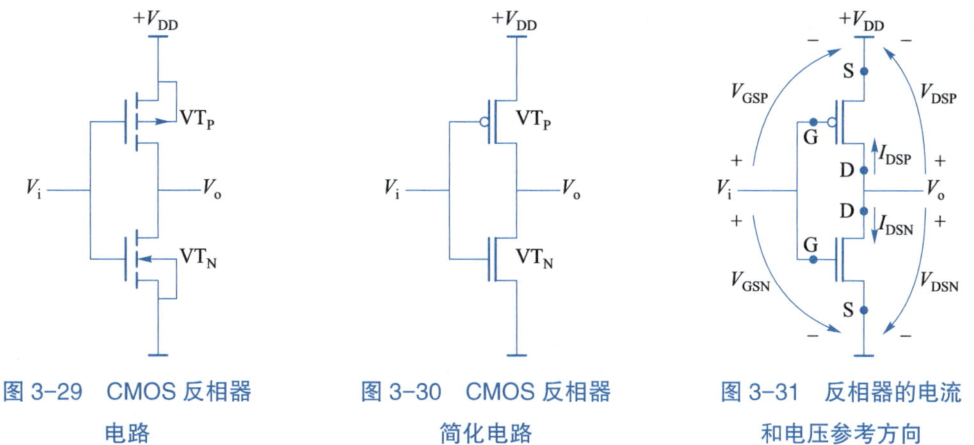

图 3-29　CMOS 反相器电路

图 3-30　CMOS 反相器简化电路

图 3-31　反相器的电流和电压参考方向

下面基于图 3-31 来分析反相器的工作原理。

当反相器输入端输入一个高电平信号（$V_i=V_{OH}=V_{DD}$）时，VT_N 的栅源电压 $V_{GSN}=V_i=V_{DD}>V_{TN}$，故输入管 VT_N 充分导通，工作在非饱和区。VT_P 的栅源电压 $V_{GSP}=V_i-V_{DD}=V_{DD}-V_{DD}=0\ V>V_{TP}$，$VT_P$ 处于截止状态，相当于一个断开的开关。因此输出节点仅通过导通的 VT_N 与 0 V（地）相连，输出为低电平，即 $V_o=V_{OL}=0\ V$。

当反相器输入端输入一个低电平信号（$V_i=V_{OL}=0\ V$）时，$V_{GSN}=V_i=0\ V<V_{TN}$，VT_N 截止，而 $V_{GSP}=V_i-V_{DD}=0\ V-V_{DD}=-V_{DD}<V_{TP}$，负载管 VT_P 充分导通，反相器输出与电源 V_{DD} 相连，输出为高电平，即 $V_o=V_{OH}=V_{DD}$。

可见，反相器输出的逻辑摆幅为全轨输出，其值为

$$V_L=V_{OH}-V_{OL}=V_{DD} \tag{3-4}$$

通过对 CMOS 反相器工作原理的分析可以看到，反相器的输出与输入的逻辑状态总是相反的。这是 CMOS 电路的一个特点，即反相性。在后续的学习中可以看到，通过 MOS 管的串并联可以直接设计出与非门、或非门及与或非门，但是无法直接得到与门、或门和与或门。如果想得到与门，需在与非门输出端连接一个反相器才可以实现。

从 CMOS 反相器的电路结构上可以总结出这样的规律：首先，CMOS 电路是由 NMOS 管和 PMOS 管构成的互补对形成的，并且电路里所有的 NMOS 管的衬底都要接地，所有 PMOS 管的衬底都要接电源；其次，互补对中的 NMOS 管和 PMOS 管的栅极需要共接，并引出输入端，这样一个输入信号可以同时控制两个 MOS 管，保证一个 MOS 管导通时，另一个 MOS 管处于截止状态；最后，电路的输出端总是从 NMOS 管和 PMOS 管漏极相连位置引出，再扩展到其他电路中，即从 NMOS 网络和 PMOS 网络最终连接在一起的部位引出输出端。

二、CMOS 反相器的静态特性

1. 反相器的直流特性

反相器的直流特性曲线是指将 V_o 作为 V_i 的函数，在 0 V 到 V_{DD} 范围内改变 V_i 的值，求出对应的 V_o，而绘制出的 V_o 随 V_i 变化的曲线，即电压传输特性（VTC）曲线，该曲线

所表示的电路特性即为其直流特性。反相器的直流特性曲线如图 3-32 所示。

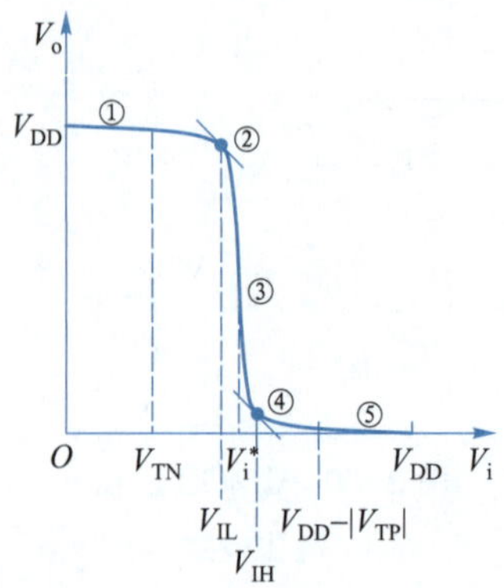

图 3-32 反相器的直流特性曲线

图 3-32 所示的曲线分成五个区域，每个区域内 NMOS 管和 PMOS 管所处的工作状态各不相同，详见表 3-1。

表 3-1 MOS 管工作状态

区域	V_i	V_o	NMOS 管工作状态	PMOS 管工作状态
①	$V_i<V_{TN}$	V_{OH}	截止	非饱和
②	$V_{TN}\leqslant V_i\leqslant V_{IL}$	高，$\approx V_{OH}$	饱和	非饱和
③	$V_{IL}<V_i<V_{IH}$	过渡区	饱和	饱和
④	$V_{IH}\leqslant V_i\leqslant V_{DD}-\lvert V_{TP}\rvert$	低，$\approx V_{OL}$	非饱和	饱和
⑤	$V_i>V_{DD}-\lvert V_{TP}\rvert$	V_{OL}	非饱和	截止

表 3-1 中五个区域反相器的工作状态具体分析如下：

① 当 $V_i<V_{TN}$ 时（区域①），VT_N 截止，VT_P 充分导通，且处于非饱和状态，反相器输出高电平，即 $V_{OH}=V_{DD}$。

② 当增大 V_i 使 $V_{TN}\leqslant V_i\leqslant V_{IL}$ 时（区域②），VT_N 导通，工作于饱和状态，并且随着 V_i 增大，VT_N 导电能力增强（V_{GSN} 增大）。由于此时 VT_P 仍导通，随 V_i 增加输出电压略有下降。此时仍可以认为输出电平为逻辑高电平（$\approx V_{OH}$）。

③ 当 $V_{IL}<V_i<V_{IH}$ 时（区域③），VT_P 工作在饱和区，并且随着 V_i 增大，$|V_{GSP}|$ 减小，VT_P 导电能力下降，输出电压随之下降，曲线下行。这里的电压既不是定义的逻辑 0 也不是定义的逻辑 1，将该区域称为过渡区。此区域非常狭窄，输入电压的一个微小变化便会引起输出电压的很大变化。

④ V_i 继续增大到 $V_{IH}\leqslant V_i\leqslant V_{DD}-|V_{TP}|$ 时（区域④），VT_N 充分导通，工作在非饱和区，输出电压下降近似为 V_{OL}。

⑤ 当 $V_i > V_{DD} - |V_{TP}|$ 时（区域⑤），VT_P 截止，只有 VT_N 导通，反相器输出低电平，即 $V_{OL} = 0$ V。

2. 逻辑电平与电压范围

在数字电路中，高逻辑电平 V_{OH} 和低逻辑电平 V_{OL} 并不是一个额定的电压值，而是一个可接受的电压范围，因此可以根据上述介绍的反相器的直流特性来给出通常所说的逻辑 0 电平和逻辑 1 电平的电压范围，如图 3–33 所示。

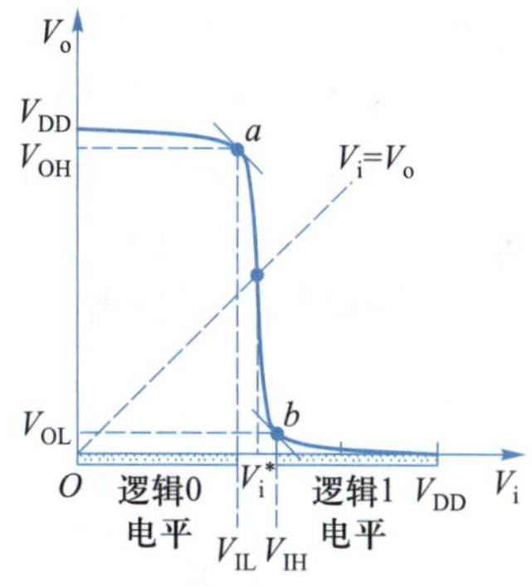

图 3–33　逻辑电平与电压范围

从图 3–33 可以看出，在 $V_i < V_{IL}$ 的电压范围内，输出电压都可以看成逻辑 1 电平，而这个范围内的输入电压都可以看成逻辑 0 电平；相应地，当 $V_i > V_{IH}$ 时，输出电压都可以看成逻辑 0 电平，而输入电压都可以看成逻辑 1 电平。因此 V_{IL} 和 V_{IH} 可以确定逻辑 0 电平和逻辑 1 电平的电压范围，其确切值可以由图 3–33 所示曲线中两个斜率为 –1 的点 a 和 b 确定，具体如下：

① a 点确定了电路输入低电平的最大值 V_{IL}（此时输出端信号为输出高电平的最小值 V_{OH}），则逻辑 0 电平的输入电压范围为

$$0 \leqslant V_i < V_{IL} \tag{3-5}$$

② b 点确定了电路输入高电平的最小值 V_{IH}（对应输出低电平的最大值 V_{OL}），则逻辑 1 电平的输入电压范围为

$$V_{IH} < V_i \leqslant V_{DD} \tag{3-6}$$

3. 反相器中器件宽长比的设计

在图 3–33 中，反相器直流特性曲线与 $V_i = V_o$ 的 45° 直线的交点所对应的输入电压通常称为中点电压 V_i^*，也称为开关阈值。

当 $V_i < V_i^*$ 时，输入电压趋近于逻辑 0 电平；反之，当 $V_i > V_i^*$ 时，输入电压趋近于逻辑 1 电平。所以 V_i^* 为输入过渡变化的中点。

当 $V_i = V_i^*$ 时，NMOS 管和 PMOS 管都工作在饱和区，因此可以采用 MOS 管 $I-V$ 方程中的饱和电流公式来计算该点电压值，即有

$$\frac{K_n}{2}(V_i^* - V_{TN})^2 = \frac{K_p}{2}(V_{DD} - V_i^* - |V_{TP}|)^2 \tag{3-7}$$

整理求得中点电压为

$$V_i^* = \frac{V_{DD} - |V_{TP}| + \sqrt{K_n/K_p}\,V_{TN}}{1 + \sqrt{K_n/K_p}} \tag{3-8}$$

在对称的反相器设计中，要求逻辑 0 电平和逻辑 1 电平的输入电压范围相同，即中点电压 $V_i^* = V_{DD}/2$。若使电路中 MOS 管的阈值电压满足 $V_{TN} = |V_{TP}|$，根据式（3–7）可求出在对称设计中 K_n 和 K_p 满足条件 $K_n/K_p = 1$，则有

$$\frac{K_n}{K_p} = \frac{K'_n\left(\frac{W}{L}\right)_n}{K'_p\left(\frac{W}{L}\right)_p} = 1 \tag{3-9}$$

式中：K'_n 和 K'_p 分别为电子和空穴的本征导电因子，这两个本征导电因子之比的典型值为 2~3。因此，为了满足 $K_n/K_p = 1$，在设计中 NMOS 管和 PMOS 管的宽长比需不同。一般设计时 NMOS 管和 PMOS 管的沟道长度是相同的，这就需要将 PMOS 管的沟道宽度 W_p 设计得宽一些，其与 NMOS 管的沟道宽度 W_n 之间的关系为 $W_p \approx 2W_n$。

4. 反相器的噪声容限

噪声容限（noise margin）是衡量数字逻辑门电路在噪声干扰下能否稳定工作的量，具体来说是指在前一级电路输出为最坏的情况下，为保证后一级电路正常工作，所允许的最大噪声幅度。为使电路能正常工作，噪声容限应越大越好。下面通过图 3-34 来分析反相器的噪声容限。

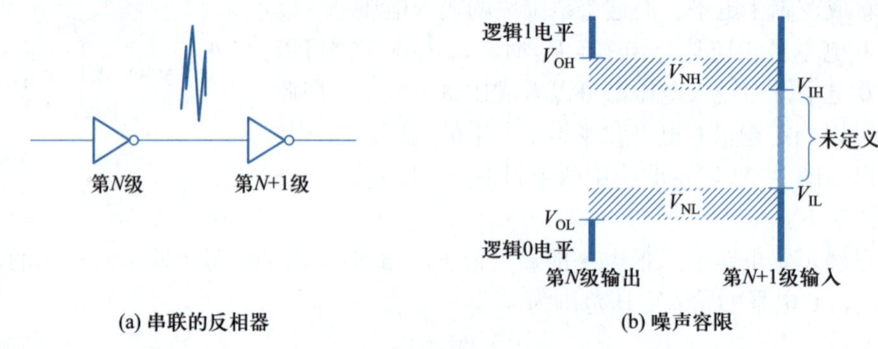

图 3-34 反相器噪声容限的定义

反相器的噪声容限分为低电平噪声容限和高电平噪声容限。低电平噪声容限 V_{NL} 是指第 N 级反相器输出低电平，传递到第 $N+1$ 级作为输入低电平时，为保证电路不破坏截止状态所允许的最大输入噪声电压，用表达式可以表示为

$$V_{NL} = V_{IL} - V_{OL} \quad (3-10)$$

同理，高电平噪声容限 V_{NH} 是指第 N 级反相器输出高电平，传递到第 $N+1$ 级反相器作为输入高电平时，为保证电路不破坏导通状态所允许的最大输入噪声电压，用表达式可以表示为

$$V_{NH} = V_{OH} - V_{IH} \quad (3-11)$$

为了运算方便，可以将噪声容限近似为

$$V_{NL} \approx V_i^* - 0\ \text{V} = V_i^* \quad (3-12)$$

$$V_{NH} \approx V_{DD} - V_i^* \quad (3-13)$$

技能训练 >>>

一、基于反相器的环形振荡器设计与仿真验证

基于反相器的环形振荡器属于产生方波的多谐振荡器，由奇数个反相器首尾相连组成，也称为张弛振荡器或充放电振荡器，其工作特点是储能元件（通常是一个电容）在电路两个门限电平之间来回充电和放电。假设电路保持在一种暂稳态，当储能元件上的电位达到两个门限电平中的某一个时，电路转换到另一种暂稳态，然后储能元件上的电位往相反方向变化，当其到达另一个门限电平时，电路返回原来的暂稳态，如此循环，形成

振荡。

衡量环形振荡器性能的指标主要是振荡频率，因此仿真也针对该指标进行。

1. 设计准备

图 3–35 所示为一个环形振荡器的仿真逻辑图，单元名为 osc_bas。从图 3–35 中可以看出，该振荡器主要由电阻、电容和几个反相器组成，其中有一个二输入与非门电路，因其一个输入固定为高电平，所以也等同于反相器。该振荡器中的电阻为 270 kΩ，电容为 20 pF。

OSCIA
C0
20p
R1
I35
I36
I37
I91
I90
z_nand2
z_inv8
z_inv10
z_inv10
z_inv8
A
B
Y
cp
vdd

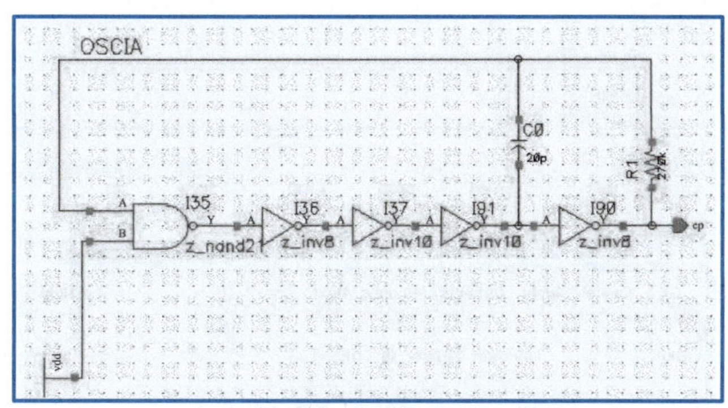

图 3–35　环形振荡器仿真逻辑图

对 osc_bas 开始仿真前需要添加信号源。信号源通常包括输入信号和电源信号两部分。

首先将 osc_bas 复制为 osc_bas_test，然后打开 osc_bas_test 逻辑图，在逻辑编辑窗口内选择 Add → Instance 菜单命令，弹出图 3–36 所示对话框。

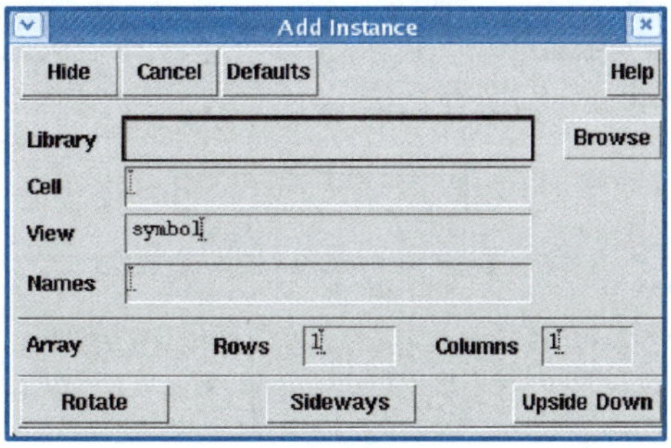

Add Instance
Hide
Cancel
Defaults
Help
Library
Browse
Cell
View
symbol
Names
Array
Rows
1
Columns
1
Rotate
Sideways
Upside Down

图 3–36　添加实例

单击图 3–36 中的 Browse 按钮，选择 analogLib 库 vpulse 单元中的 symbol，如图 3–37 所示，并将其放置在图 3–35 所示的逻辑图中。用同样方法添加 analogLib 库中的 vdd、gnd，并单击逻辑图输入窗口左侧工具栏中的 Wire 按钮，将 vpulse、vdd、gnd 连接好，如图 3–38 所示。

单击选中图 3–38 中的 vpulse，然后按 Q 键，弹出图 3–39 所示对话框，将 Voltage 2 设为 5 V，将 Rise time 设为 10 μs（只需输入数字，软件会自动添加单位）。

按照图 3–39 填写好之后，单击 OK 按钮，即可完成设计准备。

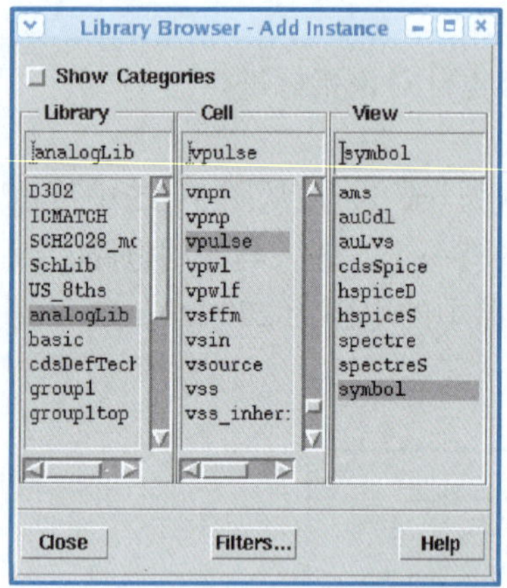

图 3-37　添加电源信号

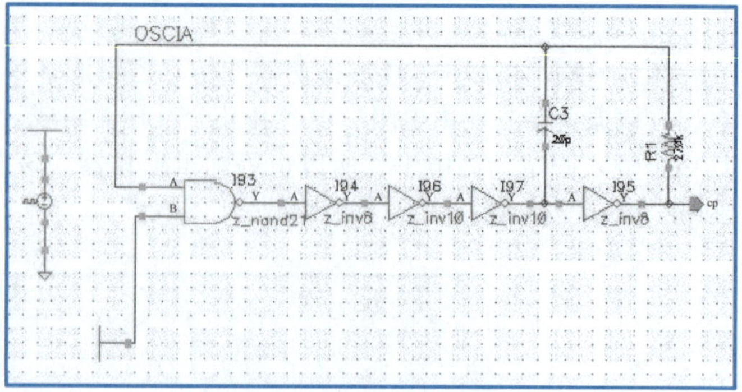

图 3-38　连接电源信号

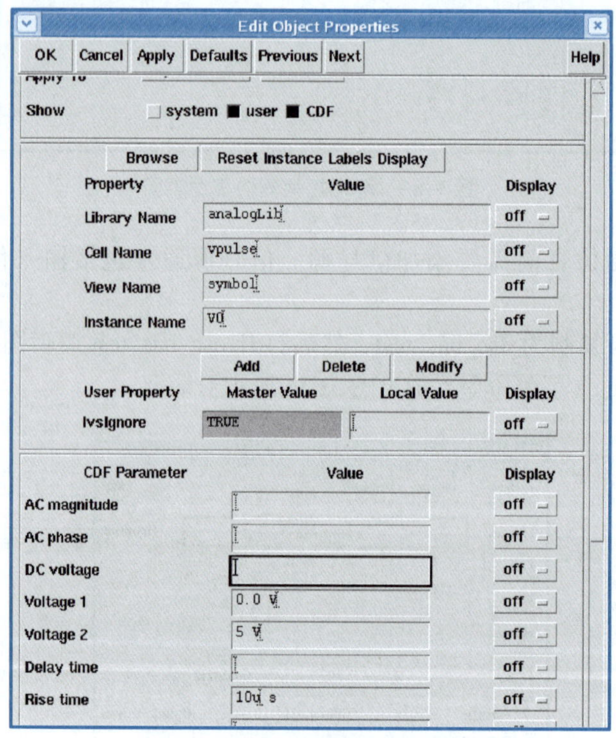

图 3-39　vpulse 参数修改

小提示

对于振荡器模块，电源其实可以使用一个稳定的电压值，因此比添加 vpulse 更简单的是添加一个 vdc，读者可以自行尝试一下。

2. 仿真状态设置

选择逻辑编辑窗口中的 Tools → Analog Environment 菜单命令，弹出图 3-40 所示窗口。从图 3-40 中可以看出，目前正在仿真的设计是 osc_bas_test，是针对 schematic（逻辑图）进行仿真的。

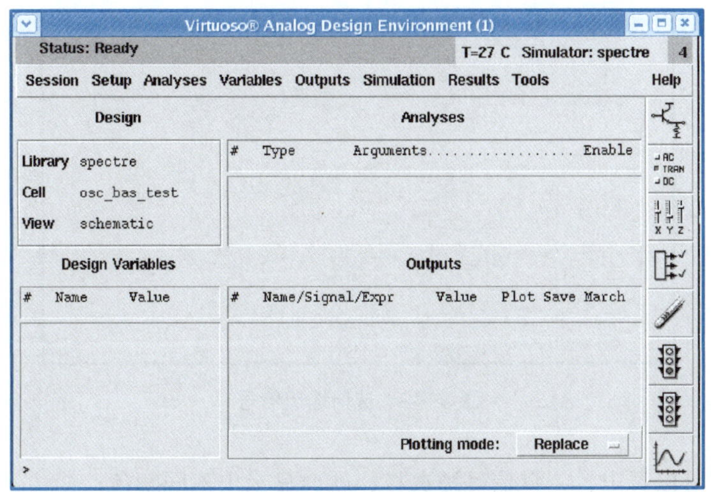

图 3-40　环形振荡器仿真窗口

在正式仿真前，需要在图 3-40 所示窗口中进行以下设置。

（1）选择仿真模型文件

参照本项目任务二的技能训练“MOS 管特性曲线仿真分析”部分进行同样的设置，这里不再重复。

（2）设置仿真类型和时间

选择图 3-40 所示窗口中的 Analyses → Choose 菜单命令，弹出图 3-41 所示对话框，在 Analysis 栏中选中 tran（默认），将 Stop Time 设为 50 μs，然后单击图 3-41 中的 OK 按钮。

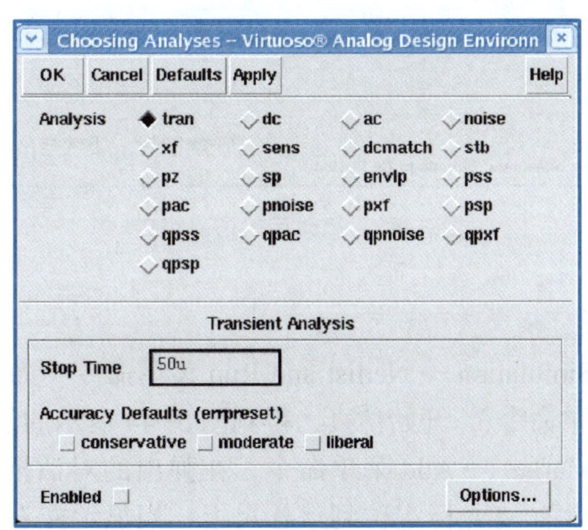

图 3-41　设置仿真类型和时间

（3）选择输出信号

选择图 3-40 所示窗口中的 Outputs → To Be Plotted → Select On Schematic 菜单命令，然后在图 3-38 所示的逻辑图中选择 vdd、cp 两个信号（注意：仿真电压选中的是信号线），如图 3-42 所示。

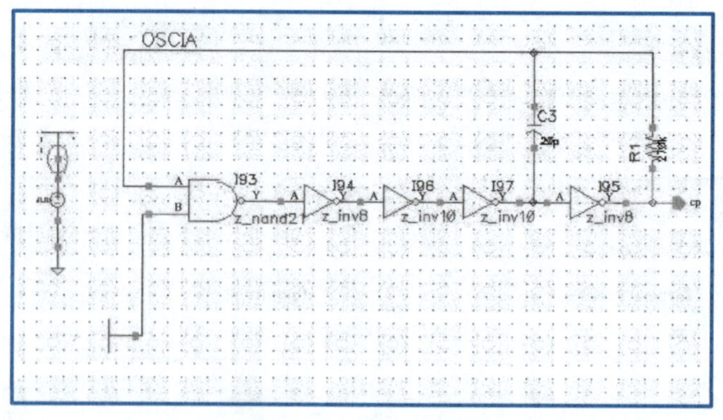

图 3-42

图 3-42　选择输出信号

从图 3-42 可以看出，一旦信号被选择，就会显示出不同颜色。

至此，仿真的前期准备工作就全部结束了，可以看到图 3-40 所示的仿真窗口已经发生了变化，如图 3-43 所示。

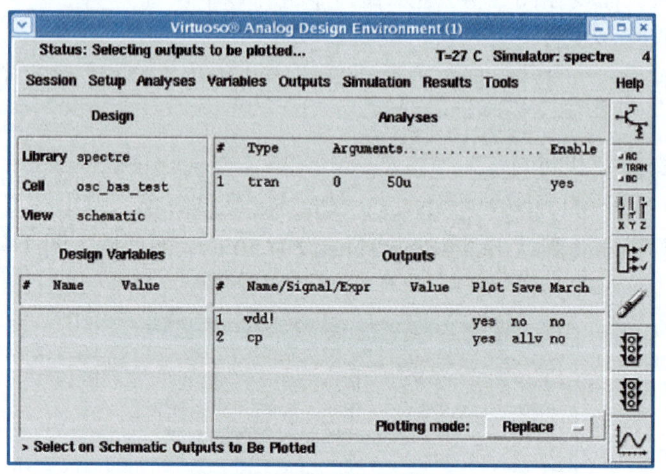

图 3-43　修改后的仿真窗口

3. 仿真运行和波形分析

选择图 3-43 中的 Simulation → Netlist and Run 菜单命令（如果下次仿真时逻辑没有修改，可以选择 Run 菜单命令），开始仿真，得到图 3-44 所示的仿真结果。

选择图 3-44 中的 Marker → Add 菜单命令，在弹出的对话框中单击 OK 按钮，则仿真波形中会添加一个标尺。将光标定位到该标尺上，当显示左右箭头时，可以移动该标尺；当显示上下箭头时，可以上下移动显示不同信号的值。还可以再增加一个标尺，并根据标尺所显示的值计算出环形振荡器的周期 T 约为 12.31 μs，如图 3-45 所示，进而可以计算得到频率 $f = 1/T \approx 81.2$ kHz。

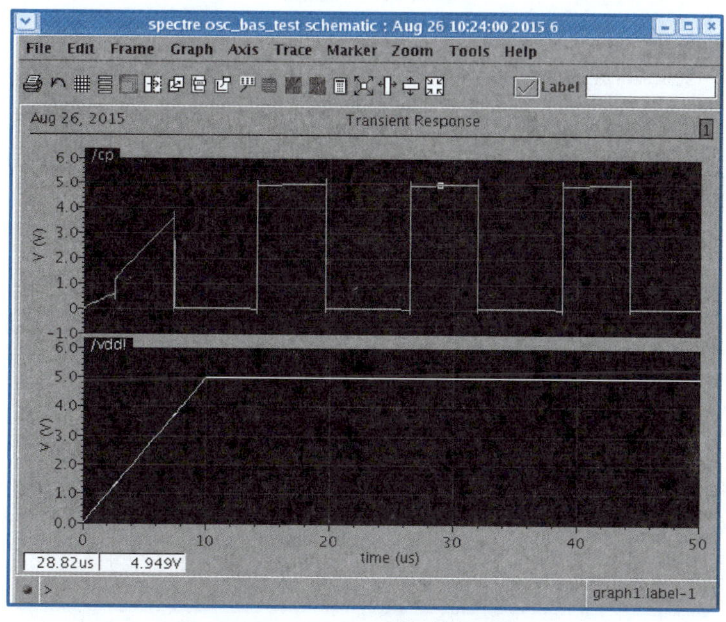

图 3-44　osc_bas 的仿真结果

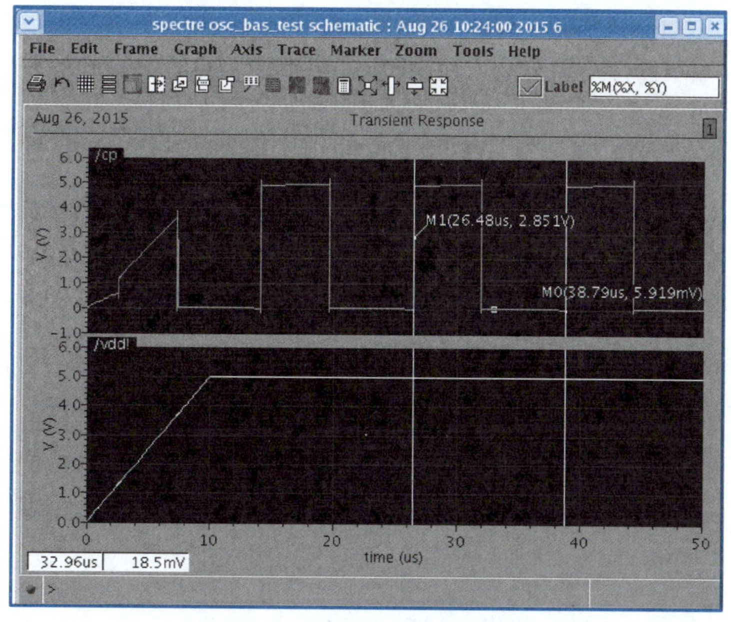

图 3-45　环形振荡器的频率计算

以上仿真的每一步设置都有些烦琐，为了下一次重新进行仿真，可以把这些设置状态保存起来，需要重新仿真时只要把保存下来的设置状态重新加载进来即可。保存设置状态的方法如下：选择图 3-43 中的 Session → Save State 菜单命令，弹出图 3-46 所示对话框，按图示设置 State Save Directory，然后单击 OK 按钮即可。

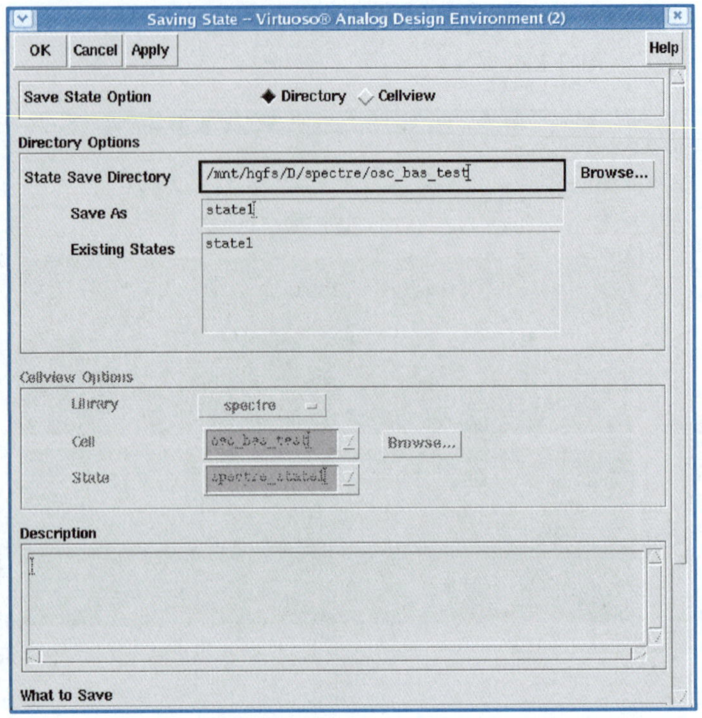

图 3-46　保存仿真设置状态

需要重新仿真时，选择图 3-43 中的 Session → Load State 菜单命令，弹出图 3-47 所示对话框，按照图示进行设置，然后单击 OK 按钮即可。

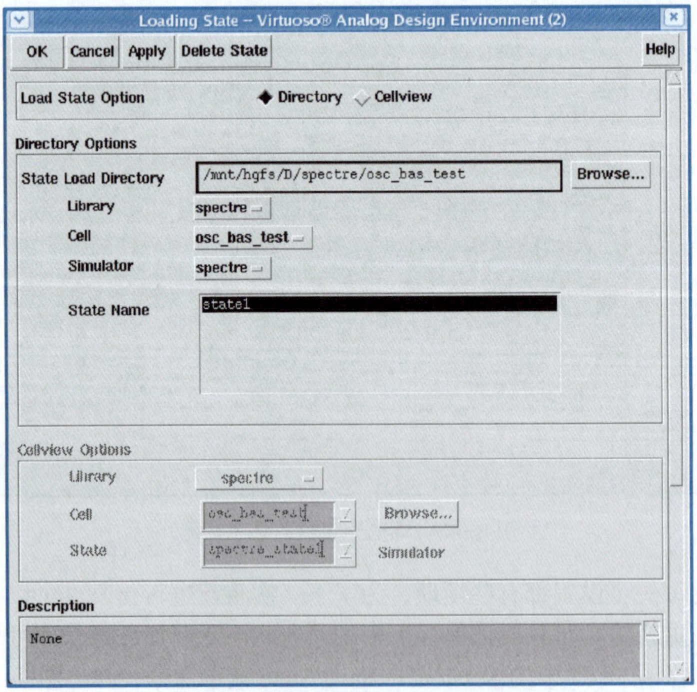

图 3-47　重新加载仿真设置状态

二、CMOS 反相器的电压传输特性曲线仿真分析

在“背景知识”部分的学习中已经了解到反相器的电压传输特性曲线中有五个区域，器件工作状态不同，输出也不同。下面通过仿真手段来进一步认识反相器的电压传输特性。

仿真步骤与环形振荡器的仿真步骤类似，这里仅列出不同部分。

1. 设计准备

反相器的仿真逻辑图如图 3-48 所示。

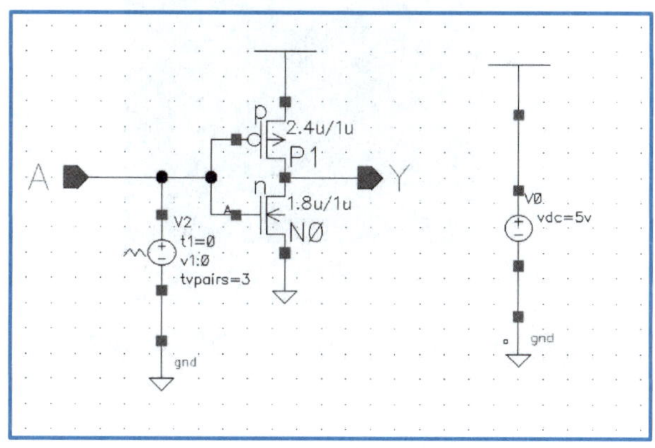

图 3-48 反相器仿真逻辑图

在图 3-48 中，除了要添加电源信号之外，还需要针对输入端 A 施加激励，具体参数如图 3-49 所示。

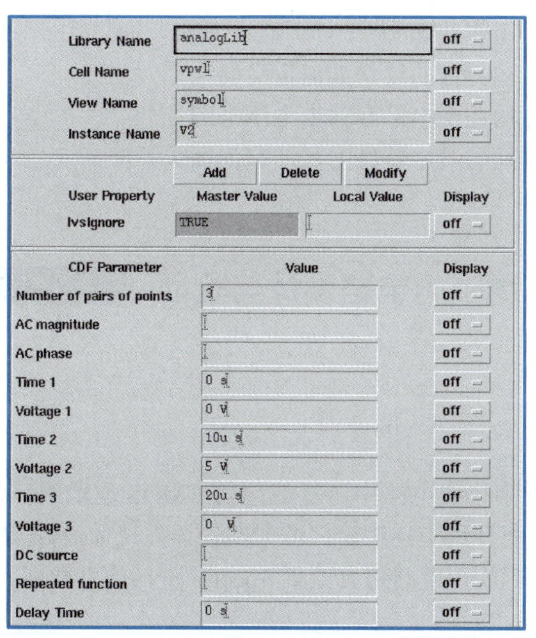

图 3-49 反相器电压传输特性曲线仿真激励信号

2. 仿真状态设置

这部分中，仿真模型文件的选择、仿真类型和时间的设置，以及输出信号的选择等均与前面的技能训练案例类似，这里不再重复。

3. 仿真运行和波形分析

反相器电压传输特性曲线仿真结果如图 3−50 所示。

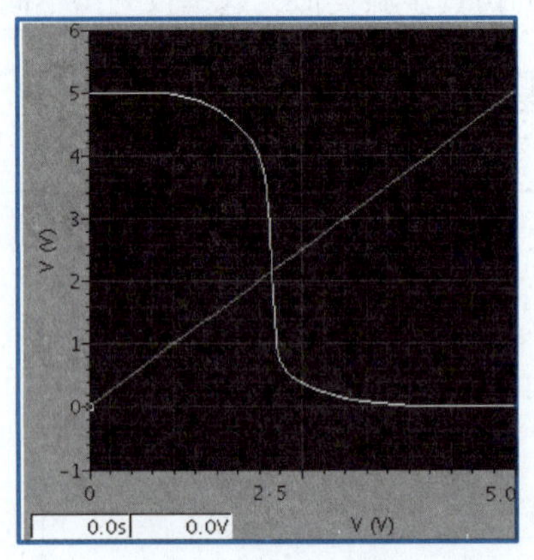

图 3−50

图 3−50　反相器电压传输特性曲线仿真结果

在图 3−50 中，输入为一个线性信号，绿色的输出线从高电平到低电平，红色线为 $V_o = V_i$ 线，其与输出线的交叉点处对应的输入即为前面介绍的中点电压。

问题讨论 >>>

① 反相器有哪五种工作状态？

② 反相器的电压传输特性曲线是如何定义的？

③ 如何理解反相器的逻辑电平和输出电压范围？

④ 反相器的输出特性与其中器件的尺寸有什么关系？

任务四　CMOS 逻辑门电路设计与验证

任务概述 >>>

本任务主要分析数字集成电路中广泛使用的 CMOS 逻辑门，包括基本逻辑门、复合逻辑门、传输门等，主要介绍上述逻辑门的电路、器件尺寸设计及其应用，技能训练部分以与非门电路为例，采用模拟电路仿真工具 Spectre 进行仿真验证。

背景知识

一、CMOS 互补对

CMOS 互补对都是由一个 NMOS 管和一个 PMOS 管构成的，这两个管子的栅极连在一起，用同一输入信号进行控制。任务三中介绍的反相器就是一个典型的 CMOS 互补对。

在 CMOS 电路设计分析中，可将任务二中介绍的 MOS 管看成一个由栅电压控制的开关，其中 NMOS 管可看成高电平控制开关，当输入信号为高电平时开关闭合，当输入信号为低电平时开关断开；而 PMOS 管则可看成低电平控制开关，当输入信号为低电平时开关闭合，当输入信号为高电平时开关断开。

因此在任何一个输入状态下，CMOS 互补对中只有一个 MOS 管是导通的。以反相器这一互补对为例，通过 NMOS 管将输出端与地（0 V）连接，当 NMOS 管导通时可以传递逻辑 0 信号；通过 PMOS 管将输入端与电压 V_{DD} 连接，当 PMOS 管导通时可以传递逻辑 1 信号。所以，由 NMOS 管构成的电路部分称为下拉网络，由 PMOS 管构成的电路部分称为上拉网络。

下面以图 3-51 所示的 CMOS 逻辑规则来分析一下 NMOS 逻辑和 PMOS 逻辑的结构特点。

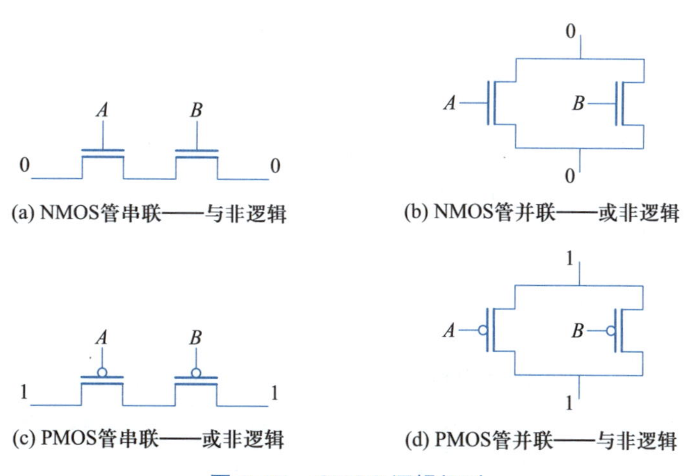

图 3-51　CMOS 逻辑规则

图 3-51（a）所示为 NMOS 管串联逻辑规则。若想将图中串联链一端的 0 信号传递到另一端，则所有 NMOS 管的输入必须均为高电平，有 $A \cdot B=0$，则 $\overline{A \cdot B}=1$，所以串联的 NMOS 管实现了与非逻辑。同样，若想使 NMOS 管并联结构 [见图 3-51（b）] 能够将一端的 0 信号传递到另一端，则两个并联的 NMOS 管中应至少有一个的输入为逻辑 1，有 $A+B=0$，即 $\overline{A+B}=1$，此时 NMOS 网络实现了或非逻辑。

依此可推断出 PMOS 网络的逻辑规则。只有当图 3-51（c）中两个 PMOS 管都输入低电平时，串联的 PMOS 网络才能导通，以传递 1 信号，有 $\overline{A+B}=1$，实现了或非逻辑。当图 3-51（d）中至少一个输入为低电平时，并联的 PMOS 管中至少有一个导通，

则 $\overline{A \cdot B}=1$，实现了与非逻辑。

总结以上分析可以得到这样的结论：NMOS 管串联实现与非逻辑，并联实现或非逻辑；PMOS 管并联实现与非逻辑，串联实现或非逻辑。

可以看出，串联的 NMOS 管对应的是并联的 PMOS 管，而并联的 NMOS 管对应的是串联的 PMOS 管，这种原理称为对偶原理，对应的规则称为串并联规则。在设计电路时，通常采用串并联规则先设计出 NMOS 逻辑，再根据对偶原理实现 PMOS 管的连接。

二、CMOS 基本逻辑门

1. CMOS 与非门的结构

根据上面讨论的 CMOS 逻辑规则，要想实现与非逻辑，需将 NMOS 管串联，其对应的对偶结构应该是 PMOS 管并联。设计方法如下：

① 对每个输入使用一个 NMOS/PMOS 管互补对。

② 输出端通过 PMOS 管与电源 V_{DD} 相连，通过 NMOS 管与地（0 V）相连。

③ 确保输出总是一个正确定义的高电平或低电平。

按照这一方法，可以得到图 3-52（a）所示的电路结构。

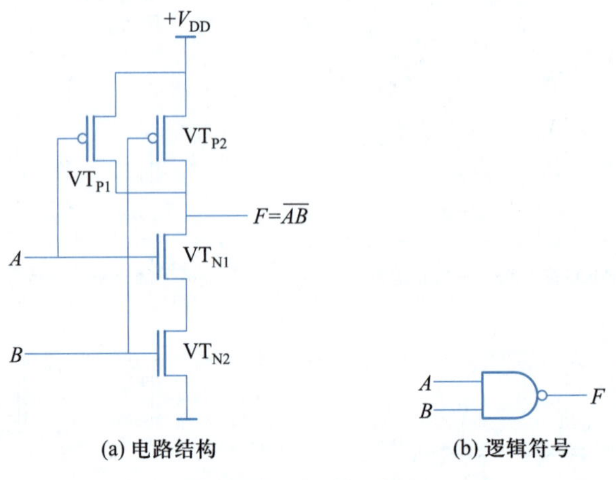

(a) 电路结构　　(b) 逻辑符号

图 3-52　与非门电路

图 3-52（a）中将 VT_{N1} 和 VT_{N2} 两个 NMOS 管串联，VT_{P1} 和 VT_{P2} 两个 PMOS 管并联，VT_{N1} 的漏极和 VT_{P1}、VT_{P2} 的漏极连接在一起引出输出端 F。将 NMOS 管串联链的一端接地，使输出端通过 NMOS 管接地；两个并联的 PMOS 管接电源，通过 PMOS 管将输出端与电源连接。VT_{P1}、VT_{N1} 的栅极连接在一起作为输入端 A，VT_{P2}、VT_{N2} 的栅极连接在一起作为输入端 B。这样的连接方式可以使 VT_{P1}、VT_{N1} 和 VT_{P2}、VT_{N2} 形成两组互补对，在输入状态稳定的情况下，每个互补对中只有一个 MOS 管处于导通状态。图中采用了简化符号，默认所有 NMOS 管衬底接地，PMOS 管衬底接电源。图 3-52（b）所示为与非门电路的逻辑符号。

下面来分析一下与非门电路的工作机理。

当 A 和 B 同时输入逻辑 0（0 V）时，VT_{N1} 和 VT_{N2} 均截止，VT_{P1} 和 VT_{P2} 均导通。此时通过导通的 PMOS 管将高电平（V_{DD}）传送到输出端，输出为高电平 1。若 A 或 B 中有一个输入为逻辑 0，另一个输入为逻辑 1，则两个 NMOS 管中只有一个导通，另一个截止，NMOS 网络对地没有通路，不能传送信号；而两个 PMOS 管中总有一个导通，将 PMOS 网络另一端的 1 信号传送到输出端，因此输出为高电平 1。只有当 A 和 B 同时输入逻辑 1 时，VT_{N1} 和 VT_{N2} 才同时导通，而 VT_{P1} 和 VT_{P2} 同时截止，输出端通过导通的 NMOS 网络与地相连，输出低电平 0。所以电路实现了与非逻辑功能，其逻辑式为 $F=\overline{A\cdot B}$。

2. CMOS 或非门的结构

按照上述类似方法可以设计出图 3-53 所示的或非门电路。

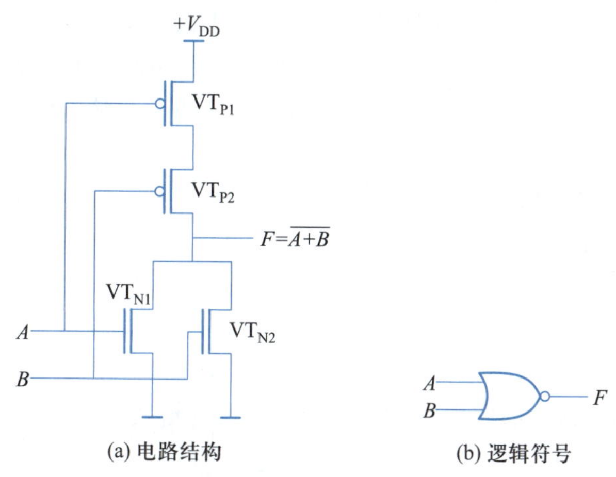

(a) 电路结构　　(b) 逻辑符号

图 3-53　或非门电路

图 3-53（a）中，两个 NMOS 管 VT_{N1} 和 VT_{N2} 并联，两个 PMOS 管 VT_{P1} 和 VT_{P2} 串联，形成对偶结构。同样，将 VT_{N1} 和 VT_{P1} 的栅极连接作为输入端 A，VT_{N2} 和 VT_{P2} 的栅极连接作为输入端 B，VT_{P2} 的漏极与 VT_{N1}、VT_{N2} 的漏极连接在一起引出输出端 F。

当 A 和 B 同时输入逻辑 0 时，VT_{N1} 和 VT_{N2} 均截止，VT_{P1} 和 VT_{P2} 均导通，通过导通的 PMOS 网络将 V_{DD} 传送到输出端，输出为逻辑 1。若 A 或 B 中只有一个输入为逻辑 1，另一个输入为逻辑 0，则两个并联的 NMOS 管中总有一个导通，而两个串联的 PMOS 管中总有一个截止，使得 PMOS 网络断路，逻辑 0（接地）通过导通的 NMOS 管传送到输出端，输出为逻辑 0。当 A 和 B 同时输入逻辑 1 时，VT_{N1} 和 VT_{N2} 均导通，VT_{P1} 和 VT_{P2} 均截止，输出仍为逻辑 0。所以电路实现了或非逻辑功能，其逻辑式为 $F=\overline{A+B}$。

3. CMOS 与非门和或非门的器件尺寸设计

在设计逻辑门中器件的尺寸时需要考虑电路的开关速度，即考虑门的工作速度。与非门的充放电电路如图 3-54 所示，通过采用“最坏情况”的上升时间和下降时间来进行估算。

充电时的最坏情况是只有一个 PMOS 管导电，则上升时间与反相器上升时间的计算方法相同。在放电过程中，C_{out} 通过两个 NMOS 管放电，等效寄生电阻值为 $2R_{on}$，若器件尺寸相同，与非门的下降时间为反相器的 2 倍。可见，下降时间受串联 NMOS 网络的影响。

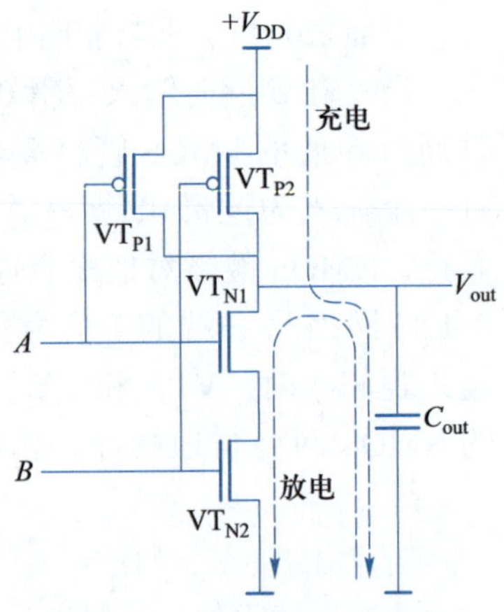

图 3-54　与非门的充放电电路

因此，为了使与非门的开关时间与反相器相同，设计中应将两个串联的 NMOS 管的尺寸设计为单个 NMOS 管的 2 倍，而两个并联的 PMOS 管的尺寸则与单个 PMOS 管相同。

由于串联的 NMOS 管的尺寸要增大，这就导致芯片面积的增加，所以在电路设计中应尽量避免多个 MOS 管串联的情况，尤其是多个 PMOS 管串联。

用同样的方法可以设计或非门中器件的尺寸。串联的 PMOS 管会引起过多的逻辑延时，使上升时间 t_r 增加，可见上升时间受串联 PMOS 网络的影响。为避免上升时间增加，需将两个串联 PMOS 管的宽长比增大到原来的 2 倍，两个并联 NMOS 管的宽长比与单个 NMOS 管相同。

三、CMOS 复合逻辑门

1. 与或非门（AOI）

（1）AOI21

与或非门的电路形式在数字电路中经常用到，其逻辑式为

$$F=\overline{AB+C} \tag{3-14}$$

与或非门的逻辑符号和电路结构如图 3-55 所示。

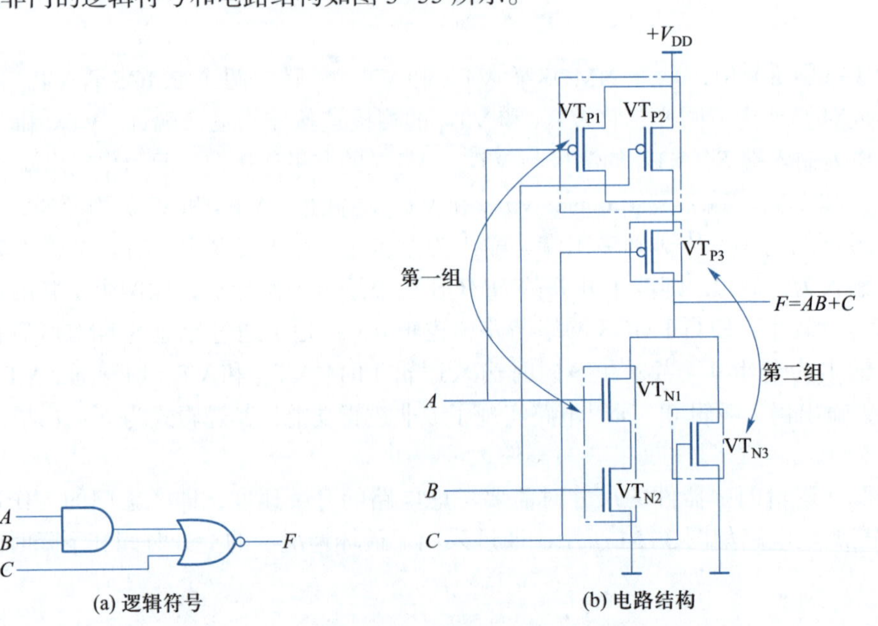

图 3-55　与或非门电路

与或非门的 NMOS 电路可以按以下方式构成：

第一组：输入为 A 和 B 的 NMOS 管串联，实现与逻辑。

第二组：第一组与输入为 C 的 NMOS 管并联，实现或逻辑。

图 3-55（b）清晰地显示了上述各组连接方式。PMOS 管采用对偶原则连接，即串联的 NMOS 管对应并联的 PMOS 管，并联的 NMOS 管对应串联的 PMOS 管。每组 PMOS 管的结构与具有同样输入的一组 NMOS 管相对应，可得到 PMOS 电路的连接方式如下：

第一组：输入为 A 和 B 的 PMOS 管并联，实现与逻辑。

第二组：第一组与输入为 C 的 PMOS 管串联，实现或逻辑。

最后，在 NMOS 电路和 PMOS 电路的连接处引出输出端，实现非逻辑。

与或非门的工作原理为：当 $A=B=C=0$ 时，NMOS 管均截止，PMOS 管均导通。V_{DD} 通过导通的 PMOS 网络传送到输出端，输出为 1。当 $AB=1$ 或 $C=1$ 时，VT_{N1}、VT_{N2} 均导通，或者 VT_{N3} 导通，NMOS 网络与地（0 V）导通，而 VT_{P1} 和 VT_{P2} 截止，或者 VT_{P3} 截止，PMOS 网络与电源（V_{DD}）不导通，此时逻辑 0 信号通过导通的 NMOS 网络传送到输出端，输出为 0。当 $A=B=C=1$ 时，VT_{N1}、VT_{N2}、VT_{N3} 均导通，VT_{P1}、VT_{P2}、VT_{P3} 均截止，PMOS 网络与 V_{DD} 不导通，输出仍为 0。

通过真值表、卡诺图等方式可以验证图 3-55（b）所示电路是否能实现与或非逻辑，这里不再详细说明。

图 3-55 所示的与或非门电路通常称为 AOI21，其中“2”表示两个输入信号 A、B 进行与运算，“1”表示 A、B 进行与运算后再与一个输入信号 C 进行或非运算。

除了图 3-55 所示的 AOI21 外，还有其他的与或非逻辑，下面分别介绍。

（2）AOI31

AOI31 的逻辑式为

$$F=\overline{ABC+D} \tag{3-15}$$

其逻辑符号如图 3-56 所示。由图 3-56 可以看出，AOI31 是指三个输入信号 A、B、C 进行与运算，然后再与一个输入信号 D 进行或非运算。

（3）AOI22

AOI22 的逻辑式为

$$F=\overline{AB+CD} \tag{3-16}$$

其逻辑符号如图 3-57 所示。由图 3-57 可以看出，AOI22 是指两个输入信号 A、B 进行与运算，另外两个输入信号 C、D 也进行与运算，再将以上两组与运算的结果进行或非运算。

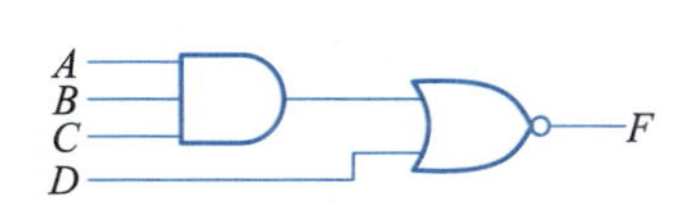

图 3-56　与或非门 AOI31 的逻辑符号

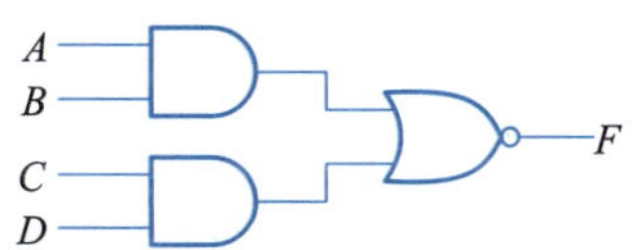

图 3-57　与或非门 AOI22 的逻辑符号

（4）AOI211

AOI211 的逻辑式为

$$F=\overline{AB+C+D} \tag{3-17}$$

其逻辑符号如图 3-58 所示。由图 3-58 可以看出，AOI211 是指两个输入信号 A、B 进行与运算，然后再与另外两个输入信号 C、D 进行或非运算。

上述 AOI31、AOI22、AOI211 只是众多与或非逻辑中的几个例子而已，其他与或非逻辑可以用通用表达式 AOI*mnxy* 来表示，其中 m 可以是 2 以上的整数，而 n、x、y 分别可以是 1 以上的整数。AOI*mnxy* 表示 m、n、x、y 个输入信号进行与运算，再将以上与运算的结果进行或非运算，其逻辑符号如图 3-59 所示。

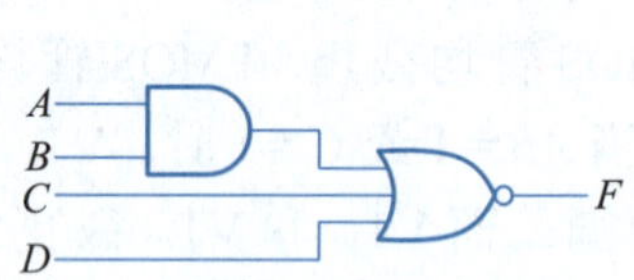

图 3-58　与或非门 AOI211 的逻辑符号

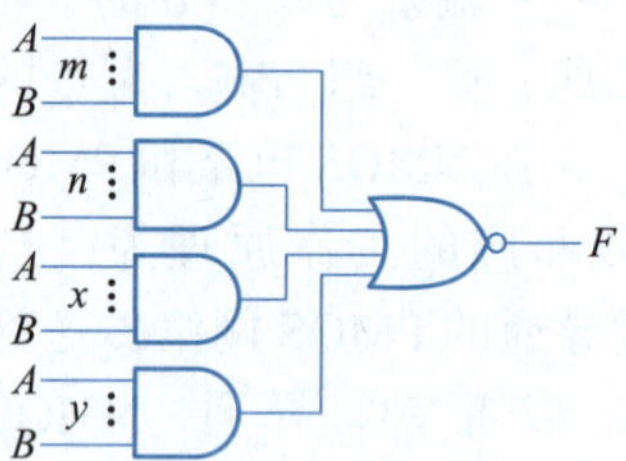

图 3-59　与或非门 AOI*mnxy* 的逻辑符号

2. 或与非门（OAI）

采用同样的方法还可以设计出或与非门电路。

一般化的或与非逻辑式为

$$F=\overline{(A+B)\cdot C} \tag{3-18}$$

或与非门的逻辑符号如图 3-60（a）所示。

按照设计与或非门的方法，或与非门的 NMOS 电路如下：

第一组：输入为 A 和 B 的 NMOS 管并联，实现或逻辑。

第二组：第一组与输入为 C 的 NMOS 管串联，实现与逻辑。

PMOS 管采用对偶原则得到，连接方式如下：

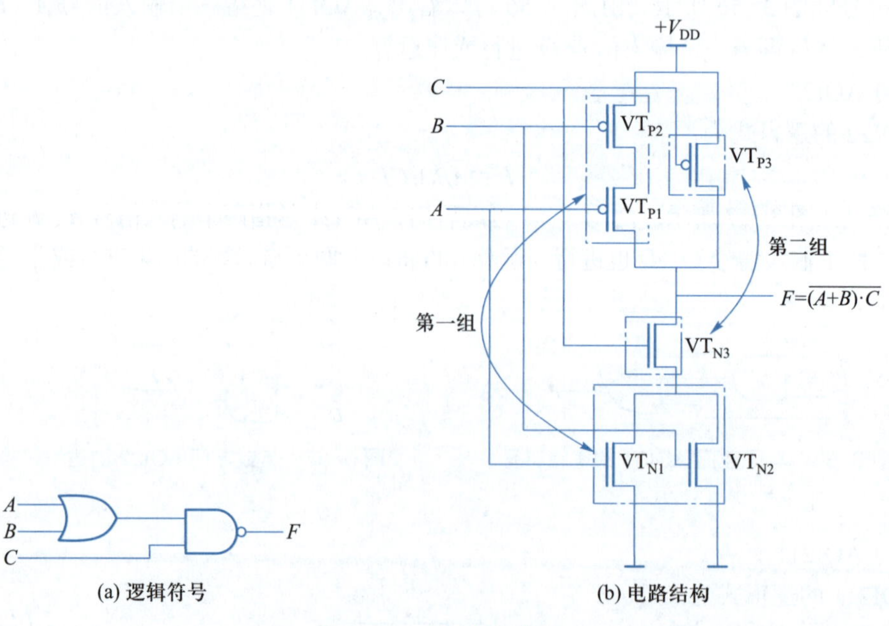

图 3-60　或与非门电路

第一组：输入为 A 和 B 的 PMOS 管串联，实现或逻辑。

第二组：第一组与输入为 C 的 PMOS 管并联，实现与逻辑。

设计完成的或与非门的电路结构如图 3-60（b）所示。

对比与或非门电路可以看出，或与非门电路的连接方式和与或非门的连接方式刚好相反。

图 3-60 所示的或与非门通常称为 OAI21，其中“2”表示两个输入信号 A、B 进行或运算，“1”表示 A、B 进行或运算后再与一个输入信号 C 进行与非运算。

同与或非逻辑一样，除了图 3-60 所示的 OAI21 外，还有其他的或与非逻辑，可以用通用表达式 OAI$mnxy$ 来表示，其中 m 可以是 2 以上的整数，而 n、x、y 分别可以是 1 以上的整数。OAI$mnxy$ 表示 m、n、x、y 个输入信号进行或运算，再将以上或运算的结果进行与非运算，其逻辑符号如图 3-61 所示。

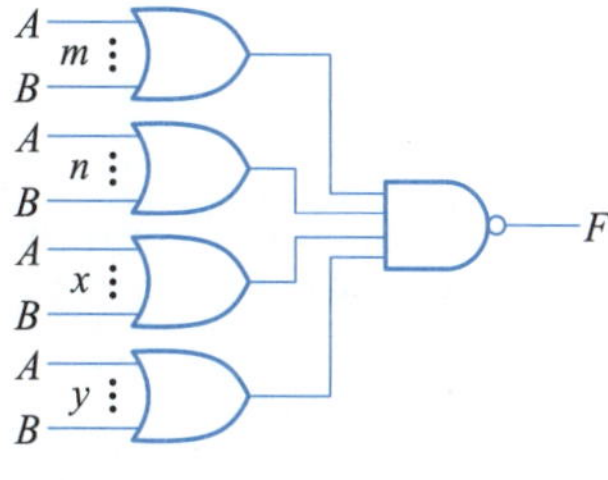

图 3-61　或与非门 OAI$mnxy$ 的逻辑符号

3. 异或门

异或门的逻辑式为

$$F=A\oplus B=\overline{A}B+A\overline{B} \tag{3-19}$$

它实现的是两个输入变量相同时输出为 0，相异时输出为 1 的逻辑功能。

由于 CMOS 电路的反相特性，不能直接得到式（3-19）所描述的电路结构，需要将其改写为某个函数取反的形式。根据摩根定律有

$$F=A\oplus B=\overline{A\odot B}=\overline{\overline{A}\,\overline{B}+AB} \tag{3-20}$$

若要实现该逻辑功能，需要两个非门用以实现输入信号 A、B 的反，还需要一个由 8 个 MOS 管构成的与或非门，即电路中一共需要 12 个 MOS 管。

如果将式（3-20）整理一下，则可以用更少的 MOS 管来实现该逻辑功能，有

$$\overline{\overline{A}\,\overline{B}+AB}=\overline{\overline{A+B}+AB} \tag{3-21}$$

这种形式的异或门电路有两级：第一级是输入为 A 和 B 的或非门，第二级为与或非门。参照与或非门的设计方法，可以按如下方式构成电路：

① 实现第一级电路结构：输入为 A 和 B 的 NMOS 管并联，对应输入为 A 和 B 的 PMOS 管串联。该电路的输出逻辑式为 $\overline{A+B}$。

② 将第一级电路的输出函数作为第二级电路中 VT_{N3} 的输入变量，实现第二级电路的 NMOS 结构。

第一组：输入为 A 和 B 的 NMOS 管串联。

第二组：输入为 $\overline{A+B}$ 的 NMOS 管与第一组并联。

③ 采用串并联结构规则（对偶规则），将与 NMOS 结构相对应的具有同样输入的一组 PMOS 结构画出。

第一组：输入为 A 和 B 的 PMOS 管并联。

第二组：输入为 $\overline{A+B}$ 的 PMOS 管与第一组串联。

④ 将所有的 PMOS 网络与电源连接，NMOS 网络与地连接，并在 NMOS 网络与 PMOS 网络相连接处引出输出端，最终得到图 3-62 所示的电路结构。该电路中只使用了 10 个 MOS 管，节省了芯片面积。

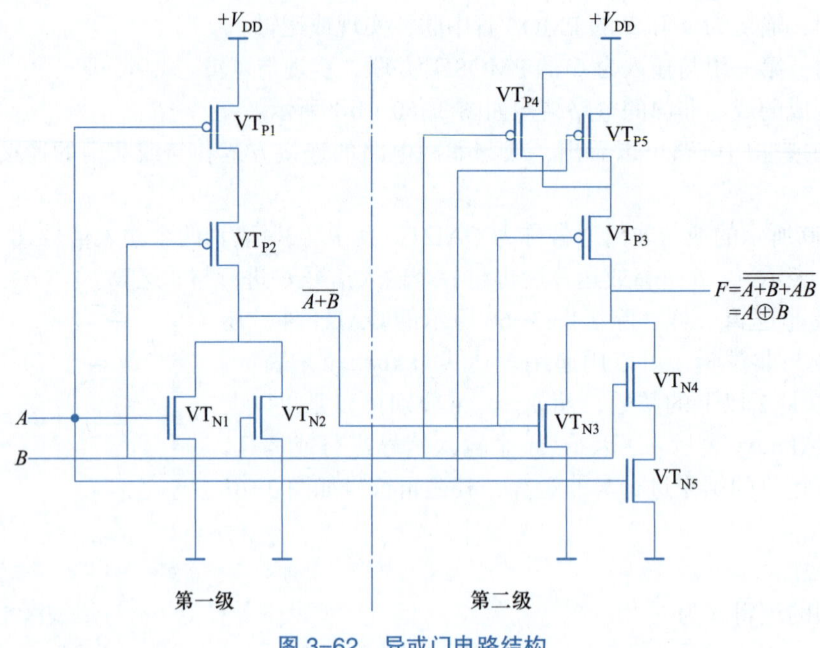

图 3-62　异或门电路结构

4. 同或门

同或门也称为异或非门，其逻辑式与异或门的逻辑式互为反函数，所以其电路连接方式与异或门电路的连接方式相反。其逻辑式可表示为

$$F=A\odot B=AB+\overline{A}\ \overline{B} \tag{3-22}$$

同或门实现的逻辑功能是：当两个输入变量相同时，输出为 1；当两个输入变量相异时，输出为 0。

按照上面同样的分析方法，可得到同或门电路结构如图 3-63 所示。

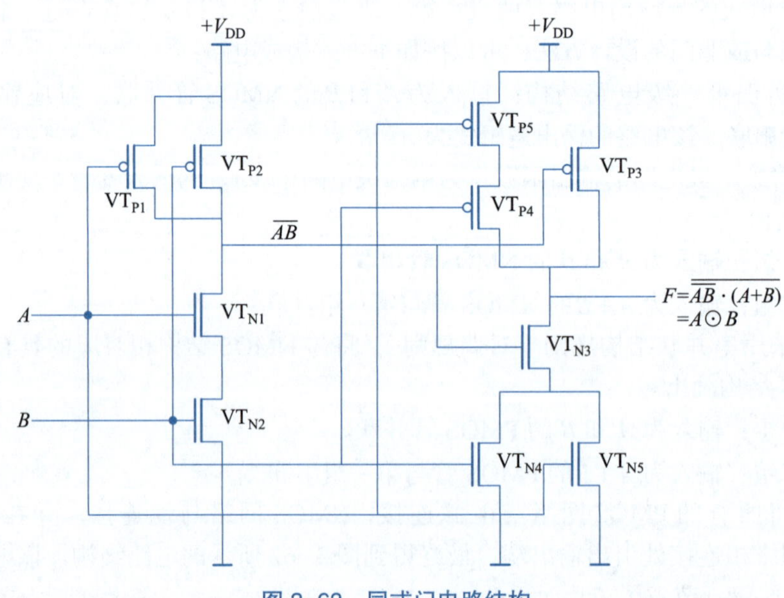

图 3-63　同或门电路结构

四、CMOS 传输门

传输门在电路中往往作为一种电子开关使用，可以双向传递信号。

目前传输门的主要形式为 CMOS 传输门，即用 NMOS 管传送逻辑 0，用 PMOS 管传送逻辑 1，构建一个可以传送理想逻辑电平 0 V 和 V_{DD} 的互补电路。将 NMOS 管和 PMOS 管并联起来，就构成了图 3-64 所示的 CMOS 传输门电路。将提供给两个 MOS 管的栅电压也设置成互补信号，这样保证两个 MOS 管可以同时导通或截止，使 CMOS 传输门成为受信号 C 控制的双向开关。

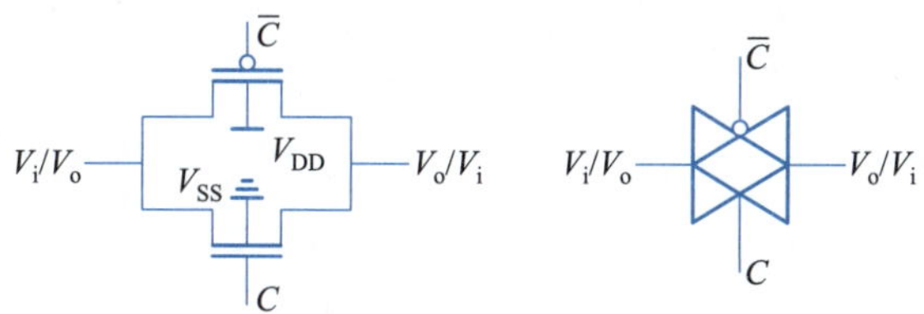

图 3-64　CMOS 传输门电路结构和逻辑符号

图 3-64 所示传输门的工作原理为：如果控制信号 $C=1$，则 $\overline{C}=0$，NMOS 管和 PMOS 管同时导通，传输门开启，可以双向传送电平信号。此时若传送逻辑 0，则当输出端电位下降到 PMOS 管截止后，可以通过 NMOS 管使 V_o 最终达到与 V_i 相同的逻辑 0。同理，若传送逻辑 1，则在 NMOS 管截止后，可以通过 PMOS 管使 V_o 最终达到与 V_i 相同的逻辑 1。

当控制信号 $C=0$，$\overline{C}=1$ 时，两个 MOS 管同时截止，CMOS 传输门此时的作用相当于一个断开的开关。输入、输出间为开路状态。这种状态也称为高阻状态。

小提示

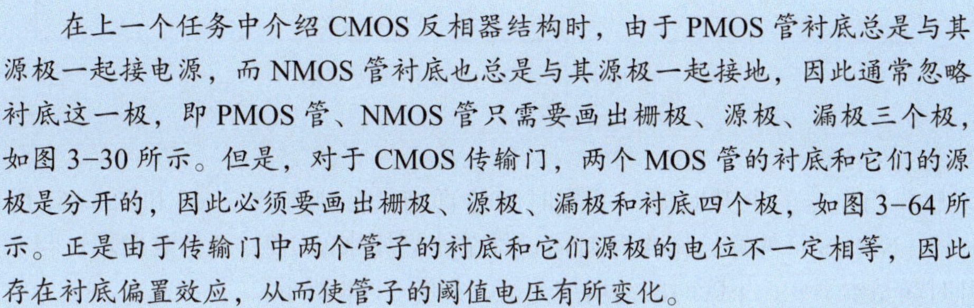

在上一个任务中介绍 CMOS 反相器结构时，由于 PMOS 管衬底总是与其源极一起接电源，而 NMOS 管衬底也总是与其源极一起接地，因此通常忽略衬底这一极，即 PMOS 管、NMOS 管只需要画出栅极、源极、漏极三个极，如图 3-30 所示。但是，对于 CMOS 传输门，两个 MOS 管的衬底和它们的源极是分开的，因此必须要画出栅极、源极、漏极和衬底四个极，如图 3-64 所示。正是由于传输门中两个管子的衬底和它们源极的电位不一定相等，因此存在衬底偏置效应，从而使管子的阈值电压有所变化。

技能训练 >>>

与非门电路的设计及开关特性仿真

前面“背景知识”部分介绍了与非门电路中器件宽长比与开关特性参数之间的关系，这里通过实际的仿真来进一步加深对这部分知识的理解。

1. 仿真逻辑

在图 3-65 所示的与非门电路仿真逻辑图中，在电源端、两个输入端分别添加相关信号，同时为清楚地分析开关特性，在输出端加了一个较大的负载电容。图中 PMOS 管的宽长比为 2.4/1，NMOS 管的宽长比为 3.6/1。

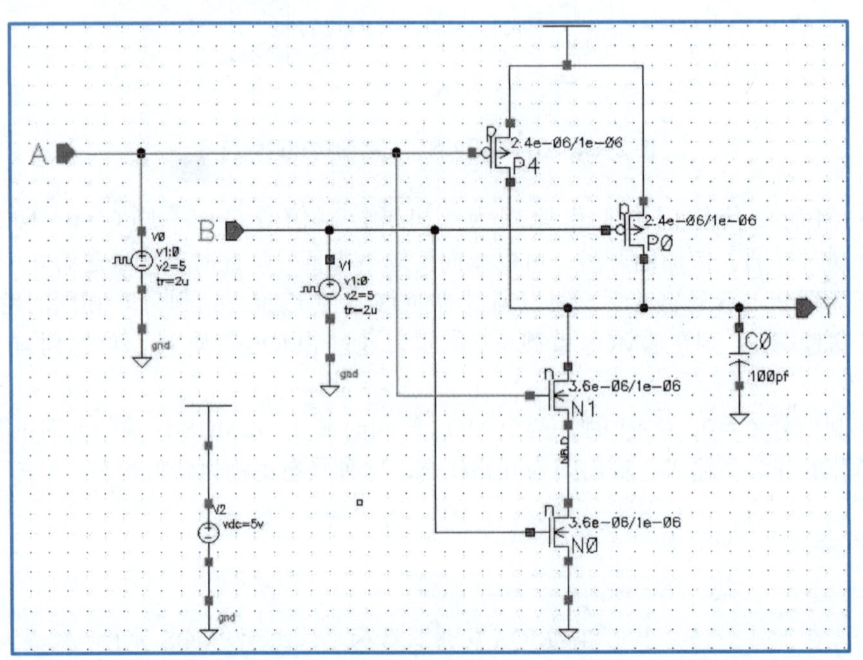

图 3-65　与非门电路仿真逻辑图

2. 仿真结果

该与非门电路的上升时间、下降时间仿真结果分别如图 3-66 和图 3-67 所示。将图 3-65 中 NMOS 管的宽长比改为 1.8/1，即缩小到原来的 1/2，经仿真发现：与非门电路的上升时间基本不变，下降时间约增加 1 倍，如图 3-68 所示。

由上面的仿真结果分析可知，与非门电路的下降时间主要取决于串联的 NMOS 管，并且与其宽长比直接相关。

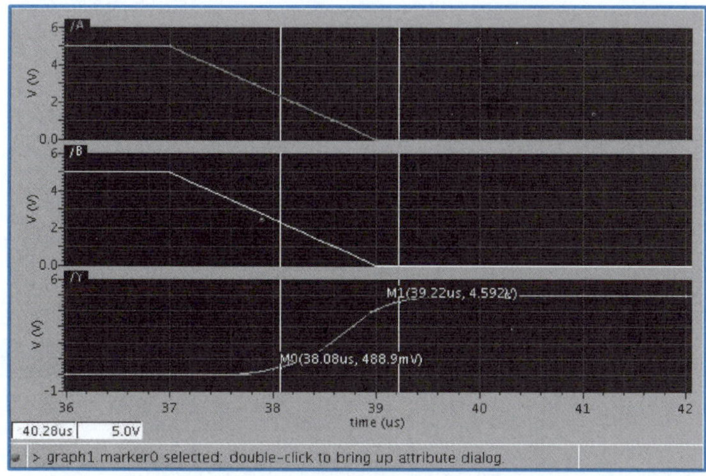

图 3-66　与非门电路上升时间仿真结果

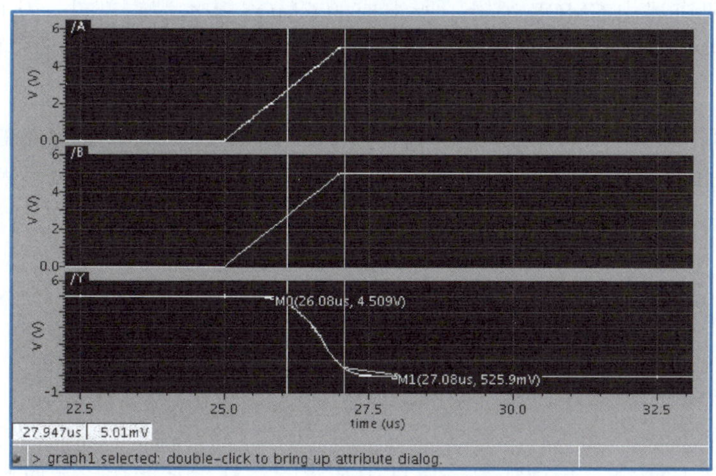

图 3-67　与非门电路下降时间仿真结果

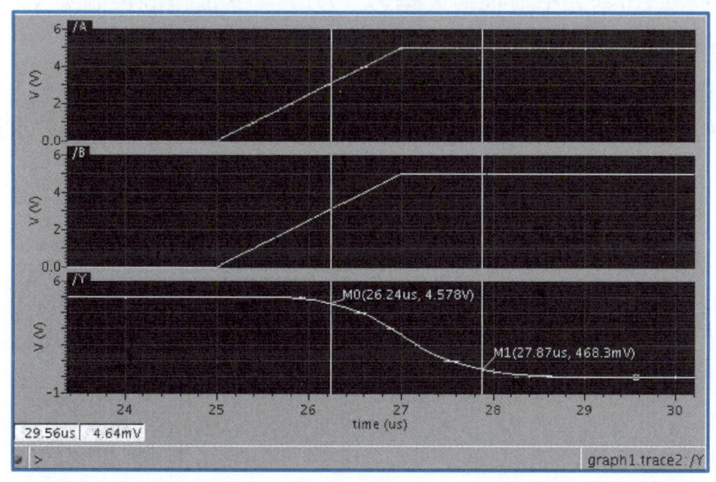

图 3-68　NMOS 管宽长比减小后的与非门电路下降时间仿真结果

问题讨论 >>>

① 逻辑门电路包括哪些类型？
② 基本逻辑门电路设计中宽长比尺寸主要考虑的因素是什么？
③ 什么是传输门中的衬底偏置效应？

任务五　CMOS 基本逻辑部件设计与验证

任务概述 >>>

本任务主要讲述由 CMOS 逻辑门所组成的 CMOS 基本逻辑部件，从电路规模上看，这些基本逻辑部件会比上一个任务中所讲述的逻辑门要大，因此设计和验证过程也会相对复杂一些。

本任务从组合逻辑中常用的多路选择器着手，重点针对时序逻辑电路的基本单元——锁存器、触发器进行详细分析，引出由触发器所构成的移位寄存器和计数器，并针对这些 CMOS 基本逻辑部件的仿真，基于 Cadence 公司的 NC-Verilog 工具进行技能训练。

背景知识 >>>

一、多路选择器

多路选择器（MUX）是现代数字设计中常用的器件，它的作用是通过一个控制字在多个输入通道中选择一个，将其信号选送到输出端。

一个多路选择器包括 n 个数据输入端 $D_0 \sim D_n$，一个 m 位的控制端 S 和一个输出端 Y。为了保证控制端可以选择所有的输入，必须满足 $n=m^2$。

1. 二选一多路选择器（2∶1 MUX）

二选一多路选择器中，D_0 和 D_1 为两个数据输入端，S 为控制端，则输出 Y 的逻辑式为

$$Y=D_0\overline{S}+D_1S \tag{3-23}$$

图 3-69 所示为由与非门组成的二选一多路选择器，其工作原理是：当 $S=0$ 时，m2 被 S 封锁，无论 D_1 状态如何改变，m2 的输出都被锁定为逻辑 1，此时 m1 输出一个与 D_0 反相的信号，经过 m3 的与非操作，最终 D_0 被传送到输出端，即 $Y=D_0$；当 $S=1$ 时，m1 被封锁，m2 解除封锁，D_1 被传送到输出端，即 $Y=D_1$。

电路中每个与非门由 4 个 MOS 管组成，所以整个电路共需要 16 个 MOS 管才可以实现。

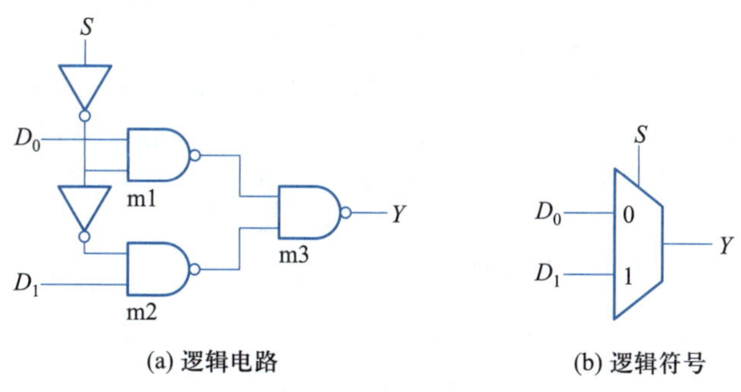

图 3-69　与非门组成的二选一多路选择器

为减少元器件数，可以采用 CMOS 传输门来实现多路选择器，如图 3-70 所示。

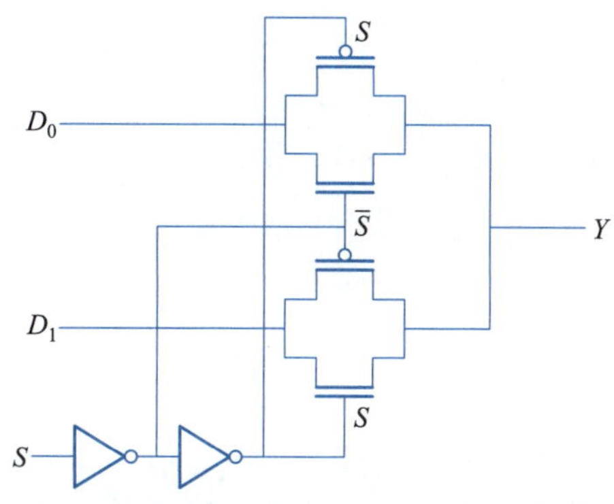

图 3-70　用 CMOS 传输门实现多路选择器

该多路选择器的工作原理是：当 $S=0$ 时，第一个传输门导通，第二个传输门断开，将 D_0 传送到输出端；当 $S=1$ 时，两个传输门的开关状态相反，电路将 D_1 传送到输出端。

从图中可以看出，这种电路结构只需要两个传输门和一对用于产生互补信号 S 和 $\overline{S}$ 的非门就可以实现，电路中共用了 8 个 MOS 管，和与非门构成的电路相比，该电路结构更为简单。

2. 四选一多路选择器（4∶1 MUX）

除了二选一多路选择器外，还有四选一、八选一和十六选一等多路选择器，这里主要介绍四选一多路选择器。

四选一多路选择器具有四个数据输入端，则控制端应该具有四种不同状态，所以需要 2 位控制线（$2^2=4$），即 S_0 和 S_1。通过 S_0 和 S_1 的不同状态组合选择某一个对应的数据通道，将其输入的数据选送到输出端上。输出的逻辑式为

$$Y=D_0\overline{S_0}\,\overline{S_1}+D_1S_0\overline{S_1}+D_2\overline{S_0}S_1+D_3S_0S_1 \tag{3-24}$$

将上式改写为与非结构，有

$$Y=\overline{\overline{D_0\overline{S_0}\,\overline{S_1}}\cdot\overline{D_1S_0\overline{S_1}}\cdot\overline{D_2\overline{S_0}S_1}\cdot\overline{D_3S_0S_1}} \tag{3-25}$$

由此可以看出，实现上述逻辑需要 5 个与非门。图 3-71 所示即为由与非门组成的四选一多路选择器，其工作原理是：控制端 S_0 和 S_1 分别通过两个反相器构成的缓冲结构得

到两组互补信号。当 $S_1=S_0=0$ 时，G0 输出为 $\overline{D_0}$，G1、G2 和 G3 被 0 封锁，无论输入端信号如何变化，这三个与非门的输出都被封锁在高电平，最终 D_0 通过 G0 反相输出传送到 G4，多路选择器输出 $Y=D_0$；当 $S_1=0$、$S_0=1$ 时，控制信号将 G0、G2、G3 封锁，D_1 被选送到输出端；同理，当 $S_1=1$、$S_0=0$ 时选送 D_2 输出；当 $S_1=S_0=1$ 时选送 D_3 输出。

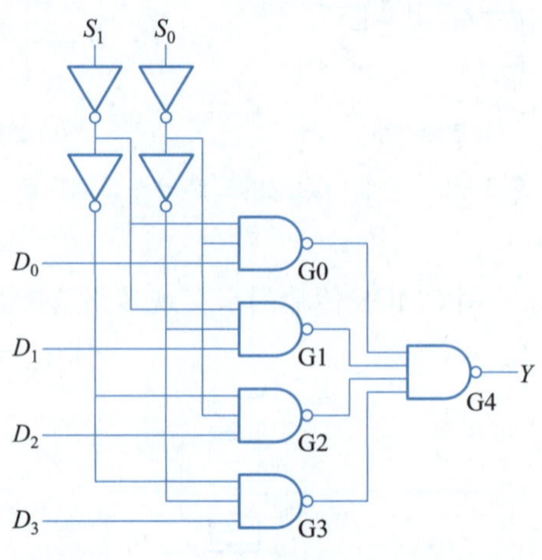

图 3-71 与非门组成的四选一多路选择器

小提示

> 参考图 3-70，读者可以思考一下用 CMOS 传输门构成四选一多路选择器的方法。

除了用与非门和传输门构成多路选择器外，还可以用二选一多路选择器实现四选一多路选择器。图 3-72 所示电路使用了两级二选一多路选择器，当 $S_0=0$ 时，第一级电路中的 mux1 和 mux2 分别选出 D_0 和 D_2，此时 S_1 若为 0，则 $Y=D_0$，S_1 若为 1，则 $Y=D_2$。当 $S_0=1$ 时，mux1 和 mux2 分别选出 D_1 和 D_3，当 $S_1=0$ 时，$Y=D_1$，当 $S_1=1$ 时，$Y=D_3$。

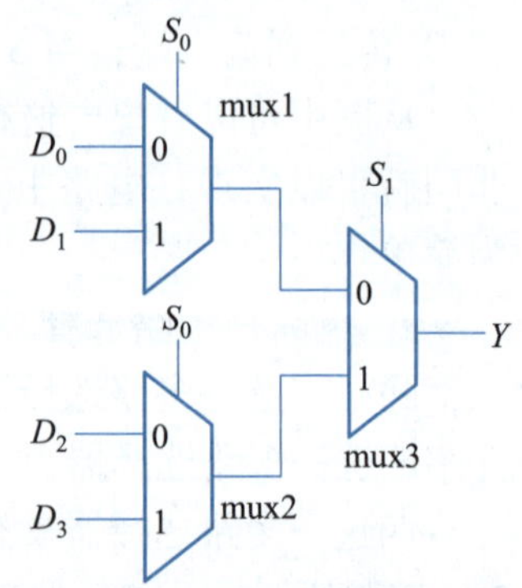

图 3-72 用 2 : 1 MUX 实现 4 : 1 MUX

二、锁存器

前面介绍的电路都有一个共同特点，就是一旦输入信号消失，输出状态不能自行保持，这样的电路称为组合逻辑电路。与组合逻辑电路不同，时序逻辑电路的输出状态不仅与输入状态有关，还取决于输出的前一状态。

锁存器（latch）是许多时序逻辑电路设计的基础，它能够接收和维持一个二进制输入变量，是最基本的时序逻辑部件。下面分别介绍几种锁存器的电路结构及逻辑功能。

1. *RS* 锁存器

基本的 *RS* 锁存器又叫置位复位锁存器，其逻辑图如图 3-73 所示。

图 3-73 中的 *RS* 锁存器是由两个交叉连接的或非门构成的，其电路结构如图 3-74 所示。

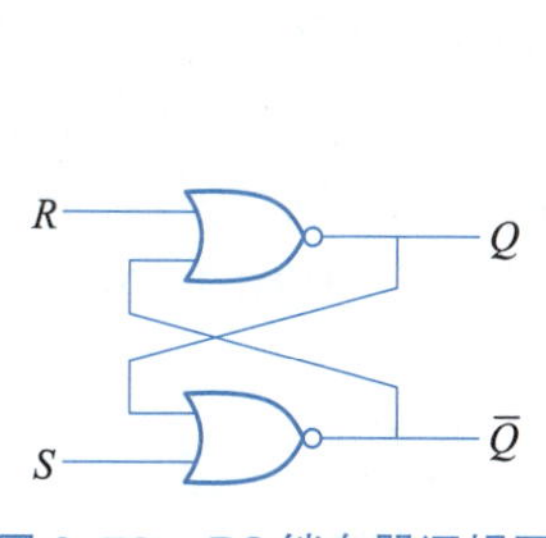

图 3-73　*RS* 锁存器逻辑图

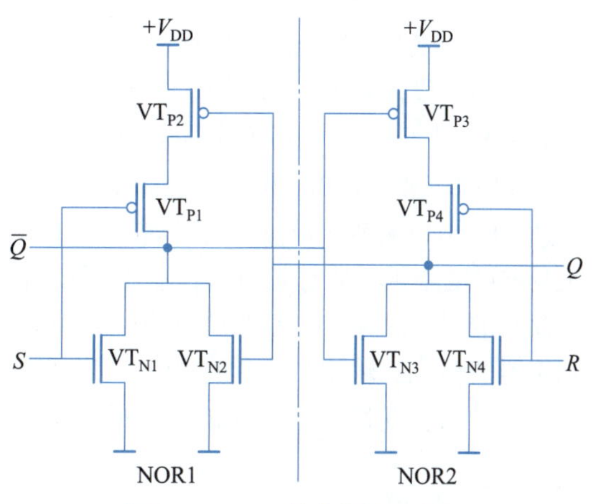

图 3-74　*RS* 锁存器电路结构

① 当 $S=1$、$R=0$ 时，VT_{N1} 导通，VT_{P1} 截止，输出 $\overline{Q}$ 为 0，NOR1 被 S 封锁。此时，无论 Q 的前一个状态为何值，都不会对 $\overline{Q}$ 产生影响。将 $\overline{Q}$ 作为反馈信号加载到 VT_{N3} 和 VT_{P3} 上，此时 $R=0$，则 VT_{N3} 和 VT_{N4} 截止，VT_{P3} 和 VT_{P4} 导通，NOR1 的输出 Q 为 1。将 $Q=1$、$\overline{Q}=0$ 的输出状态定义为锁存器的 1 状态。

② 当 $S=0$、$R=1$ 时，VT_{N4} 导通，VT_{P4} 截止，使 NOR2 的输出被封锁，$Q=0$。这使得 VT_{N1}、VT_{N2} 截止，VT_{P1} 和 VT_{P2} 导通，$\overline{Q}=1$。将 $Q=0$、$\overline{Q}=1$ 的输出状态定义为锁存器的 0 状态。

③ 当 $S=R=0$ 时，VT_{N1} 和 VT_{N4} 截止，VT_{P1} 和 VT_{P4} 导通，若此前 $Q=0$、$\overline{Q}=1$，则 VT_{N2} 截止，VT_{P2} 导通，NOR1 的输出为 1，$\overline{Q}$ 保持原来状态不变。$\overline{Q}$ 会使 VT_{N3} 保持导通状态，VT_{P3} 截止，NOR2 的输出 Q 保持 0 状态不变。同理可以证明，当 $S=R=0$ 时，可以保持 $Q=1$、$\overline{Q}=0$ 的状态不变。

④ 当 S 和 R 同时输入 1 时，两个或非门同时输出 0，即 $Q=\overline{Q}=0$。这既不是定义的 0 状态，也不是定义的 1 状态。当 S 和 R 同时从 1 跳变为 0 时，Q 和 $\overline{Q}$ 的次状态将无法确定。所以在 *RS* 锁存器工作时不允许出现这种情况，电路必须满足约束条件 $RS=0$。

总结一下 *RS* 锁存器的工作情况，可以得到以下结论：

① $S=0$、$R=1$ 时，$Q=0$、$\overline{Q}=1$，锁存器工作在 0 状态。

② $S=1$、$R=0$ 时，$Q=1$、$\overline{Q}=0$，锁存器工作在 1 状态。

③ $S=R=0$ 时，锁存器输出状态不变。

④ 电路工作时，不允许 $S=R=1$，即两个输入不能同时有效。

通过对电路的分析可以看出，R 和 S 为两个高电平有效的信号，在满足约束条件 $RS=0$ 的情况下，$S=1$ 的全部时间内 $Q=1$，$R=1$ 的全部时间内 $Q=0$，所以称 S 为直接置位端（置 1），R 为直接复位端（置 0）。这也是基本 *RS* 触发器被称为直接置位复位触发器的原因。

2. D 锁存器

RS 锁存器的约束条件限制了电路工作时的输入状态，所以电路中一般很少使用这种结构。将 RS 锁存器做一下改变，可以得到图 3-75 所示的电路结构。它是将输入变量 D 通过反相器转变成一对互补信号，然后将这对互补信号加载到 RS 锁存器的 S 和 R 端构成的。这个电路称为 D 锁存器，它避免了 R 和 S 同时为 1 的情况出现。D 锁存器作为许多时序逻辑电路的设计基础，得到了广泛的应用。

若 $D=0$，则 $\overline{D}=1$，电路工作状态相当于 RS 锁存器中 $S=0$、$R=1$ 的情况，输出 $Q=0$、$\overline{Q}=1$；若 $D=1$，则 $\overline{D}=0$，电路工作状态相当于 RS 锁存器中 $S=1$、$R=0$ 的情况，输出 $Q=1$，$\overline{Q}=0$。可以看到，D 锁存器中输出端 Q 的值总是与 D 相同，即 $Q=D$。这说明 D 的变化在经过了电路延时后总是可以在输出端看到，所以将这样的锁存器称为透明锁存器。

锁存器的另一种结构是由两个反相器及传输门构成，这种设计的基础是双稳电路。将两个反相器的输入和输出依次首尾相连，形成一个闭合的“锁存环”，如图 3-76 所示。这个闭环结构可以长期稳定地存储逻辑 0 或逻辑 1，称为双稳电路。

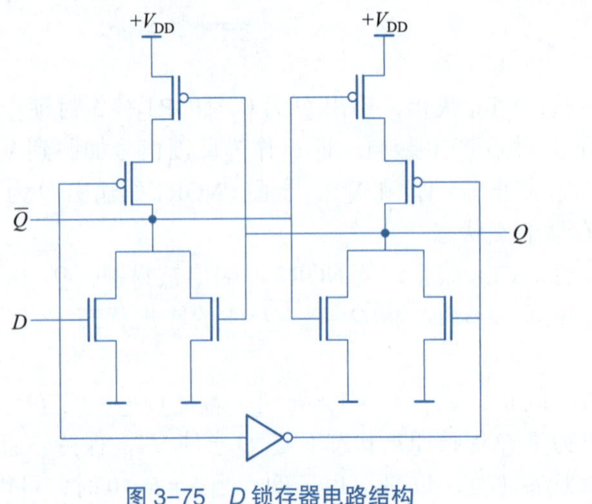

图 3-75 D 锁存器电路结构

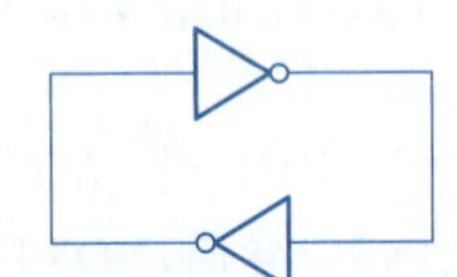

图 3-76 基本的双稳电路

双稳电路的存储原理如图 3-77 所示。如图 3-77（a）所示，双稳电路左边 $a=1$，通过上面的反相器后，右边 $\overline{a}=0$。继续追踪信号路径，则经过下面的反相器后到达左边，得到 $a=1$ 的起始点。这表示这个闭环结构可以由自身来维持 $a=1$ 的稳定状态。同样的道理可以应用在图 3-77（b）中，该电路可以维持 $a=0$ 的稳定状态。

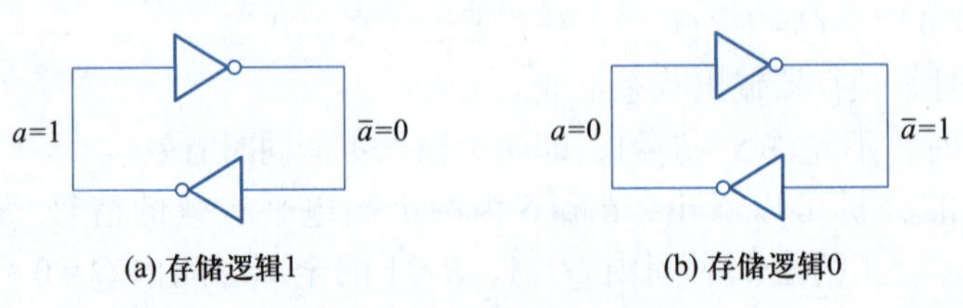

图 3-77 双稳电路存储原理

为双稳电路提供输入和输出节点，并用传输门作为装载控制门，可以得到集成电路中广泛使用的由传输门构成的 *D* 锁存器，电路结构如图 3–78 所示。这种电路形式所使用的 MOS 管较少，在超大规模集成电路设计中的应用比较广泛。

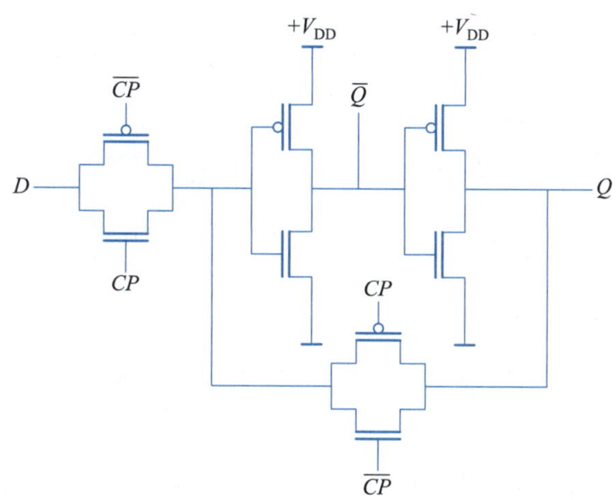

图 3–78　传输门构成的 *D* 锁存器电路结构

这种结构中利用传输门作为数据装载控制开关，输入端的传输门由 *CP* 信号触发，反相器环路中的传输门则由 *CP* 的反相信号 $\overline{CP}$ 触发。因此，当 $CP=0$ 时，输入端的传输门相当于断开的开关，*D* 的值不会影响 *Q* 和 $\overline{Q}$ 的值，而闭环反相器环路中的传输门导通，使反相器环路的状态保持不变。当 $CP=1$ 时，输入端的传输门开启，而反相器环路中的传输门截止，于是切断反馈环，允许输入信号 *D* 传送到锁存电路，使反相器环路的状态随输入信号的改变而改变，即 $Q=D$。

3. 带使能控制的 *D* 锁存器

如果在电路中加一个使能控制，则可以通过使能信号来控制 *D* 锁存器的工作节拍。在 NMOS 逻辑中将使能控制信号 *CP* 分别与输入为 *D* 和 $\overline{D}$ 的 VT_{N1}、VT_{N4} 串联，PMOS 结构分别与 VT_{P1}、VT_{P4} 并联，就构成了带使能控制的 *D* 锁存器，电路结构如图 3–79 所示，称为钟控 *D* 锁存器。

该电路由两个与或非门和一个反相器构成。当 $CP=0$ 时，VT_{N2}、VT_{N5} 截止，输入数据 *D* 无法传递到输出端。此时 VT_{P2}、VT_{P5} 导通，若初态为 0，则 $\overline{Q}=1$。这使得 VT_{P6} 导通，$Q=0$。$Q=0$ 反过来又确保了 VT_{P3} 导通，第一级与或非门输出为 1，保持 $\overline{Q}$ 状态不变。不难证明，当锁存器初态为 1 时，在 $CP=0$ 的全部时间内输出状态保持 1 不变。

当 $CP=1$ 时，VT_{N2}、VT_{N5} 导通，可以将其视为闭合的开关，而 VT_{P2}、VT_{P5} 截止，可以看成是断开的开关。可见，VT_{N2}、VT_{N5} 及 VT_{P2}、VT_{P5} 对电路逻辑均没有影响，可以忽略。简化的电路结构与没有使能控制的 *D* 锁存器相同，可实现 $Q=D$ 的逻辑操作。

可见，在 $CP=0$ 的全部时间内，锁存器保持原来的状态不变；在 $CP=1$ 的全部时间内，*D* 锁存器的输出状态随输入状态的改变而改变，在此期间 *D* 可能会发生多次翻转，那么输出端 *Q* 的状态也会随之多次改变，图 3–80 所示的波形图说明了这一问题。

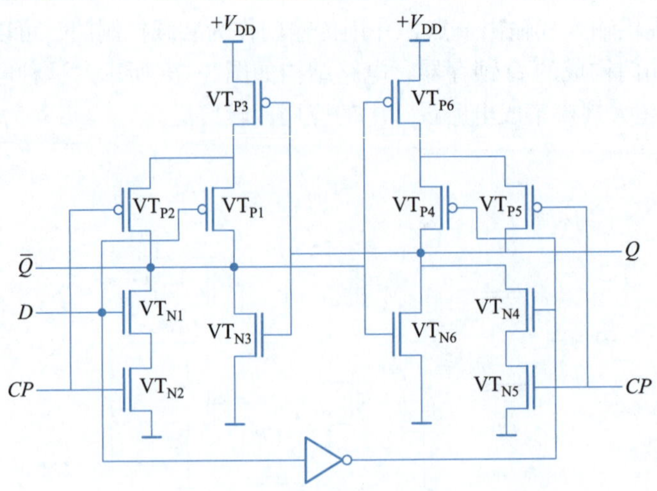

图 3-79　带使能控制的 *D* 锁存器电路结构

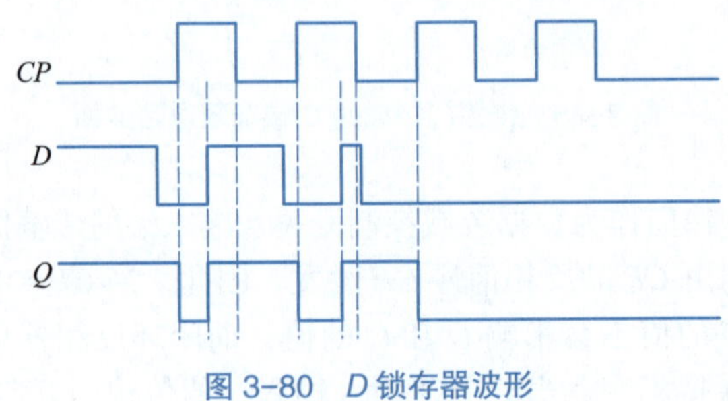

图 3-80　*D* 锁存器波形

从图 3-80 中可以看出，在一个时钟周期内，锁存器输出发生了多次翻转，这一现象称为“空翻”，是不希望看到的。为提高电路工作的可靠性，希望在每个时钟周期里输出端的状态只改变一次，所以在钟控 *D* 锁存器的基础上设计出了 *D* 触发器。

三、CMOS 触发器

D 触发器（DFF）是 CMOS 电路中最常用的触发器。图 3-81 所示为 *D* 触发器逻辑符号。

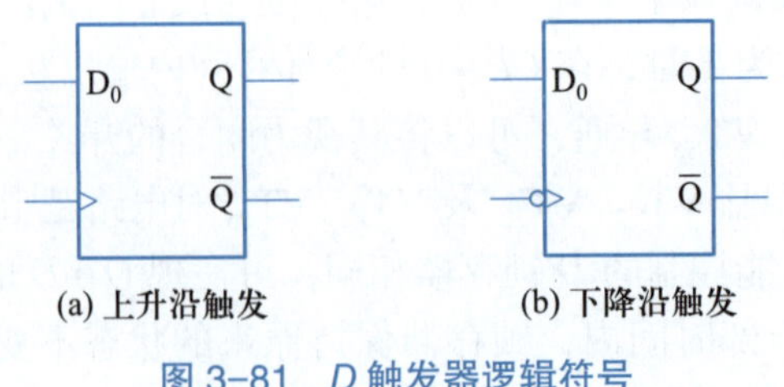

(a) 上升沿触发　　(b) 下降沿触发

图 3-81　*D* 触发器逻辑符号

基本 D 触发器是一个主从形式的触发器，它是把两个控制相位相反的 D 锁存器串联在一起得到的，如图 3-82 所示。

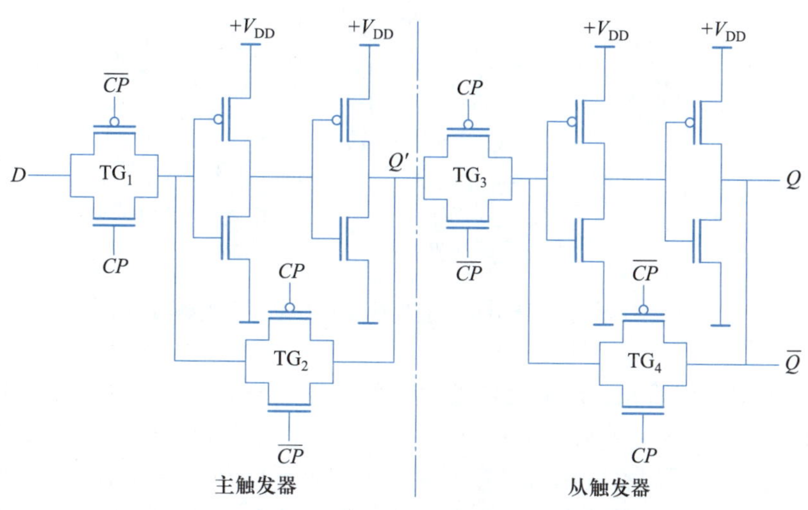

图 3-82　基本 D 触发器（下降沿触发）电路结构

当时钟信号为高电平时，TG_1 导通，TG_2 截止，主触发器允许数据 D 存入，主触发器状态与输入信号 D 一致，即 $Q'=D$。此时 TG_3 截止，TG_4 导通，从触发器维持先前状态不变。当时钟信号从逻辑 1 跳变为逻辑 0 时，TG_1 截止，TG_2 导通，主触发器切断与 D 的通道，停止对输入信号采样，在时钟跳变时刻存储 D 值。同时从触发器中 TG_3 导通，TG_4 截止，从触发器变为开启状态，使主触发器存储的 Q' 被传送到从触发器，从触发器输出与主触发器相同，$Q=Q'$。因为主触发器与输入信号 D 分离，所以此时输入不影响 D 触发器输出。

当时钟信号再次由逻辑 0 跳变为逻辑 1 时，从触发器锁存主触发器的输出，主触发器又开始对输入信号进行采样。可见，D 触发器只有在时钟信号从 $1\rightarrow0$（时钟信号下降沿）时才会对输入进行采样，输出状态才发生翻转，保证了每个时钟周期内状态只改变一次，故此电路为下降沿触发的 D 触发器。

图 3-83 所示为下降沿触发的 D 触发器的输入和输出波形。当时钟信号为 1 时，主触发器将输入 D 作为输出；当时钟信号下降为 0 时，从触发器输出变为有效。D 触发器在每个时钟脉冲下降沿对输入进行采样。

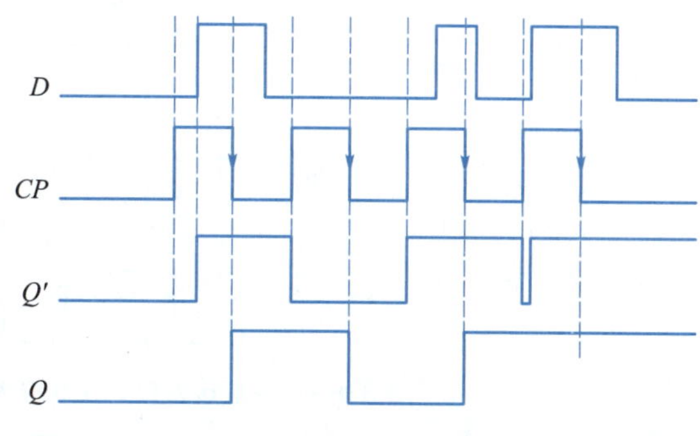

图 3-83　下降沿触发的 D 触发器输入和输出波形

对上述电路进行改进，用三态门结构作为从触发器可以减少更多的 MOS 管。要注意，三态门钟控信号的相位需与主触发器钟控信号相反，才可以使主、从触发器分别在时钟的两个半周期存入数据。在电路中加入直接置位和直接复位控制端，可以直接对触发器输出进行置位和复位操作，电路结构如图 3-84 所示。

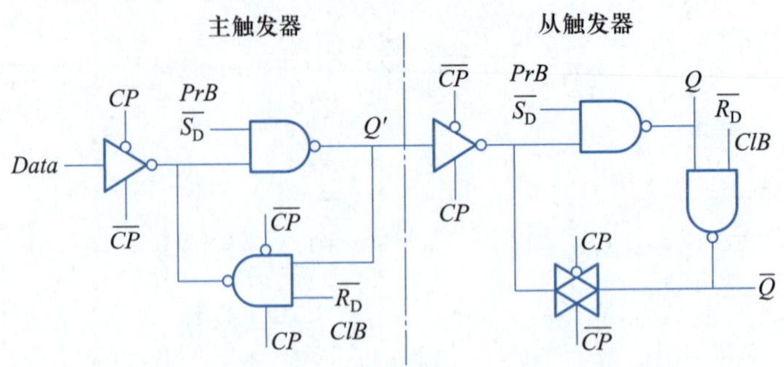

图 3-84 带直接置位、复位功能的 D 触发器电路结构

从图 3-84 中可以看出，D 触发器的主触发器用逻辑 0 触发，从触发器用逻辑 1 触发，是上升沿触发，在时钟从 1 跳变到 0 时对输入信号进行采样。PrB 和 ClB 为电路提供置位和复位信号，可以将输出直接置 1 或置 0。PrB 和 ClB 低电平有效，因此不允许有两个信号同时为低电平的输入状态。置位端 PrB 的输入 $\overline{S_D}$ 为低电平时（此时 ClB 的输入 $\overline{R_D}=1$），无论时钟为何状态，都将主触发器输出的与非门锁定为逻辑 1 状态，$Q'=1$ 在时钟上升沿输入从触发器中。该信号经过三态门反相后变为逻辑 0 传送到与非门上，和同样加载到这个与非门上的 $\overline{S_D}$ 进行与非操作，得到高电平输出，即 $Q=1$。输出为 $\overline{Q}$ 的与非门两个输入 $\overline{R_D}$ 和 Q 都是高电平，则 $\overline{Q}$ 输出值为逻辑 0。可见 $\overline{S_D}$ 的低电平信号起到了将触发器置位的作用。

同样的道理，当复位端 ClB 的输入 $\overline{R_D}$ 为低电平时，PrB 的输入 $\overline{S_D}$ 必须为高电平。无论时钟是否有效，复位信号都直接将输出为 $\overline{Q}$ 的与非门的输出锁定在逻辑 1，再经传输门反馈到输出为 Q 的与非门输入端。此时由于 $\overline{S_D}$ 和 $\overline{Q}$ 都为 1，所以与非门输出低电平，即 $Q=0$，起到了复位的作用。图 3-85 所示为带直接置位、复位功能的 D 触发器输入和输出波形。

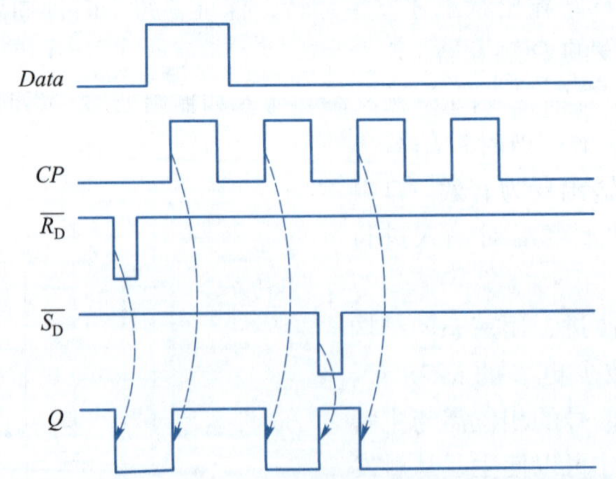

图 3-85 带直接置位、复位功能的 D 触发器输入和输出波形

可见，无论时钟是否处于上升沿时刻，$\overline{S_D}$ 和 $\overline{R_D}$ 都可以将输出置 1 或者置 0，所以将 *PrB* 和 *ClB* 称为直接置位端和直接复位端。电路正常工作时，应该将 $\overline{S_D}$ 和 $\overline{R_D}$ 置 1，以保证电路可以作为边沿触发器正常工作。

四、移位寄存器

寄存器用于存储二进制代码。1 位寄存器就是一个触发器，可以存储 1 位二进制代码。*n* 位寄存器可存储 *n* 位二进制代码，需要 *n* 个触发器构成。如一个 *n* 位上升沿触发寄存器可以由 *n* 个 *D* 触发器构成。常用的寄存器结构为静态移位寄存器，它除了具有存储二进制代码的功能外，还具有移位的功能，可将存储在寄存器中的代码在移位脉冲的作用下依次左移或右移，以实现数据的串行—并行转换、数值运算及数据处理等。

1. 基本移位寄存器

基本移位寄存器采用触发器串联的形式，将其中第一个触发器的输入端用来接收输入信号，其余每个触发器的输入端都与前一级触发器的输出 *Q* 相连。图 3-86 所示为 *D* 触发器构成的基本移位寄存器。

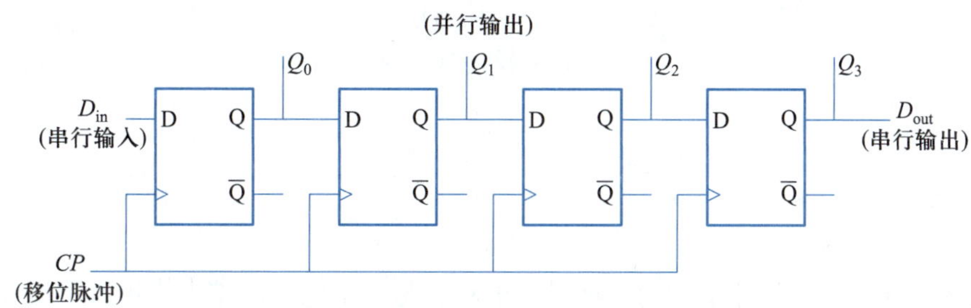

图 3-86　基本移位寄存器

假设移位寄存器中四个触发器的初始状态均为 0（$Q_0=Q_1=Q_2=Q_3=0$），当移位脉冲 *CP* 的上升沿作用于所有触发器时，每个触发器都会按照前一级触发器输出端的状态发生翻转，这样，在四个移位脉冲的作用下，串行输入端的输入数据就可以移至寄存器中，并可以通过并行输出端口读出数据。例如，串行输入端 D_{in} 输入 1，经过四个 *CP* 脉冲，可将 1 右移到最右边，使寄存器的状态变为 0001。

这个寄存器实现了数据右移的功能，若将四个触发器反相连接，则可以得到左移寄存器。

2. 双向移位寄存器

在电路应用中，有时需要寄存器中的数据可以进行左移和右移，如果分别用左移 1 位寄存器或右移 1 位寄存器来实现，很显然会占用很大的空间，所以需要一个可以进行左移、右移控制的双向移位寄存器。

图 3-87 所示就是一个可以由移位状态控制信号 *S* 控制的可左移和右移的双向移位寄存器电路结构。当控制端 $S=0$，$\overline{S}=1$ 时，各与或门左半边的与门打开，右半边的与门被 $S=0$ 封锁。当右移输入端 D_{SR} 有信号输入时，在移位脉冲的作用下，信号可以从左边

第一个触发器向右移位。在四个 CP 脉冲的作用下，输入信号可以移到最右边。当 $S=1$，$\overline{S}=0$ 时，各与或门左半边的与门被 $\overline{S}=0$ 封锁，右半边的与门打开。当左移输入端 D_{SL} 有信号输入时，在四个 CP 脉冲的作用下，输入 信号可以移到最左边。

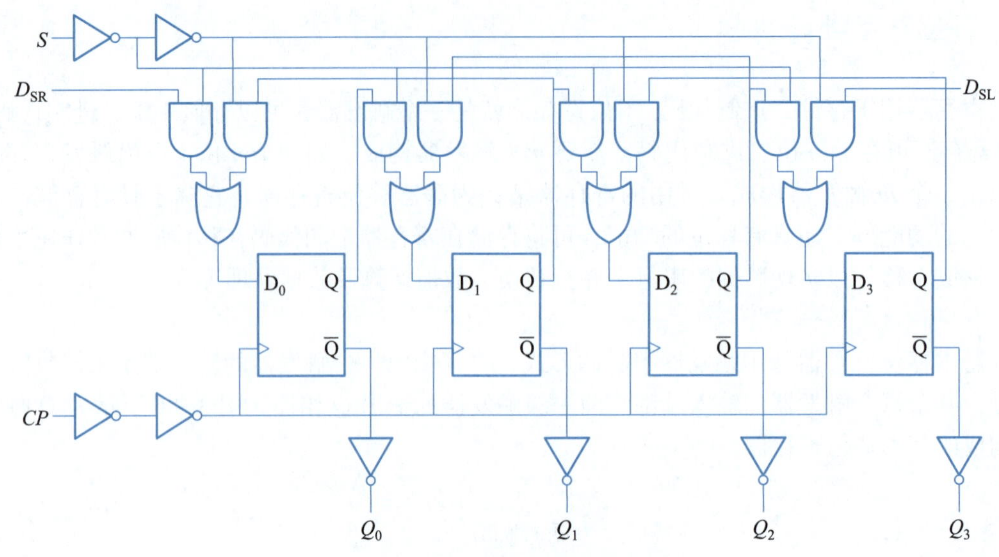

图 3-87 双向移位寄存器电路结构

五、计数器

计数器是统计输入脉冲个数的一种时序电路，是数字电路的基本模块，可以作为计时单元、控制电路和信号发生器等。

计数器按其工作方式可分为同步计数器和异步计数器，按其计数进制可分为二进制计数器、十进制计数器等，根据数字的变化规律可分为向上计数器和向下计数器等。

表征计数器最重要的参数指标为“模”，即计数器累计输入脉冲的最大数目，用 M 表示。

计数器通常由基本的计数单元和逻辑门组成，其中计数单元是具有信息存储功能的各类触发器，触发器的数量以及它们的互连方式决定了计数器序列中的状态个数。图 3-88 所示为由八个触发器构成的 8 位计数器电路结构。

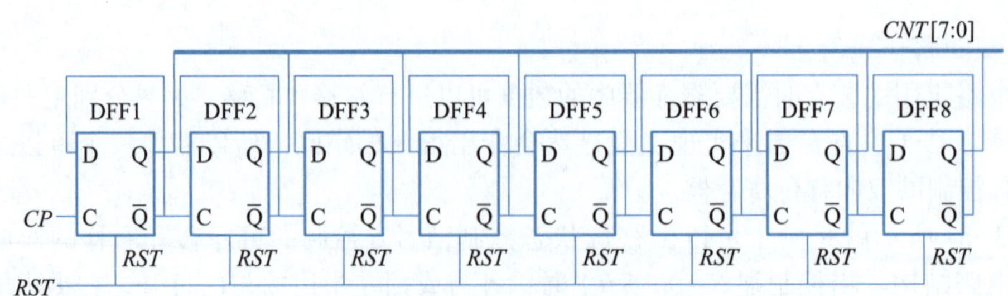

图 3-88 8 位计数器电路结构

从图 3-88 中可以看出，计数脉冲 *CP* 只加到第一级触发器的时钟端，而后续各级触发器的时钟端则连接到上一级触发器的输出端，这种连接方式决定了该计数器中各级触发器状态的变化是有先后次序的，是一种异步计数器，其计数波形如图 3-89 所示。

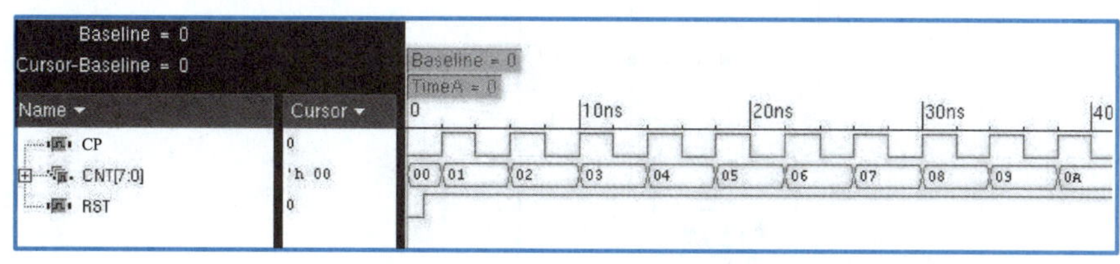

图 3-89　8 位计数器计数波形

计数器的初始状态为 00，然后在每一个时钟上升沿自动加 1，这又是一种向上计数器。图 3-89 所示的计数波形是通过仿真得到的。

如果将图 3-88 中每一级触发器的时钟端全部接到计数脉冲 *CP* 上，那么各级触发器就可以实现同步翻转，从而提高计数的速度，这种计数器就是同步计数器。

计数器在数字系统中应用广泛，例如，可在微控制器中对指令地址进行计数，以便顺序取出下一条指令；可在运算器中进行乘法、除法运算时记下加法、减法次数；还可在数字仪器中对脉冲进行计数等。

计数器除了能计数之外，还能用作时钟，即定时器。也就是说，计数实际上和定时有着明确的对应关系，比如一个定时在 1 h 后闹铃的闹钟，其实就是在其秒针走了 3 600 次后闹铃，即可将时间转化为秒针走的次数，也即计数的次数。由于秒针走一次正好是 1 s，因此计数的次数和时间之间有了明确的对应关系。利用这个关系，只要计数脉冲的间隔相等，则计数值就代表了时间的流逝，也就是定时。

从原理上来说，以上讨论的计数器和定时器本质上是同一种电路类型，只不过计数器记录的是外界发生的事件，而定时器是由系统时钟提供的一个稳定的计量时间的部件。

技能训练 >>>

本任务的技能训练将采用新的仿真工具——NC-Verilog 进行，这是 Cadence 公司的数字电路仿真工具，区别于前面任务的技能训练中所采用的模拟电路仿真工具 Spectre。

一、多路选择器的设计与仿真

首先以多路选择器为例，详细介绍采用 NC-Verilog 工具仿真的完整流程。

1. 二选一多路选择器电路逻辑图

下面针对前面“背景知识”部分介绍的如图 3-70 所示的二选一多路选择器电路进行仿真，在 Cadence 系统中完成逻辑图的输入，并生成逻辑符号，分别如图 3-90 和图 3-91 所示。

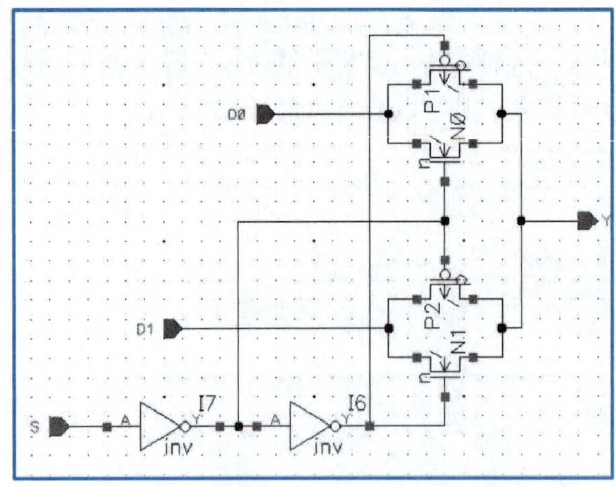

图 3-90　二选一多路选择器电路逻辑图

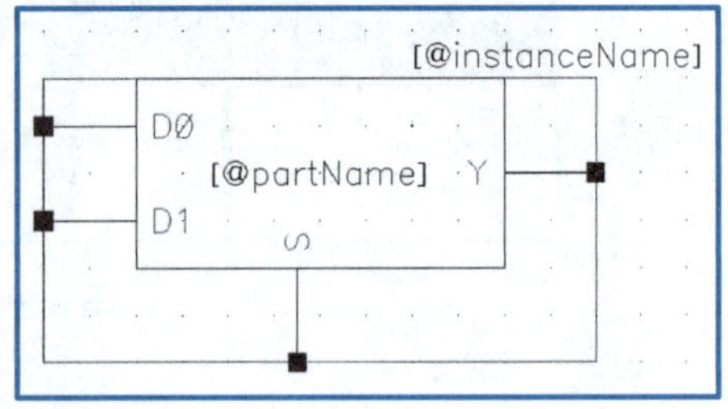

图 3-91　二选一多路选择器电路逻辑符号

2. 二选一多路选择器仿真试验台

二选一多路选择器仿真试验台与上述二选一多路选择器电路配合使用，仿真试验台的输入和输出分别是二选一多路选择器电路的输出和输入。针对仿真试验台需要建立逻辑图、逻辑符号和功能描述三部分，分别如图 3-92～图 3-94 所示。

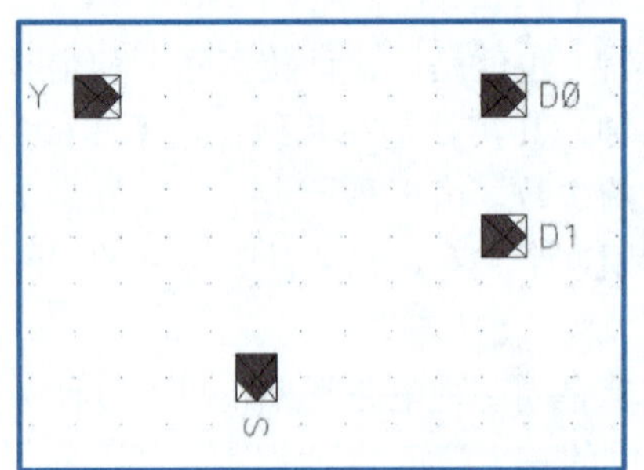

图 3-92　二选一多路选择器仿真试验台逻辑图

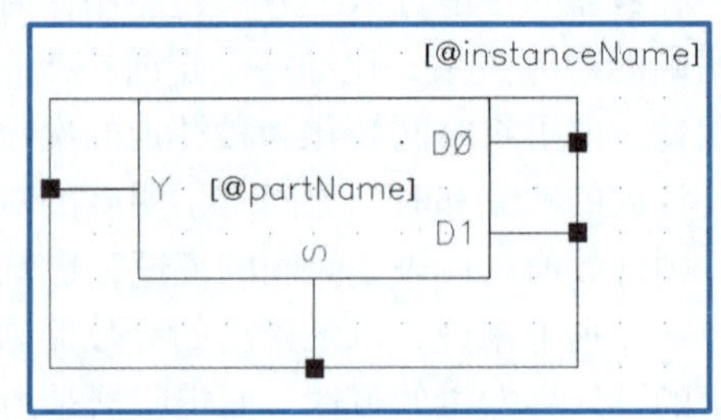

图 3-93　二选一多路选择器仿真试验台逻辑符号

```
//Verilog HDL for "ncverilog", "bench_mux21" "functional"

module bench_mux21 ( D0, D1, S, Y );

  output D1;
  output D0;
  input Y;
  output S;

  reg D0,D1,S;

  initial begin
     S = 1'b0;
     D0 = 1'b0;
     D1 = 1'b1;
     #200 D0 = 1'b1;
     #100 D1 = 1'b0;
     #100 D0 = 1'b0;
     #100 D1 = 1'b1;
  end

    always #40 S = ~S;

endmodule
```

图 3-94　二选一多路选择器仿真试验台功能描述

3. 二选一多路选择器仿真平台

二选一多路选择器仿真平台由上面所完成的二选一多路选择器电路、二选一多路选择器仿真试验台组成，具体逻辑关系为：二选一多路选择器电路的输出连接到二选一多路选择器仿真试验台的输入、二选一多路选择器仿真试验台的输出连接到二选一多路选择器电路的输入，对每一根线进行线名标号，如图 3-95 所示。

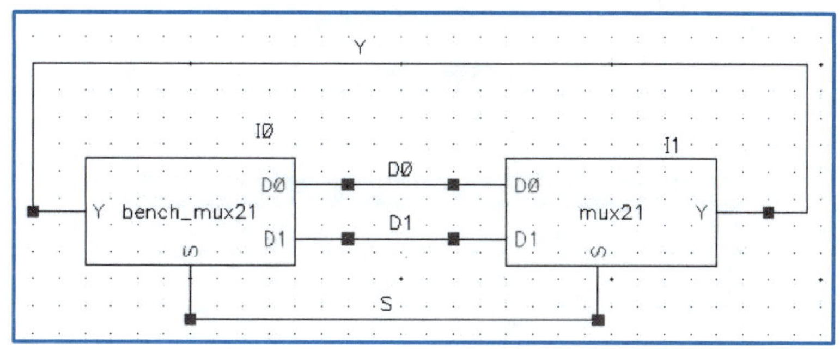

图 3-95 二选一多路选择器仿真平台

4. 仿真工具调用及相关准备

选择逻辑图编辑窗口中的 Launch → Plugins → Simulation → NC-Verilog 菜单命令，弹出图 3-96 所示窗口。

在图 3-96 中执行以下操作，如图 3-97 所示。

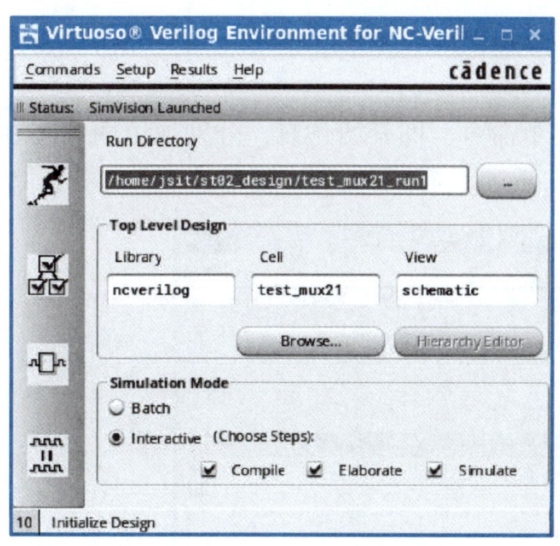

图 3-96 NC-Verilog 仿真环境

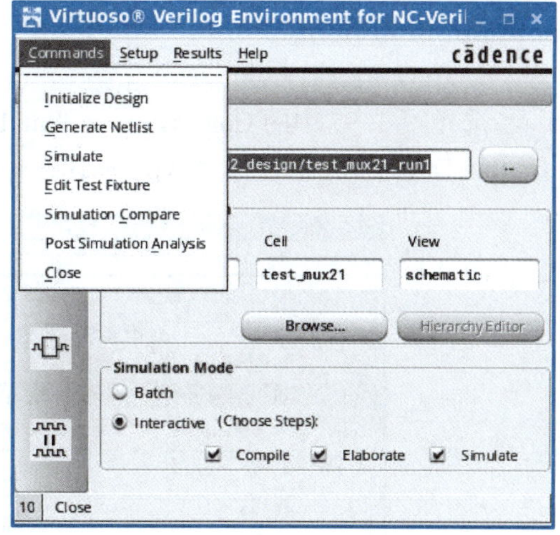

图 3-97 NC-Verilog 仿真操作

① 初始化设计：选择 Commands → Initialize Design 菜单命令。

② 网表产生：选择 Commands → Generate Netlist 菜单命令。

③ 编辑仿真文件：选择 Commands → Edit Test Fixture 菜单命令，弹出图 3-98 所示对话框。

在图 3-98 中，针对试验台的文件 testfixture.template 通常不用修改，而对仿真激励文件 testfixture.verilog 需要添加仿真时间，如图 3-99 所示。

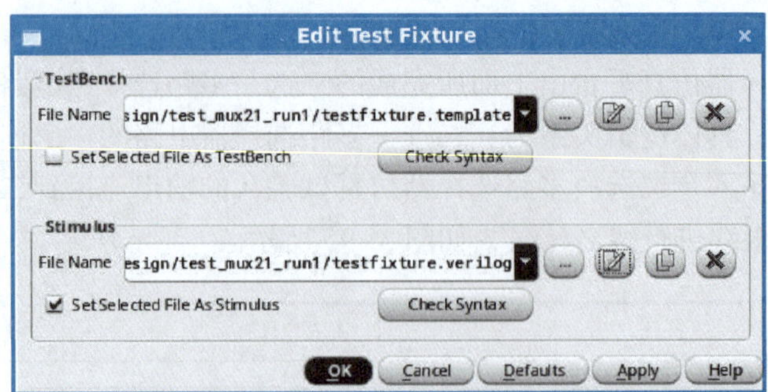

图 3-98 编辑仿真文件

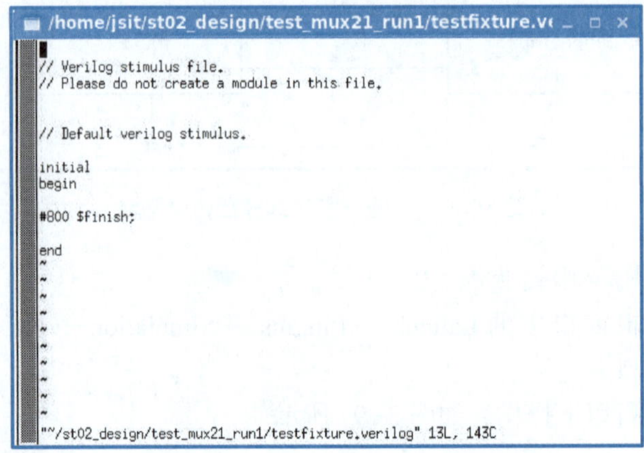

图 3-99 修改完成的仿真激励文件

5. 仿真及结果分析

选择图 3-97 中的 Commands → Simulate 菜单命令，即开始仿真，分别弹出图 3-100 所示的 Design Browser 窗口和图 3-101 所示的 Console 窗口。

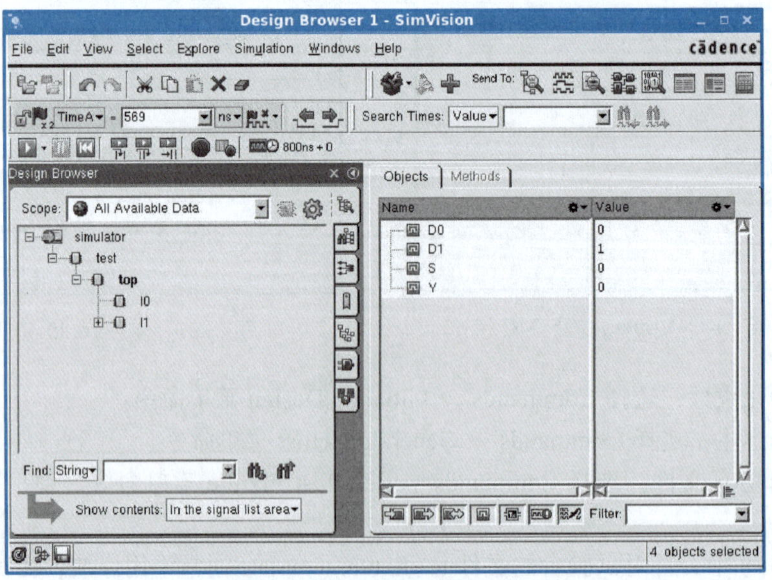

图 3-100 Design Browser 窗口

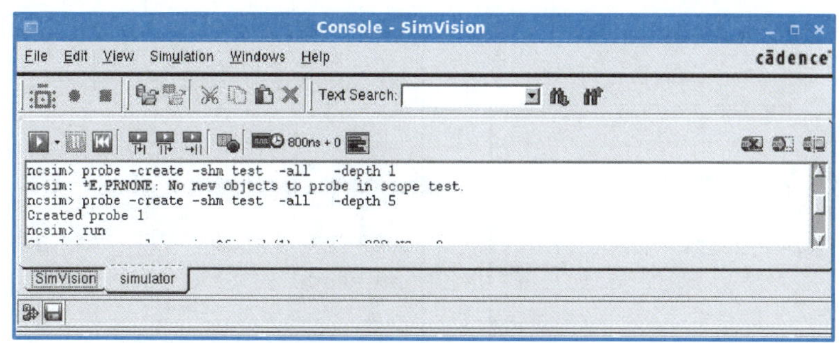

图 3-101　Console 窗口

在图 3-101 所示的 Console 窗口的命令行中输入“probe -create -shm test -all -depth 5”，然后再输入“run”命令，正式开始执行仿真。

在图 3-100 所示的 Design Browser 窗口中选择需要观察的信号，单击该窗口中的波形按钮，弹出图 3-102 所示的仿真结果。

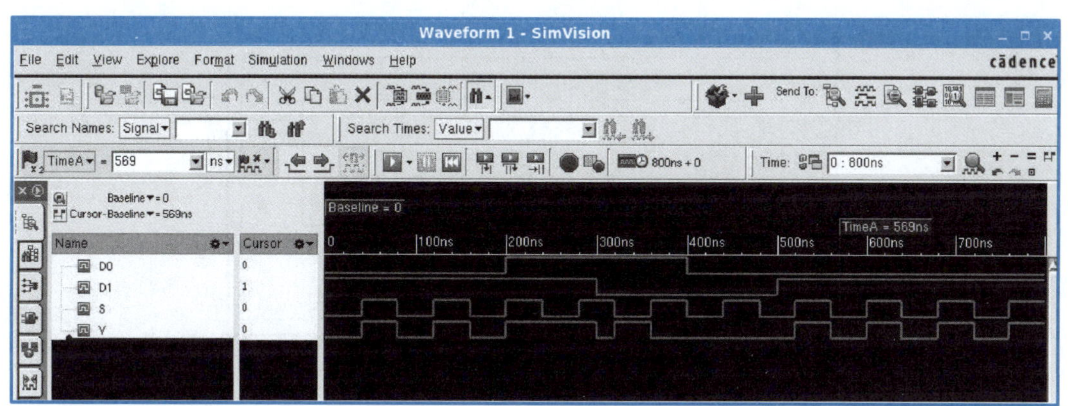

图 3-102　二选一多路选择器仿真结果

至此，基于 NC-Verilog 的二选一多路选择器仿真过程全部完成。

二、触发器的设计与仿真

触发器的仿真过程与上面介绍的多路选择器基本相同，这里给出一种带置位端的触发器的仿真结果。

1. 触发器功能描述

触发器功能描述如图 3-103 所示。

2. 触发器仿真试验台

触发器仿真试验台如图 3-104 所示。

```
//Verilog HDL for "ncverilog", "DFSBQQN" "functional"


module DFSBQQN (D,CK,SB,Q,QN );
input D;
input CK;
input SB;
output Q;
output QN;
reg Q;
assign QN= ~Q;

always @(posedge CK or negedge SB)
begin
  if(!SB) Q<=1'b1;
  else    Q<=D;
end

endmodule
```

图 3-103　触发器功能描述

```
//Verilog HDL for "ncverilog", "BENCH_DFSBQQN" "functional"


module BENCH_DFSBQQN ( CK, D, SB, Q, QN );

  output SB;
  input Q;
  input QN;
  output D;
  output CK;

  reg D,CK,SB;

  initial begin
    CK = 1'b0;
    SB = 1'b0;
    D = 1'b1;
    #240 SB = 1'b1;
  end

  always #80 CK = ~CK;
  always #150 D = ~D;

endmodule
```

图 3-104　触发器仿真试验台

3. 触发器仿真平台

触发器仿真平台如图 3-105 所示。

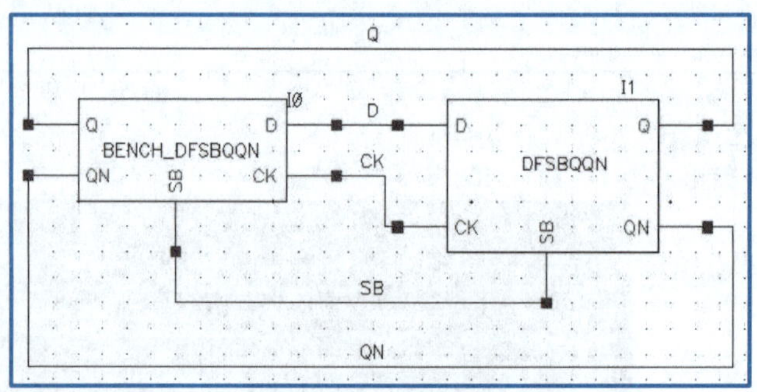

图 3-105　触发器仿真平台

4. 触发器仿真结果

触发器仿真结果如图 3-106 所示。

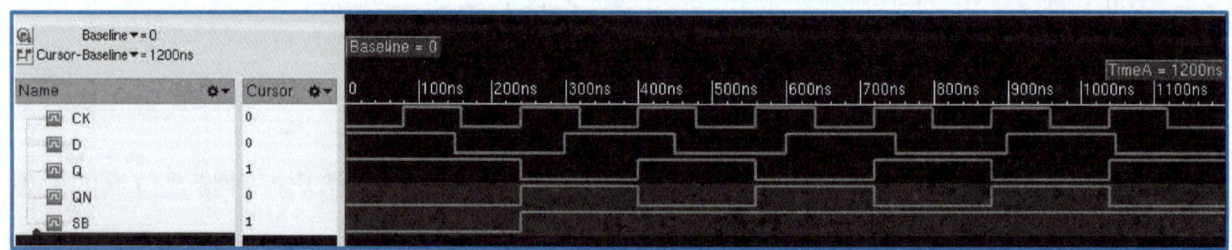

图 3-106　触发器仿真结果

三、移位寄存器的设计与仿真

下面给出一个基本移位寄存器的仿真结果。

1. 移位寄存器逻辑图

移位寄存器逻辑图如图 3-107 所示。

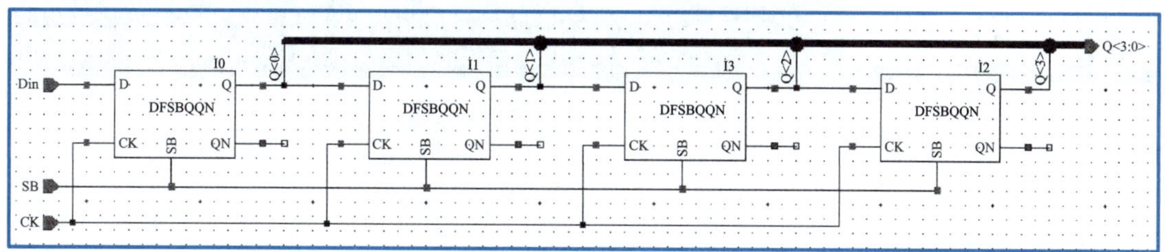

图 3-107　移位寄存器逻辑图

2. 移位寄存器仿真试验台

移位寄存器仿真试验台如图 3-108 所示。

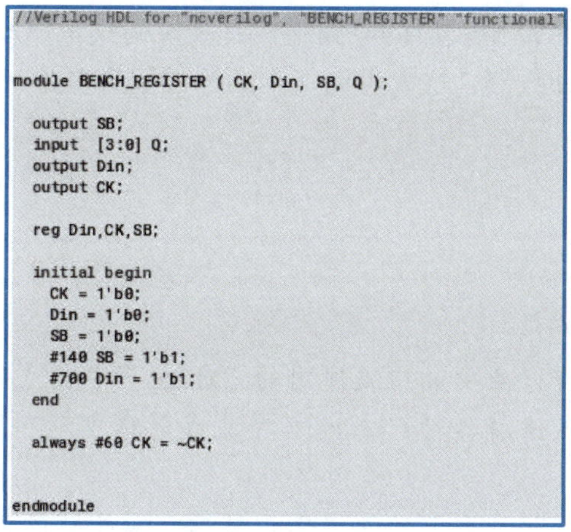

```
//Verilog HDL for "ncverilog", "BENCH_REGISTER" "functional"

module BENCH_REGISTER ( CK, Din, SB, Q );

  output SB;
  input  [3:0] Q;
  output Din;
  output CK;

  reg Din,CK,SB;

  initial begin
    CK = 1'b0;
    Din = 1'b0;
    SB = 1'b0;
    #140 SB = 1'b1;
    #700 Din = 1'b1;
  end

  always #60 CK = ~CK;

endmodule
```

图 3-108　移位寄存器仿真试验台

3. 移位寄存器仿真平台

移位寄存器仿真平台如图 3-109 所示。

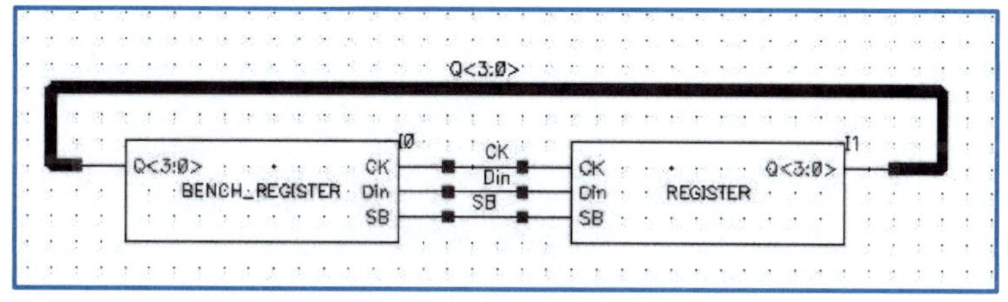

图 3-109　移位寄存器仿真平台

4. 移位寄存器仿真结果

移位寄存器仿真结果如图 3-110 所示。

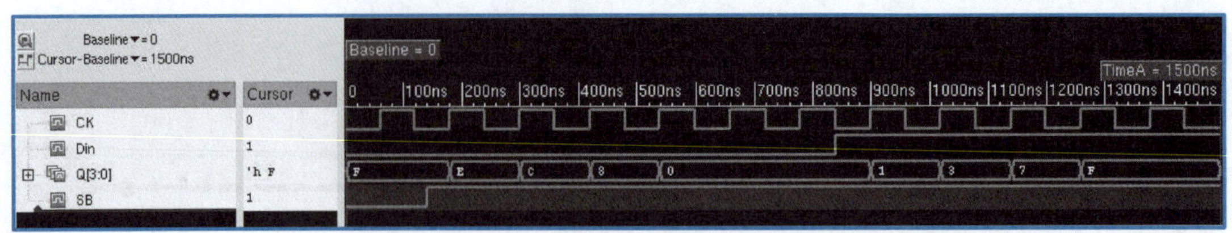

图 3-110 移位寄存器仿真结果

问题讨论

① 如何用 1 位二选一多路选择器构成 1 位八选一多路选择器？画出电路结构，并说明其工作原理。

② 带直接置位、复位功能的 *D* 触发器中，置位端和复位端的作用是什么？在电路作为边沿触发器正常工作时，置位端和复位端应该施加什么样的信号？

③ 简述传输门构成的 *D* 触发器的电路结构，并说明其工作原理。

④ 一个 8 位的向上计数器，最大可以达到的计数值为多少？

项目总结

本项目主要针对目前行业中最广泛使用的 CMOS 数字集成电路的设计及仿真验证过程进行了详细介绍，重点讲解各种 CMOS 数字集成电路单元和模块的电路结构、相关设计考虑、仿真验证等。

学习者在完成本项目相关内容的学习和训练后，应能够胜任基本 CMOS 数字集成电路单元和模块的设计，并能够通过仿真进行设计验证。

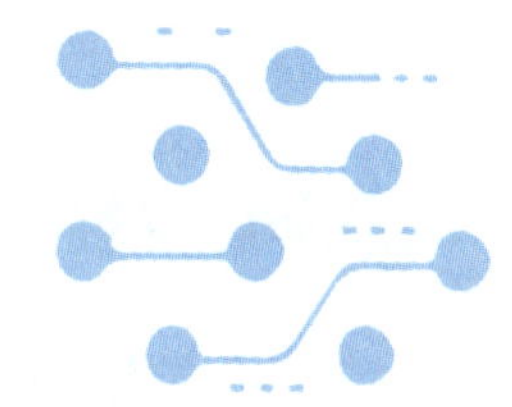

项目四

CMOS模拟集成电路设计与验证

项目简介

本项目主要介绍CMOS模拟集成电路的设计，并采用相关工具进行仿真验证。项目中主要分析各类基本CMOS模拟集成电路单元的工作原理，如电流镜、单级放大器、运算放大器、电压基准源和I/O电路等，并对相关的典型电路进行仿真和验证。

通过对本项目相关内容的学习和训练，需要实现以下学习目标：

① 了解MOS管沟道长度调制效应。

② 掌握基本电流镜电路的工作原理。

③ 掌握单级放大器单元电路的工作原理。

④ 了解运算放大器的工作原理。

⑤ 了解电压基准源电路的工作原理。

⑥ 掌握电流镜、单级放大器、运算放大器、电压基准源等电路的设计和仿真验证方法。

⑦ 了解I/O电路的工作原理。

任务一 长沟道MOS管工作原理认知

任务概述

本任务作为CMOS模拟集成电路设计与验证的基础，从MOS管的沟道长度调制效应引入，介绍沟道长度调制效应的推导、MOS管跨导的推导以及MOS管小信号等效电路的分析方法，在此基础上介绍沟道长度调制效应和跨导的仿真方法，并对其进行仿真验证。

背景知识 >>>

一、MOS 管的沟道长度调制效应

图 4-1 所示为 MOS 管工作时的沟道夹断特性，当增大 V_{DS} 时，MOS 管的漏端沟道被夹断并进入饱和状态，如图 4-1（c）所示，V_{DS} 进一步增大，夹断点会略向源极方向移动，如图 4-1（d）所示，从而使沟道的有效长度减小，导致沟道中的水平电场增强，使 I_{DS} 增大，这种效应称为沟道长度调制效应。

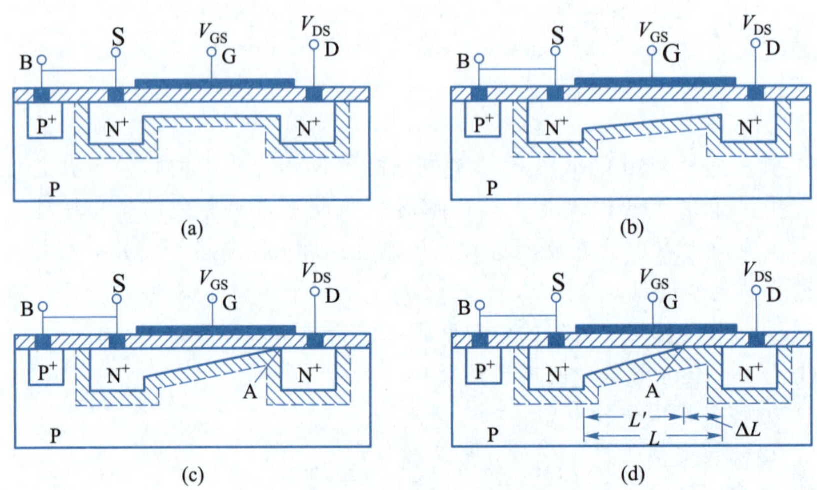

图 4-1 MOS 管的沟道夹断特性

当 MOS 管工作在饱和区时，导电沟道被夹断，沟道长度从 L 变为 L'，$L'=L-\Delta L$，在计算 MOS 管饱和区的电流时应该用 L' 来代替 L。假设 $\Delta L/L$ 与 V_{DS} 为线性关系，即 $\Delta L/L=\lambda V_{DS}$，那么之前所推导的电流公式就可以改写成

$$I_{DS}=\frac{1}{2}\mu_n C_{ox}\frac{W}{L}(V_{GS}-V_T)^2(1+\lambda V_{DS}) \tag{4-1}$$

式中：λ 为沟道长度调制系数，表示给定 V_{DS} 增量所引起的沟道长度的相对变化量，对于较长的沟道，λ 值较小。

二、MOS 管的跨导

MOS 管的跨导 g_m 定义为

$$g_m=\left.\frac{\partial I_{DS}}{\partial V_{GS}}\right|_{V_{DS}=常数} \tag{4-2}$$

由 MOS 管的 $I-V$ 特性曲线求得

$$g_m=\mu_n C_{ox}\frac{W}{L}(V_{GS}-V_T) \tag{4-3}$$

跨导 g_m 可被看成器件的灵敏度，即 I_{DS} 对 V_{GS} 的变化程度。跨导还可以写成如下形式：

$$g_m=\sqrt{2\mu_n C_{ox}\frac{W}{L}I_{DS}} \tag{4-4}$$

三、MOS 管的小信号等效电路模型

许多模拟电路工作时都偏置在饱和区，然后对偏置点附近的小信号进行处理。因此，这里对 MOS 管进行小信号模型分析。MOS 管的漏电流是相对于栅源电压的函数，分析时引入 g_mV_{GS} 作为压控电流源，简化的 MOS 管小信号等效电路模型如图 4-2 所示。

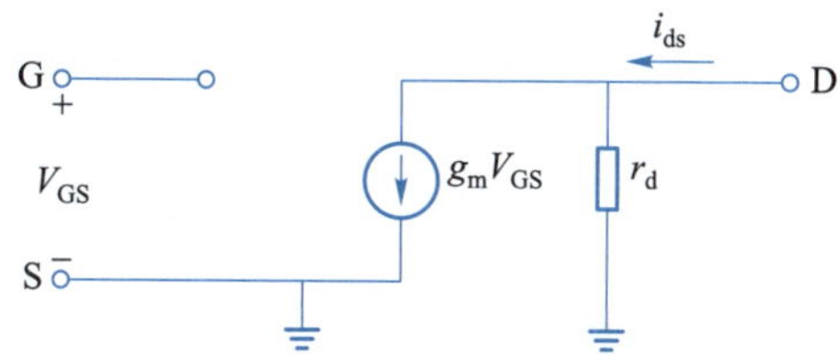

图 4-2　简化的 MOS 管小信号等效电路模型

图 4-2 中，r_d 为场效应管的等效输出电阻，其值可以由下式推导得出：

$$r_d=\frac{\partial V_{GS}}{\partial I_{DS}}=\frac{1}{\frac{1}{2}\mu_n C_{ox}\frac{W}{L}(V_{GS}-V_T)^2\lambda}\approx\frac{1}{\lambda I_{DS}} \tag{4-5}$$

同时，如果衬底没有和源极连接在一起，衬底也会影响阈值电压。考虑到衬底电压 V_{BS} 对漏极电流 I_{DS} 的控制作用，小信号等效电路中需增加一个压控电流源 $g_{mb}V_{BS}$，等效电路如图 4-3 所示。其中，g_{mb} 称为背栅跨导，且 $g_{mb}=\partial I_{DS}/\partial V_{BS}$，工程上一般写成

$$g_{mb}=\eta g_m \tag{4-6}$$

式中：η 为常数，一般 $\eta=0.1\sim0.2$。

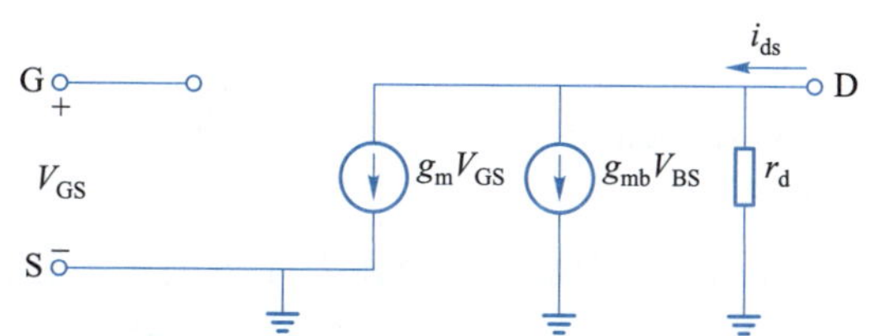

图 4-3　考虑衬底效应的 MOS 管小信号等效电路模型

技能训练 >>>

一、MOS 管沟道长度调制效应的设计与验证

1. 设计准备

首先建立一个 MOS 管沟道长度调制效应的仿真逻辑图，如图 4–4 所示，取名为 MOSFET，各器件参数如图所示，其中 MOS 管的长度 l 设置为变量 a。

接下来，要添加电源信号、输入信号等，搭建仿真环境。将上面建立的 MOSFET 单元复制成另外一个单元 MOSFET_test，为其添加电源信号和输入信号，如图 4–5 所示，其中输入信号设置为 1.25 V，电源电压设置为变量 vdc。

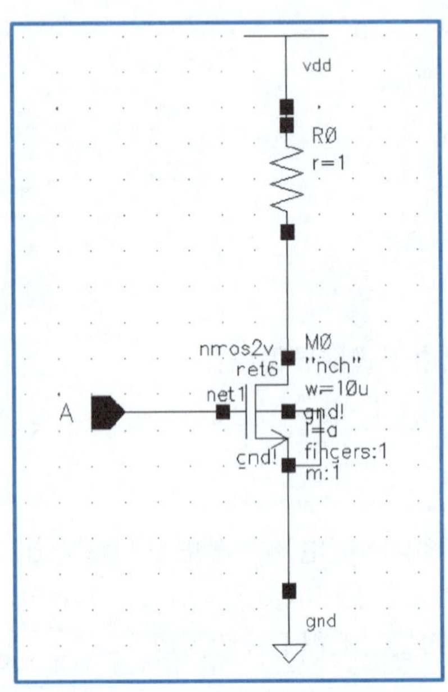

图 4–4 MOS 管沟道长度调制效应的仿真逻辑图

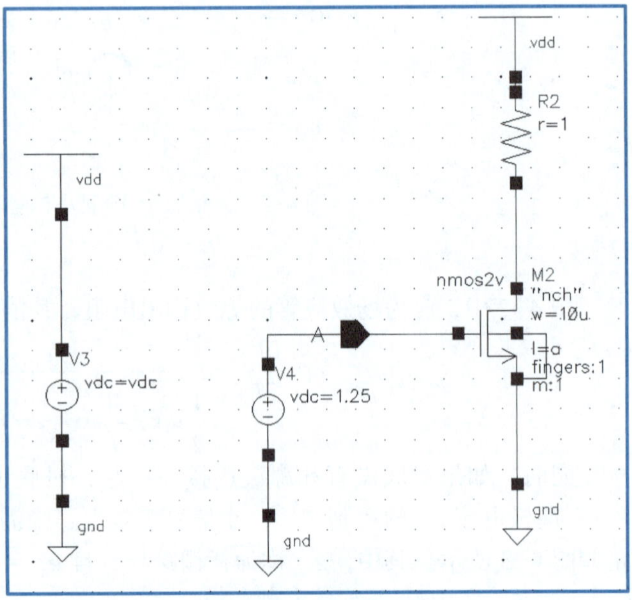

图 4–5 添加仿真信号

2. 仿真状态设置

打开 Analog Design Environment 窗口，进行仿真状态设置。

（1）选择仿真模型文件

选择 Setup → Model Libraries 菜单命令，弹出图 4–6 所示对话框，在 Model File 栏输入“/home/jsit/pdk461/s05mixddst02v221.scs”，在 Section 栏输入“tt”（指采用典型工艺参数进行仿真）。单击图 4–6 中的 OK 按钮，仿真模型就添加完成了。

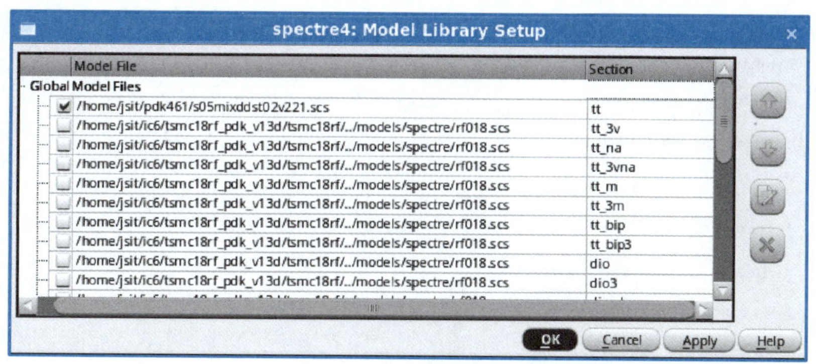

图 4-6　添加仿真模型

（2）设置仿真类型

选择 Analyses → Choose 菜单命令，弹出图 4-7 所示对话框。

在图 4-7 中，在 Analysis 栏中选中 dc，接下来就可以进行 DC Analysis 的有关设置。选中 Save DC Operating Point；选中 Sweep Variable 栏中的 Design Variable，在 Variable Name 栏中输入“vdc”；在 Sweep Range 栏中选中 Start-Stop，设置 Start 为 0、Stop 为 5；在 Sweep Type 栏中选中 Number of Steps，填写 1000；最后选中 Enabled，并单击 OK 按钮退出该对话框。

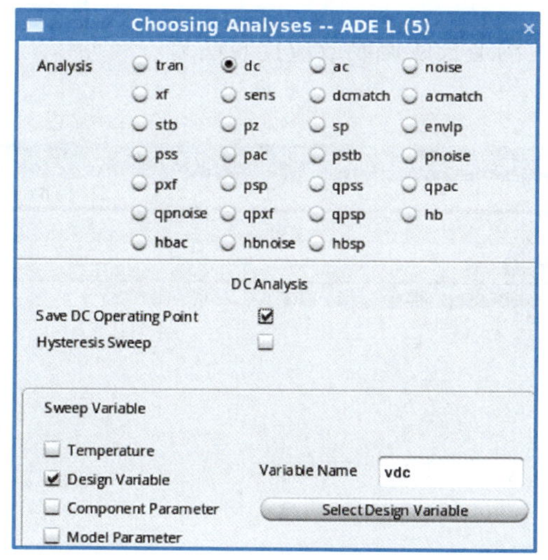

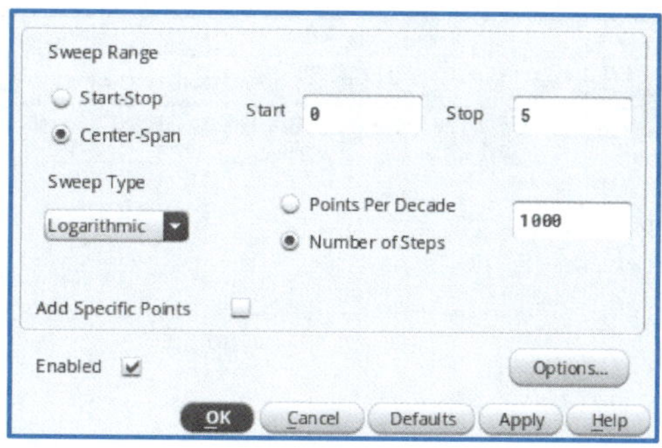

图 4-7　设置仿真类型

（3）保存输出结果

因为在仿真过程中要观察电流，所以要把电流结果保存起来，方法是选择 Outputs → Save All 菜单命令，弹出图 4-8 所示对话框。

在图 4-8 中，选中 Select device currents 栏中的 all，并单击 OK 按钮退出。

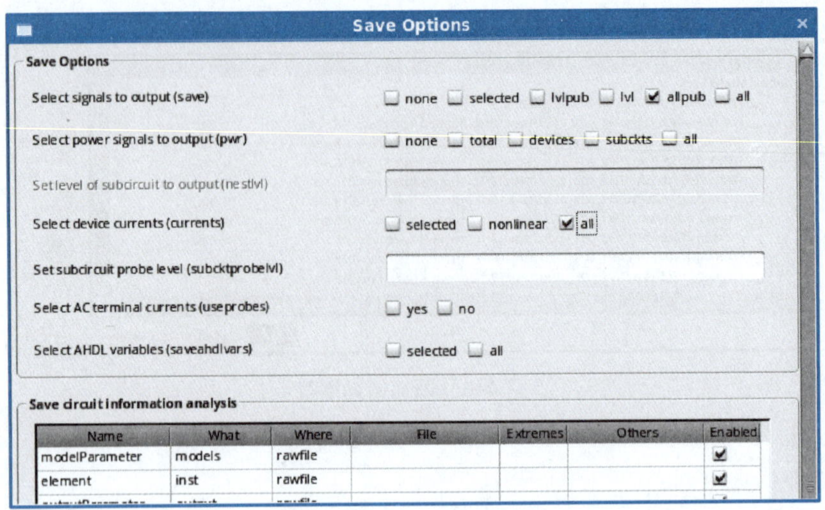

图 4-8　保存电流结果

（4）改变参数

改变沟道长度，从 0.5 μm（0.5u）变到 10 μm（10u），观察输出电流曲线的变化。

选择 Analog Design Environment 窗口中的 Tools→Parametric Analysis 菜单命令，弹出图 4-9 所示窗口，对参数 a 进行设置，设置完成后进行仿真，仿真结果如图 4-10 所示。

由仿真结果可知，沟道长度比较小的时候，沟道长度调制效应比较明显。

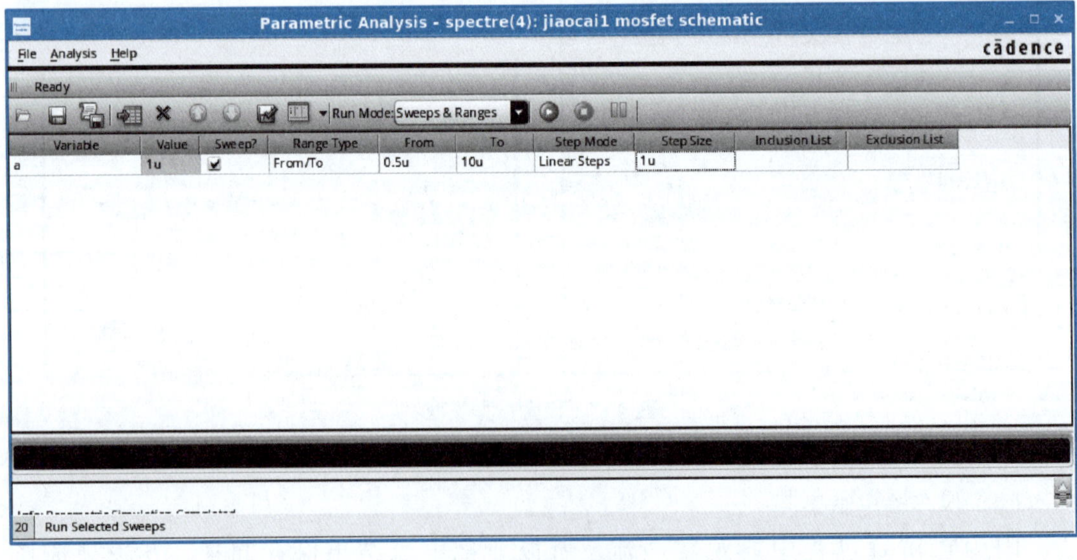

图 4-9　设置参数

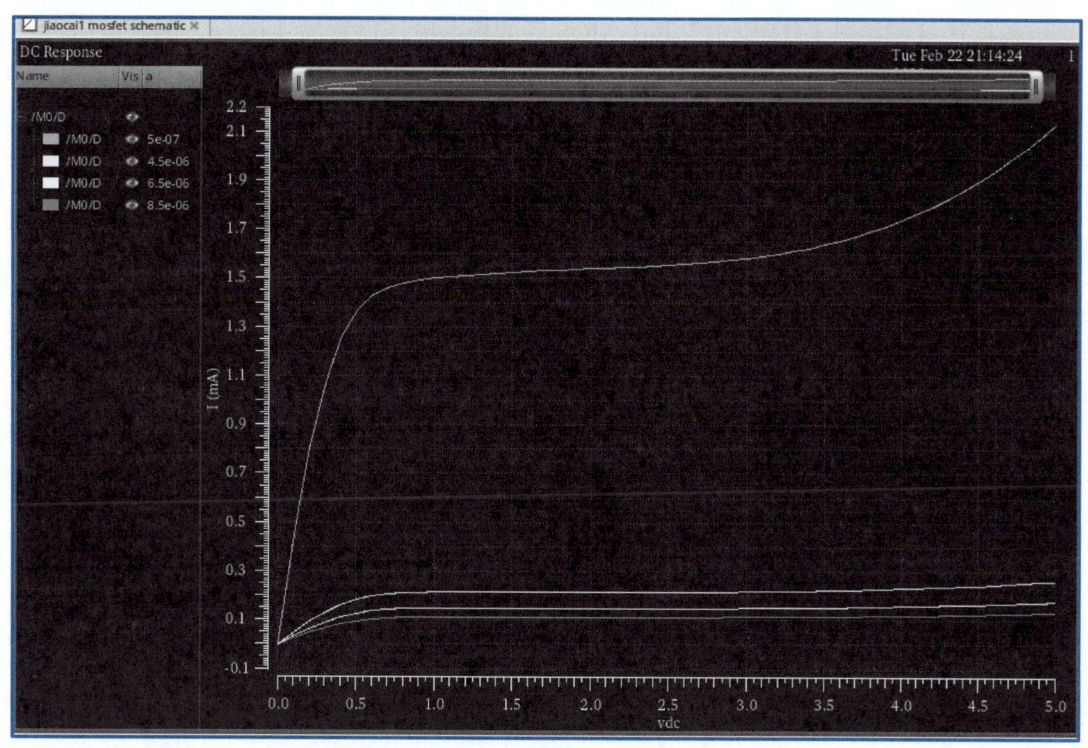

图 4-10　不同沟道长度下 MOS 管的 $I-V$ 曲线

二、MOS 管跨导的设计与验证

1. 设计准备

首先建立一个 MOS 管跨导的仿真逻辑图，然后添加电源信号和输入信号，如图 4-11 所示，取名为 Gm_test。

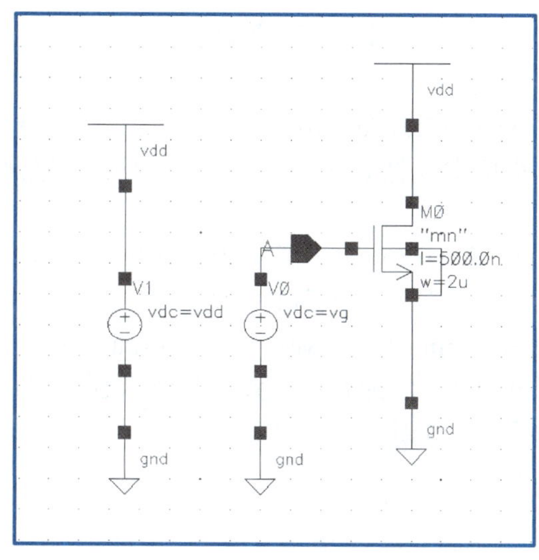

图 4-11　MOS 管跨导的仿真逻辑图

各器件参数如图 4-11 所示，其中 MOS 管的栅源电压设置为变量 vg，漏源电压设置为变量 vdd。

2. 仿真状态设置

① 选择仿真模型文件：同“MOS 管沟道长度调制效应的仿真与验证”。

② 设置仿真类型：同“MOS 管沟道长度调制效应的仿真与验证”。

③ 选择输出信号：由于是对电压信号进行仿真，因此选中信号线即可。

3. 仿真运行和波形分析

g_m 定义为输出端电流的变化值和输入端电压的变化值的比值，其量纲是电阻的倒数，因此只需要在输入端加一个电压，测量输出端的电流即可。

首先简单地进行直流仿真，如图 4-12 所示。

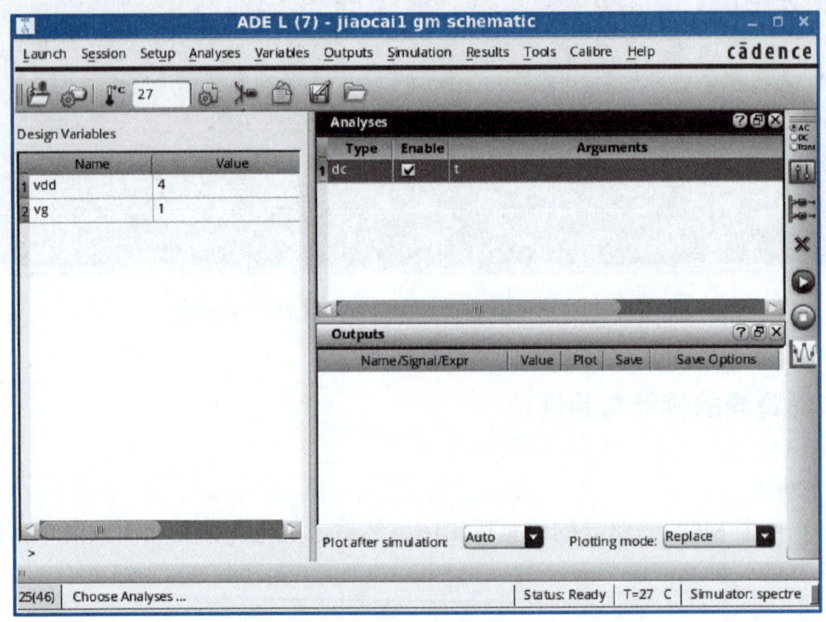

图 4-12　直流仿真

选择图 4-12 中的 Tools→Results Browser 菜单命令，选择 MOS 管，右击下方的 id（A），在弹出的快捷菜单中选择 Calculator 命令，将 id 取值到计算器中，如图 4-13 所示。

同样地，将栅极电压源的电压值 vgs 也取值到计算器中，如图 4-14 所示。

如图 4-15 所示，首先编辑计算器中所获得的 id 和 vgs，公式为 id/vgs，计算器中显示为 pv("M0" "id" ?result "dcOpInfo")/pv("M0" "vgs" ?result "dcOpInfo")，然后选择图 4-12 中的 Outputs→Setup 菜单命令，添加新的公式，取名为 Gm，单击 Get Expression 按钮，获取计算器中的公式，如图 4-15 所示。

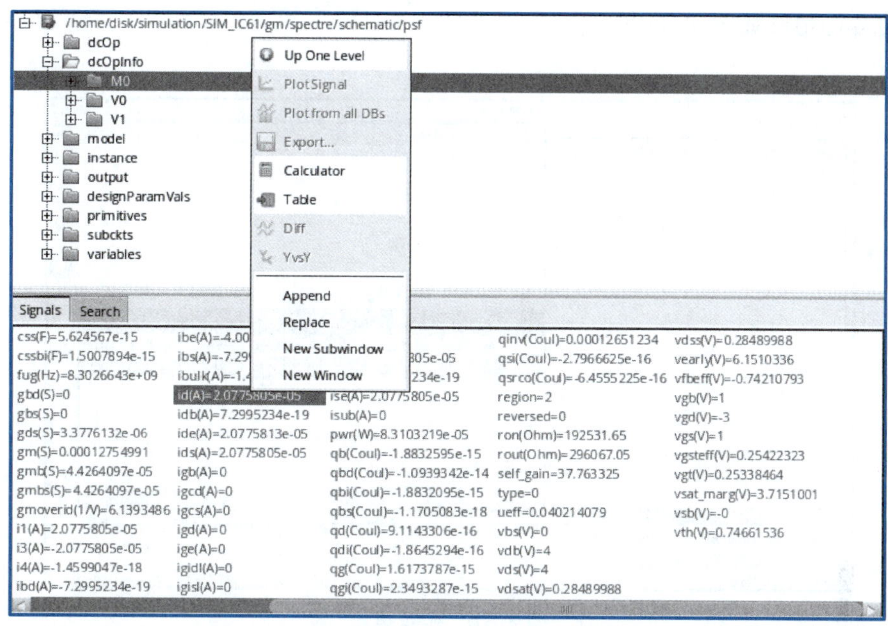
图 4-13　将 id 取值到计算器中

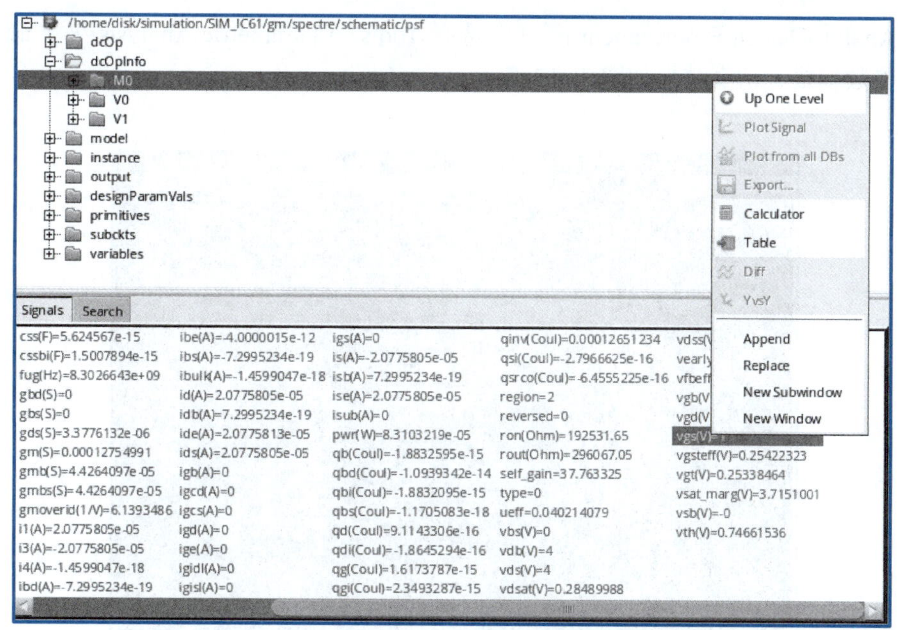
图 4-14　将 vgs 取值到计算器中

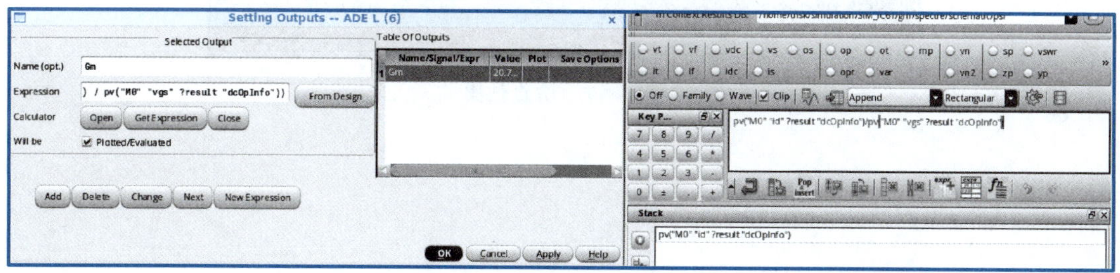
图 4-15　添加 Gm 公式

仿真界面最终如图 4-16 所示。

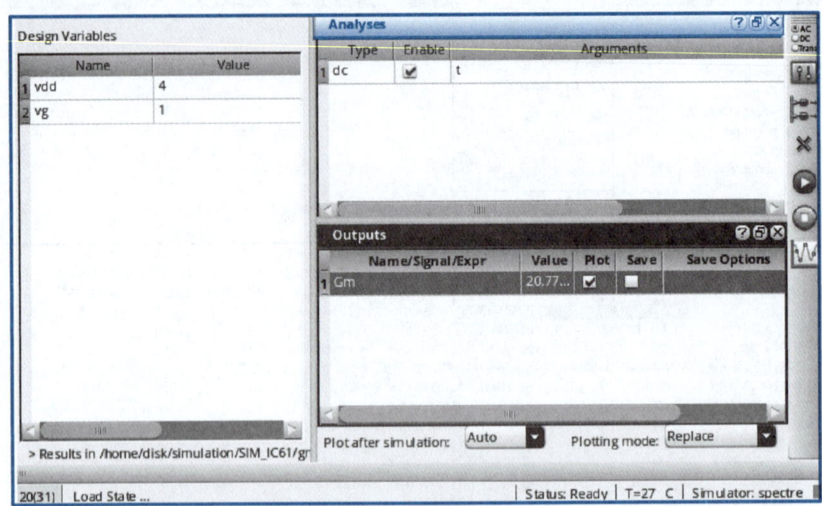

图 4-16　仿真界面

在 Analog Design Environment 窗口中选择 Tools → Parametric Analysis 菜单命令，对 vg 进行参数扫描，仿真结果如图 4-17 所示。

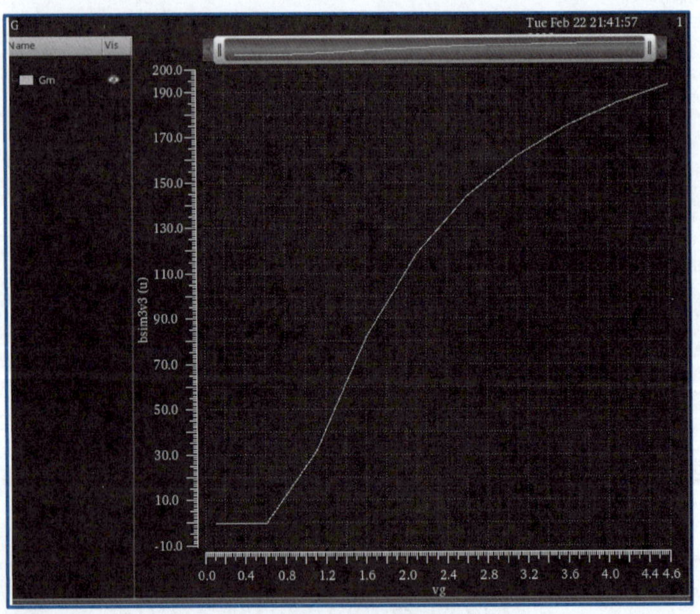

图 4-17　仿真结果

问题讨论

① 什么是沟道长度调制效应？
② 试分析长沟道器件和短沟道器件的特点。
③ 试推导沟道长度调制效应的电流公式。
④ 跨导的定义是什么？
⑤ 试推导跨导的表达式。
⑥ 跨导和直流偏置电流的关系是什么？
⑦ 画出 MOS 管小信号等效电路。
⑧ 试着通过小信号等效电路推导 MOS 管的增益。
⑨ 如何进行参数扫描仿真？
⑩ 如何利用仿真工具中的计算器仿真出器件的跨导？

任务二　电流镜设计与验证

任务概述

本任务主要讲述电流镜相关知识，介绍基本电流镜、共源共栅电流镜的电路结构和工作原理，在此基础上，利用 Cadence 软件对以上两个电流镜单元进行仿真验证，开展具体的技能训练。

背景知识

一、基本电流镜

电流镜是模拟集成电路中的一个重要功能模块，在模拟集成电路中具有广泛的应用，主要用作提供恒定电流的电流源。连接不同的负载时，电流镜的输出电流总是不变的，或者说负载总是能得到一个稳定的工作电流。一般来讲，恒流源利用 MOS 管饱和区的恒流特性构成。在模拟电路中，恒流源除了提供工作电流以外，还常常当作放大器的有源负载使用，这样可以大幅度提高放大器的电压增益。

图 4-18 所示为基本的 MOS 管电流镜的电路结构。其中图 4-18（a）为 NMOS 电流镜，图 4-18（b）为 PMOS 电流镜。I_{REF} 为基准电流，I_{out} 是所需设定的稳定电流。电流镜由基准电流和输出电流两条支路构成，通过将 MOS 管 M_1 和 M_2 的栅极连在一起，使得 M_1 和 M_2 的 V_{GS} 相等。

下面以图 4-18（a）所示的 NMOS 电流镜为例，说明电流镜的工作原理。假定已给 M_1 和 M_2 提供了合适的偏置电压，使它们均工作在饱和区（其中 M_1 的栅极和漏极短接，

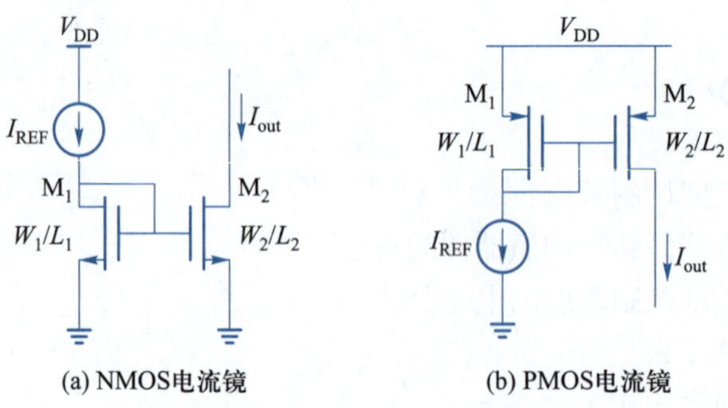

图 4-18 MOS 管电流镜的电路结构

因此它始终工作在饱和区）。若忽略沟道长度调制效应，则有

$$I_{REF}=\frac{1}{2}\mu_n C_{ox}\frac{W_1}{L_1}(V_{GS}-V_T)^2 \tag{4-7}$$

$$I_{out}=\frac{1}{2}\mu_n C_{ox}\frac{W_2}{L_2}(V_{GS}-V_T)^2 \tag{4-8}$$

将以上两式相除，可以得到

$$\frac{I_{out}}{I_{REF}}=\frac{W_2/L_2}{W_1/L_1} \tag{4-9}$$

从式（4-9）可以看出，如果基准电流 I_{REF} 稳定不变，则 I_{out} 可以精确地复制电流而不受工艺和温度的影响，I_{out} 与 I_{REF} 的比值由器件的宽长比决定，该值可以控制在合理的精度范围内。由于该电路在结构上呈现出镜像对称的特征，故称为电流镜电路。

二、共源共栅电流镜

上面分析的电流镜电路是基于理想情况下的，忽略了沟道长度调制效应。在实际情况下，沟道长度调制效应会使得镜像电流产生较大的误差，下面对这一情况进行分析。对于图 4-18（a）所示电路，考虑到沟道长度调制效应，则式（4-7）和式（4-8）可写成

$$I_{REF}=\frac{1}{2}\mu_n C_{ox}\frac{W_1}{L_1}(V_{GS}-V_T)^2(1+\lambda V_{DS1}) \tag{4-10}$$

$$I_{out}=\frac{1}{2}\mu_n C_{ox}\frac{W_2}{L_2}(V_{GS}-V_T)^2(1+\lambda V_{DS2}) \tag{4-11}$$

此时，输出电流与基准电流之间的关系为

$$\frac{I_{out}}{I_{REF}}=\frac{W_2/L_2}{W_1/L_1}\left(\frac{1+\lambda V_{DS2}}{1+\lambda V_{DS1}}\right) \tag{4-12}$$

对于 M_1，$V_{DS1}=V_{GS1}=V_{GS2}$；而对于 M_2，由于受输出端负载的影响，通常不能保证 V_{DS2} 和 V_{GS2} 相等，因此沟道长度调制效应将会影响电流镜对电流的精确复制。

为了抑制沟道长度调制效应产生的影响，可以采用共源共栅电流源结构。如图 4-19（a）所示，选择合适的 V_b，使得 Y 点的电压和 X 点的电压相等，这样就可以得到 $V_{DS1}=V_{DS2}$，从而使 $I_{out}\approx I_{REF}$，而且，这是一个比较精确的结果。

那么图 4-19（a）中的 V_b 如何产生？应该取什么值呢？$V_b = V_{GS3} + V_Y = V_{GS3} + V_X$。从这个结果可以看出，如果在偏置电路 V_X 上叠加一个栅源电压，就可以得到想要的 V_b 值。据此对图 4-19（a）加以改进，得到如图 4-19（b）所示的共源共栅电流镜。将 M_0 和 M_1 串联，从而产生一个电压 $V_N = V_{GS0} + V_X$，根据 M_3 的尺寸，选择合适的 M_0 的尺寸，就可以使 $V_{GS0} = V_{GS3}$。如图 4-19（b）所示，将 M_0 的栅极和 M_3 的栅极连在一起，就可以得到 $V_{GS3} + V_Y = V_{GS0} + V_X$，由于 $V_{GS0} = V_{GS3}$，所以可以得到 $V_X = V_Y$，从而使 $V_{DS1} = V_{DS2}$。图 4-19（b）所示的电路能提供精确的电流输出值，但是叠加了一个管子，因此也消耗了输出电压的裕量。

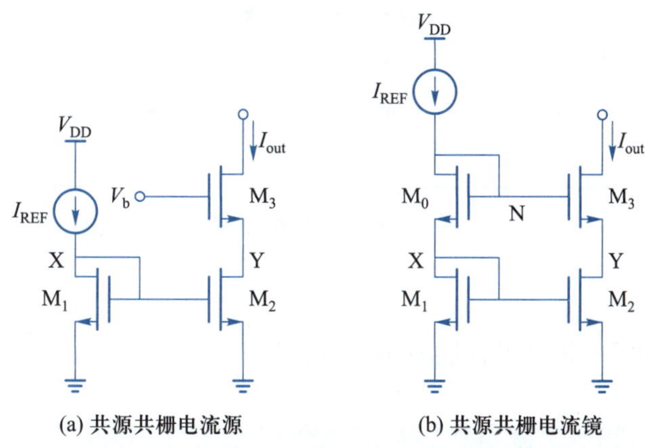

图 4-19　共源共栅电流源及共源共栅电流镜

技能训练 >>>

一、基本电流镜的设计与验证

1. 设计准备

首先建立一个基本电流镜的仿真逻辑图，然后添加信号源，如图 4-20 所示，取名为 dlj_test。

各器件参数如图 4-20 所示，其中各 MOS 管的宽长比 $\frac{W_0}{L_0}:\frac{W_1}{L_1}:\frac{W_2}{L_2}=\frac{5\mu}{2\mu}:\frac{5\mu}{2\mu}:\frac{10\mu}{2\mu}=1:1:2$，电源电压为 5 V，电流源电流为 500 μA。

2. 仿真状态设置

① 选择仿真模型文件：同“MOS 管沟道长度调制效应的仿真与验证”。

② 设置仿真类型：瞬态仿真。

③ 选择输出信号：由于是对电流信号进行仿真，因此选中节点即可。

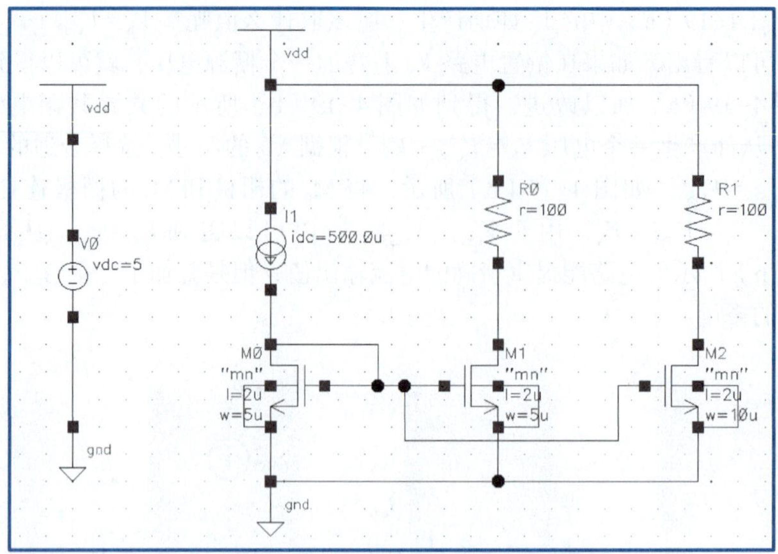

图 4-20　基本电流镜的仿真逻辑图

3. 仿真运行和波形分析

基本电流镜的瞬态仿真设置如图 4-21 所示。

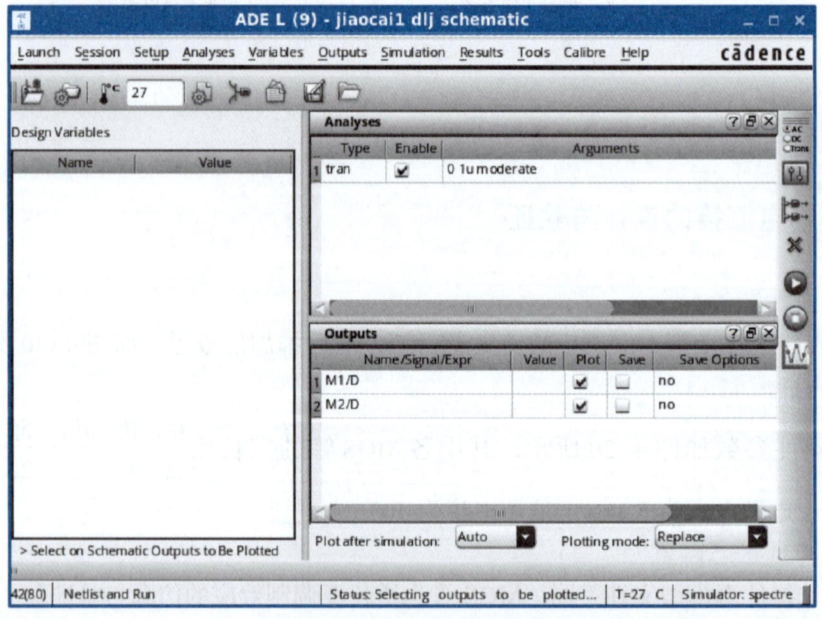

图 4-21　基本电流镜的瞬态仿真设置

仿真结果如图 4-22 所示，可以看到流过两条支路 M_1 和 M_2 的电流分别约为 503.16 μA 和 1.01 mA，和电流源电流 500 μA 的比值与 MOS 管宽长比的比值基本符合。

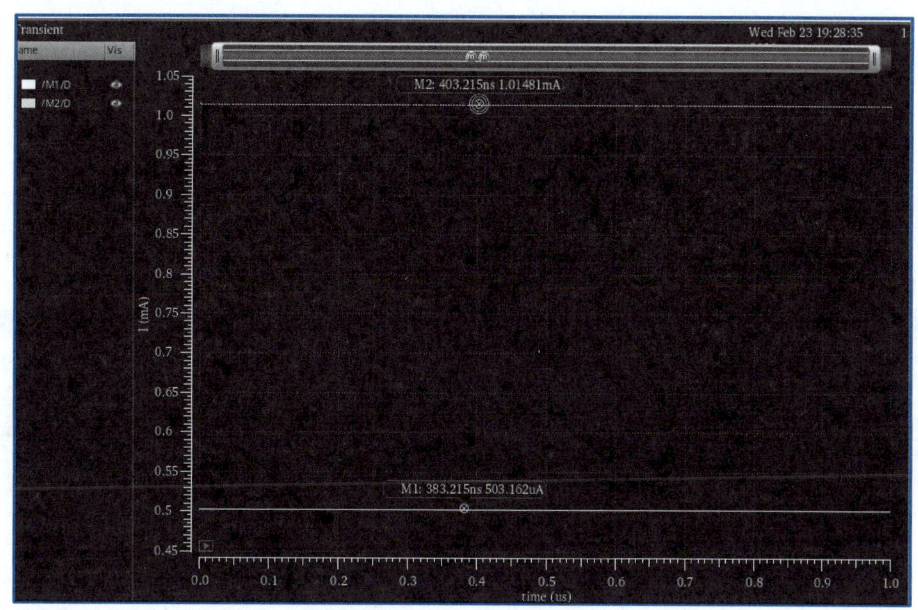

图 4-22 基本电流镜的仿真结果

二、沟道长度调制效应对电流镜电路影响的验证

从以上仿真结果可以看出，流过 M_1 和 M_2 的电流分别为 503.16 μA 和 1.01 mA，并没有和 500 μA 的电流源电流精确地成比例，根据之前学过的知识，这和 MOS 管的沟道长度调制效应有关，也就是和 M_1 和 M_2 的 V_{DS} 有关，下面来验证这一结论。

1. 设计准备

首先建立图 4-23 所示的仿真逻辑图，设置 M_1 的漏源电压为变量 a。

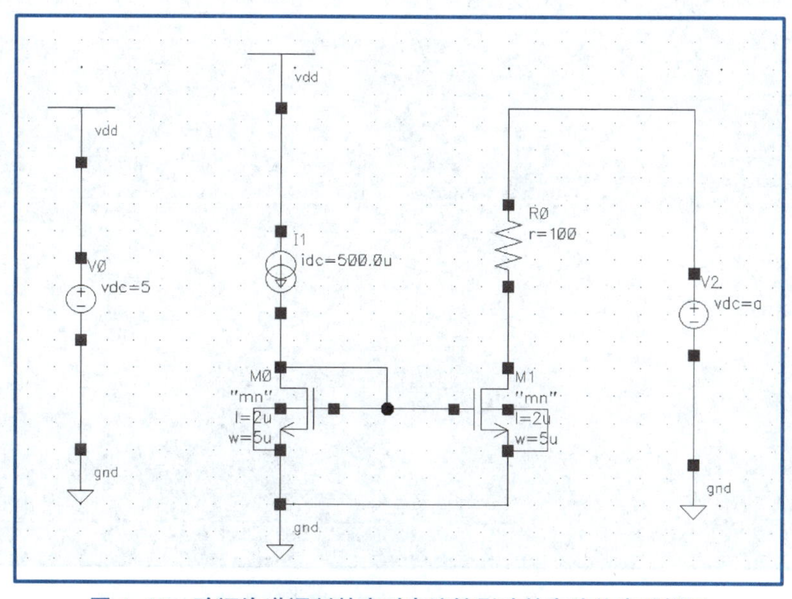

图 4-23 验证沟道调制效应对电流镜影响的电路仿真逻辑图

2. 仿真状态设置

① 选择仿真模型文件：同“MOS 管沟道长度调制效应的仿真与验证”。

② 设置仿真类型：瞬态仿真。

③ 选择输出信号：由于是对电流信号进行仿真，因此选中节点即可。

3. 仿真运行和波形分析

电路采用瞬态仿真，选择 Analog Design Environment 窗口中的 Tools → Parametric Analysis 菜单命令，对参数 a 进行扫描，仿真设置如图 4-24 所示。

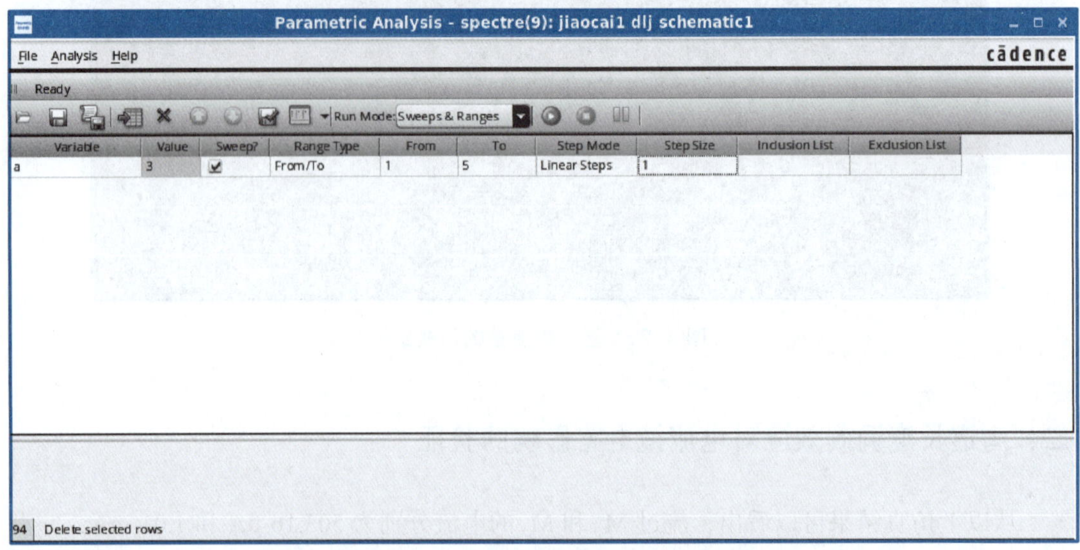

图 4-24 沟道长度调制效应对电流镜电路影响的仿真设置

仿真结果如图 4-25 所示，可以发现，电流镜中 M_1 的电流受其漏源电压变化的影响较大。

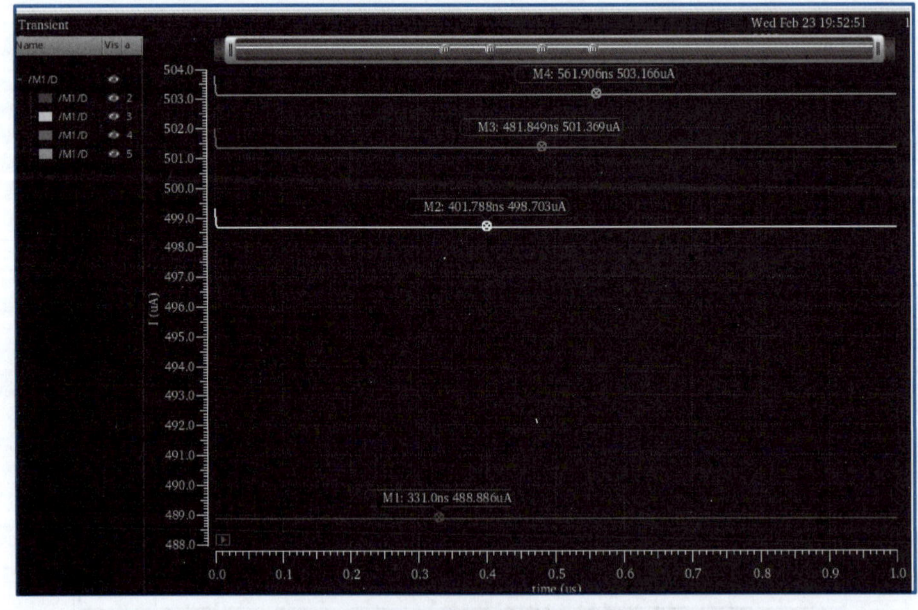

图 4-25 沟道长度调制效应对电流镜电路影响的仿真结果

三、共源共栅电流镜的设计与验证

根据“背景知识”部分的分析，为了避免沟道长度调制效应对电流镜的影响，可以采用共源共栅电流镜的电路结构，下面对这种电流镜进行仿真验证。

1. 设计准备

首先建立一个共源共栅电流镜的仿真逻辑图，然后添加信号源，如图 4–26 所示，取名为 dlj1_test。

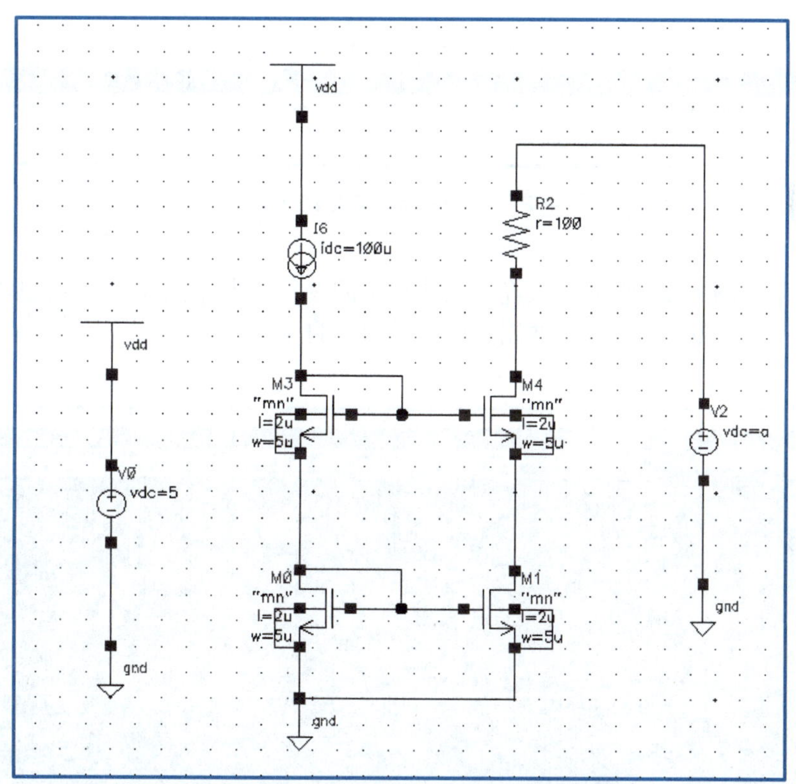

图 4–26　共源共栅电流镜的仿真逻辑图

设置 M_1 支路的电源电压为变量 a，恒流源电流为 100 μA，电源电压为 5 V。

2. 仿真状态设置

① 选择仿真模型文件：同“MOS 管沟道长度调制效应的仿真与验证”。

② 设置仿真类型：瞬态仿真。

③ 选择输出信号：由于是对电流信号进行仿真，因此选中节点即可。

3. 仿真运行和波形分析

电路采用瞬态仿真，选择 Analog Design Environment 窗口中的 Tools → Parametric Analysis 菜单命令，对参数 a 进行扫描，仿真设置如图 4–27 所示，输出 M_1 的漏极电流。

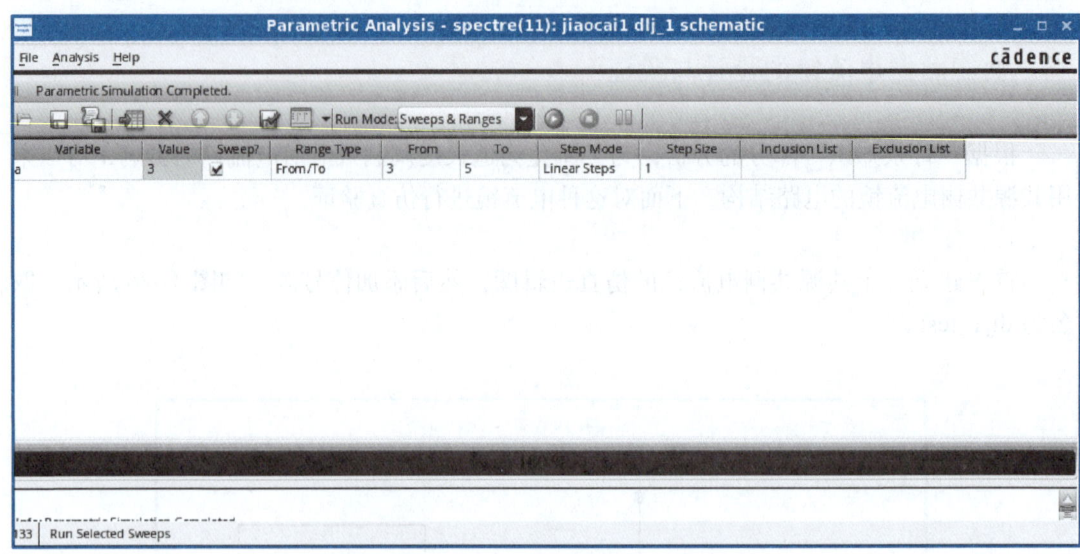

图 4-27　共源共栅电流镜的仿真设置

仿真结果如图 4-28 所示，随着负载端电压的变化，电流镜 M_1 始终能够精确地复制电流源的电流，避免了沟道长度调制效应带来的影响。

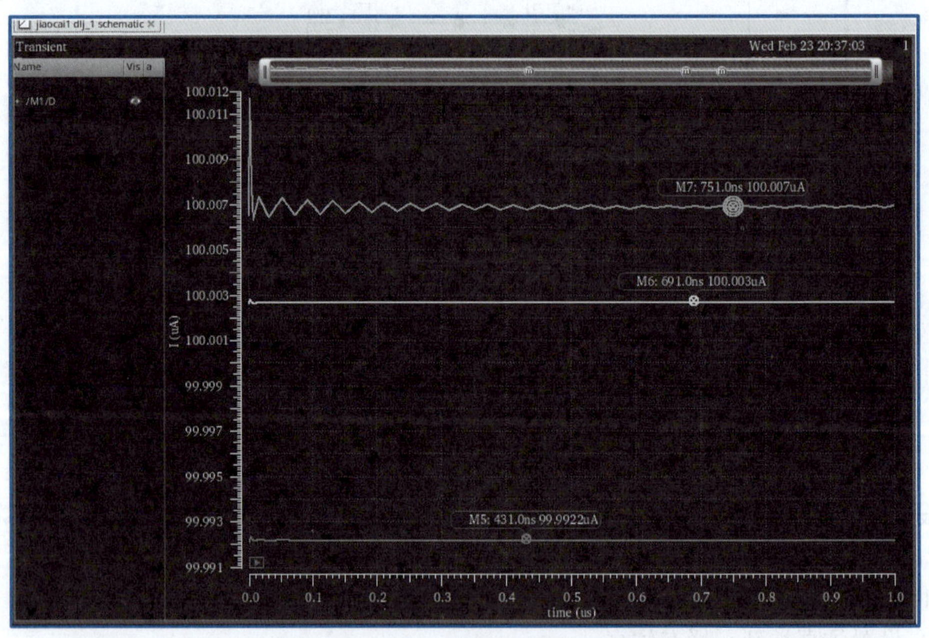

图 4-28　共源共栅电流镜的仿真结果

问题讨论 >>>

① 电流镜的主要功能是什么？

② 电流镜的主要应用有哪些？
③ 试画出简单的基本电流镜。
④ 试分析基本电流镜的工作原理。
⑤ 简述基本电流镜存在的缺点。
⑥ 简述沟道长度调制效应对电流镜的影响。
⑦ 试设计一个输出电路和基准电流比为 3 ：1 的基本电流镜。
⑧ 试分析共源共栅电流镜相对于基本电流镜的性能提升。
⑨ 试分析共源共栅电流镜是如何避免 V_{DS} 产生的沟道长度调制效应影响的。
⑩ 简述基本电流镜的仿真原理。

任务三　单级放大器及拓展设计与验证

任务概述

本任务主要讨论几种典型的单级放大器电路，重点分析电阻负载的共源放大器、MOS 二极管作为负载的共源放大器、电流源负载的共源放大器、共源共栅放大器的大信号特点和小信号等效模型，并且讨论它们各自的优缺点，然后通过 Cadence 软件对各模块进行仿真验证，开展具体的技能训练。

背景知识

一、电阻负载的共源放大器

MOS 管可以将栅源电压的变化转化成漏极电流的变化，流过电阻后又会转变成输出电压的变化。图 4–29 所示的采用电阻作负载的共源极电路就起到了这样的作用，输入电压信号 V_{in} 的变化转化成漏极电流信号 I_{DS} 的变化，该电流流过负载电阻后最终导致输出电压 V_{out} 发生变化。

针对这个电路，分别对其进行大信号和小信号特性的分析。首先分析其大信号特性，其输入 – 输出特性曲线如图 4–30 所示。从图 4–30 中可以看出，当输入电压从零开始增大时，M_1 截止，$V_{out}=V_{DD}$。当 V_{in} 增大到接近于 V_T 时，M_1 开始导通，其漏极电流流过负载电阻 R_D，导致输出电压 V_{out} 下降。如果 V_{DD} 不是非常小，则在开始阶段，M_1 饱和导通，忽略沟道长度调制效应，可以得到

$$V_{out}=V_{DD}-I_{DS}R_D=V_{DD}-\frac{1}{2}\mu_n C_{ox}\frac{W}{L}(V_{in}-V_T)^2R_D \tag{4-13}$$

随着 V_{in} 进一步增大，V_{out} 继续下降，只要满足 $V_T<V_{in}<V_{out}+V_T$，M_1 仍然工作于饱和区。直到 $V_{in}\geqslant V_{out}+V_T$ 时，M_1 进入线性区，此时有

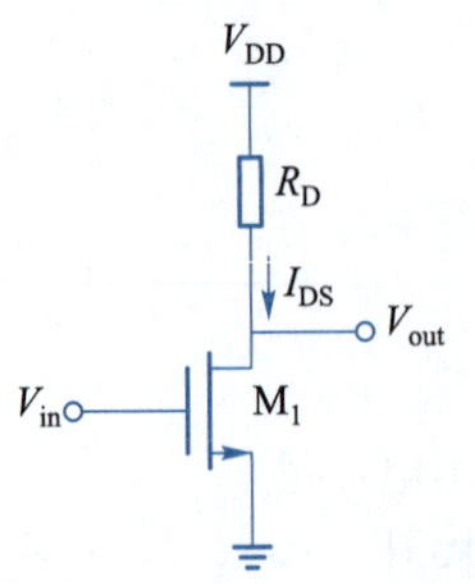

图 4-29 电阻负载的共源放大器

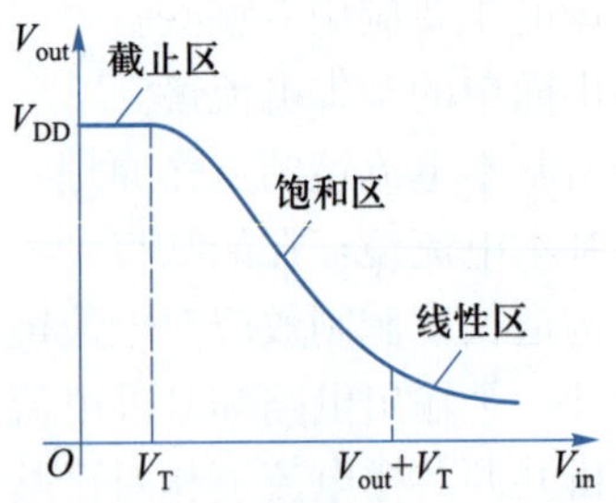

图 4-30 共源放大器输入 - 输出特性曲线

$$V_{out}=V_{DD}-\frac{1}{2}\mu_n C_{ox}\frac{W}{L}[2(V_{in}-V_T)V_{out}-V_{out}^2]R_D \tag{4-14}$$

通常情况下，在线性区跨导会下降，所以正常需确保 $V_{in}<V_{out}+V_T$，使 MOS 管工作在饱和区。用式（4-13）表征其输入 - 输出特性，并把它的斜率看作小信号增益，可以得到

$$A_v=\frac{\partial V_{out}}{\partial V_{in}}=-R_D\mu_n C_{ox}\frac{W}{L}(V_{in}-V_T)=-g_m R_D \tag{4-15}$$

该结果还可以从下面观察中直接得到：M_1 将输入的交流小信号电压转化为漏极电流的变化 $g_m v_{in}$，进一步转化为输出电压的变化 $-g_m R_D v_{in}$，故其电压增益为 $-g_m R_D$。

接下来通过对电路进行小信号分析来求其增益。对于图 4-29 所示的电阻负载共源放大器，其工作在饱和区时的交流小信号模型如图 4-31 所示，图中 r_d 是沟道长度调制效应引起的 M_1 的等效输出电阻。

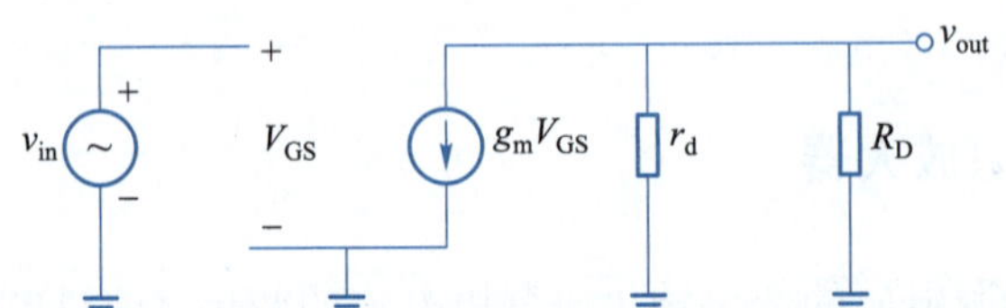

图 4-31 共源放大器工作在饱和区时的交流小信号模型

据此可以求出电压增益 A_v 为

$$A_v=\frac{v_{out}}{v_{in}}=\frac{-g_m v_{in}(r_d//R_D)}{v_{in}}=-g_m(r_d//R_D)\approx -g_m R_D \tag{4-16}$$

式（4-16）中若忽略 r_d，则 $A_v=-g_m R_D$，结果与式（4-15）相同。当负载阻抗的值远小于 MOS 管的输出阻抗（$R_D<r_d/10$）时，MOS 管有限的输出阻抗对电路的影响是可以忽略的，因此在电路分析中为了简化分析，通常可以忽略 MOS 管输出阻抗的影响。

二、MOS 二极管作为负载的共源放大器

在通常的 CMOS 工艺下，制作精确的电阻在工艺实现时相对比较困难，并且采用无源电阻器件作为放大器的负载会导致电压增益低、输出摆幅小等缺点，因此最好使用二

极管和电流镜等有源器件作为负载，这样可以提高放大器的性能。下面来讨论采用 MOS 二极管作为负载的共源放大器，如图 4-32 所示。

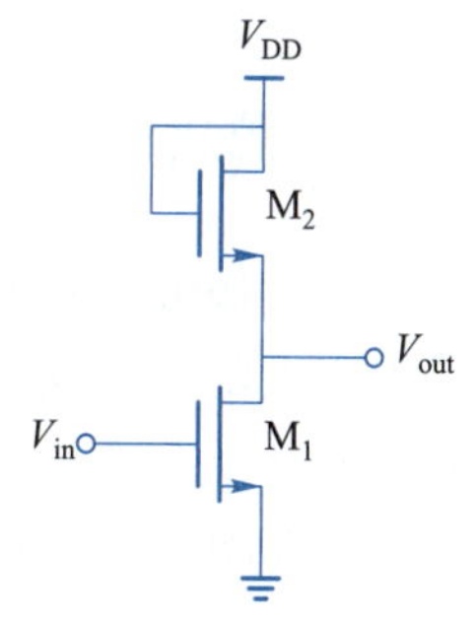

图 4-32 采用 MOS 二极管作为负载的共源放大器

从图 4-32 所示的电路结构可以看出，放大器采用 M_2 作为漏极负载。由于 M_2 的栅漏极短接，其将处于饱和状态，在分析时可以将其作为一个等效的二端元件来处理。当输出的交流信号幅度较小时，可以把它看作一个线性交流电阻来看待，如图 4-33 所示。

图 4-33（a）所示为工作于饱和状态的 M_2。图 4-33（b）所示为 M_2 的伏安特性曲线。当电路的工作点位于 Q 点时，过 Q 点切线的斜率的倒数就是 M_2 的等效交流电阻，如图 4-33（c）所示。

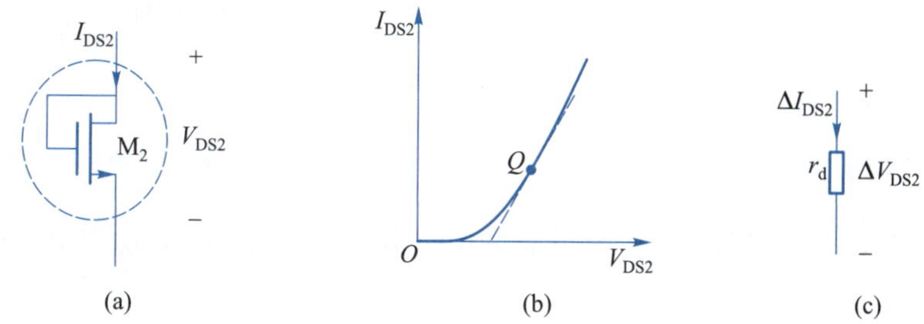

图 4-33 饱和负载管 M_2 的工作状态及其等效交流电阻

根据图 4-33（b），M_2 的等效交流电阻 r_d 可表示为

$$r_d=\frac{\Delta V_{DS2}}{\Delta I_{DS2}} \text{或} \ r_d=\frac{dV_{DS2}}{dI_{DS2}} \tag{4-17}$$

因为 $V_{DS2}=V_{GS2}$，所以式（4-17）可写为

$$r_d=\frac{dV_{GS2}}{dI_{DS2}}=\frac{1}{(dI_{DS2}/dV_{GS2})}=\frac{1}{g_{m2}} \tag{4-18}$$

即 M_2 位于工作点 Q 的等效交流电阻 r_d 等于其对应饱和区的跨导 g_{m2} 的倒数。

下面来计算该共源放大器的电压增益 A_v。忽略沟道长度调制效应和体效应，式（4-18）可以代替式（4-16）中的负载阻抗，得出

$$A_v=\frac{v_{out}}{v_{in}}=-g_{m1}r_d=-g_{m1}\frac{1}{g_{m2}}=-\frac{g_{m1}}{g_{m2}} \tag{4-19}$$

又因为 MOS 管饱和区的跨导还可表示为

$$g_{m1}=\sqrt{2\mu_n C_{ox}(W_1/L_1)I_{DS1}}$$
$$g_{m2}=\sqrt{2\mu_n C_{ox}(W_2/L_2)I_{DS2}}$$

式中 $I_{DS1}=I_{DS2}$，因此有

$$A_v=-\frac{g_{m1}}{g_{m2}}=-\sqrt{\frac{W_1/L_1}{W_2/L_2}} \tag{4-20}$$

从式（4-20）可以看出，只要知道了该共源放大器输入管的宽长比 W_1/L_1 和 W_2/L_2，便可轻而易举地求出其电压增益，式中的负号表示输入信号与输出信号反相。

三、电流源负载的共源放大器

单级共源放大器的电压增益 $A_v=-g_m R_D$。为了提高电压增益，必须增大负载电阻 R_D。但是对于电阻负载或者 MOS 二极管负载，增大负载会限制输出电压的摆幅。一个理想的负载既要有很大的等效电阻，又要有很小的直流电压裕度，因此更好的方法是用电流源代替负载，如图 4-34 所示，其交流等效电路如图 4-35 所示。

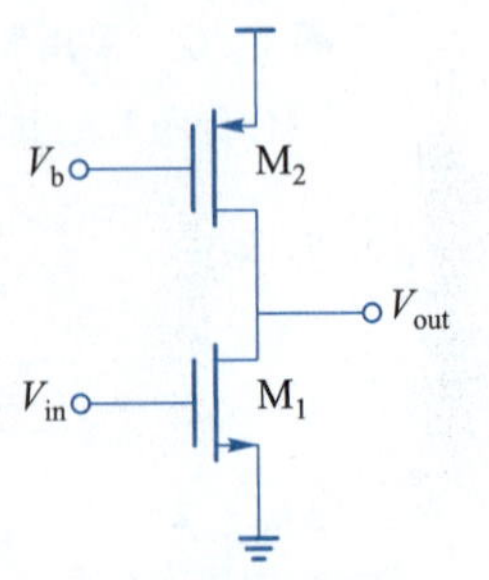

图 4-34　电流源负载的共源放大器

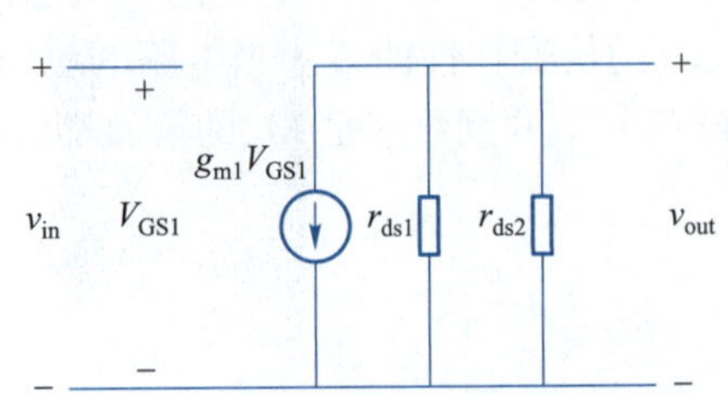

图 4-35　电流源负载的共源放大器交流等效电路

根据图 4-35，在输出节点所看到的总的输出阻抗等于 $r_{ds1}//r_{ds2}$，所以电压增益为

$$A_v=-g_{m1}(r_{ds1}//r_{ds2})=-\frac{g_{m1}}{\dfrac{1}{r_{ds1}}+\dfrac{1}{r_{ds2}}} \tag{4-21}$$

当 NMOS 管和 PMOS 管都工作在饱和区时，由 MOS 管的漏极向源极看到的电阻为

$$r_{ds}=\frac{1}{\lambda I_{DS}} \tag{4-22}$$

将 $g_{m1}=\sqrt{2\mu_n C_{ox}(W_1/L_1)I_{DS1}}$，$r_{ds1}=1/(\lambda_1 I_{DS1})$，$r_{ds2}=1/(\lambda_2|I_{DS2}|)$ 代入式（4-21），其中 $I_{DS1}=|I_{DS2}|=I_o$，有

$$A_v=-\sqrt{2\mu_n C_{ox}(W_1/L_1)\ I_{DS1}}\ \frac{1}{I_{DS1}(\lambda_1+\lambda_2)}$$

即

$$A_v=-\sqrt{\frac{2\mu_n C_{ox}(W_1/L_1)}{I_o}}\left(\frac{1}{\lambda_1+\lambda_2}\right) \tag{4-23}$$

从式（4-23）可以看出，电流源负载的共源放大器的电压增益 A_v 与其静态工作电流的平方根成反比。I_o 越小，则电压增益越高。此外，电压增益还与 MOS 管的沟道长度调制效应有关，沟道长度调制效应越弱，即 λ 值越小，则放大器的电压增益越高。也就是说，MOS 管的沟道越长，MOS 管的输出电阻越大，则放大器的电压增益越高。

四、共源共栅放大器

共源共栅（cascode）放大器就是将共源极和共栅极级联起来形成的放大器，如图 4-36 所示。其中，共源极能将栅极输入的电压信号转变为漏极输出的电流信号，而共栅极是一个电流缓冲器，它能够将共源极的输出电流信号传输到输出，经负载作用后转变为电压，可见共源共栅放大器具有与共源放大器相同的信号放大原理。但由于共源共栅放大器在共源极之上串联了一个共栅晶体管，因此共源共栅放大器有很多独特的性质，下面将对共源共栅放大器的特性进行说明。

首先考虑大信号特性。在图 4-36 中，对输入电压 V_{in} 从 0 到 V_{DD} 进行直流扫描，可以得到图 4-37 所示的输入 - 输出特性曲线。当 $V_{in} \leqslant V_{T1}$ 时，M_1 截止，漏极电流为零，$V_{out}=V_{DD}$，$V_X \approx V_b - V_{T2}$（不考虑 M_2 的亚阈值导电）；当 $V_{in}>V_{T1}$ 时，M_1 导通，漏极电流开始增加，V_{out} 下降，同时，随着漏极电流 I_{DS2} 的增加，V_{GS2} 必定同时增加，因此 V_X 也会下降。当输入电压 V_{in} 足够大时，M_1、M_2 两个 MOS 管将会开始进入线性区，具体哪一个 MOS 管先进入线性区，与 M_1、M_2 的尺寸以及它们的偏置电压有关。

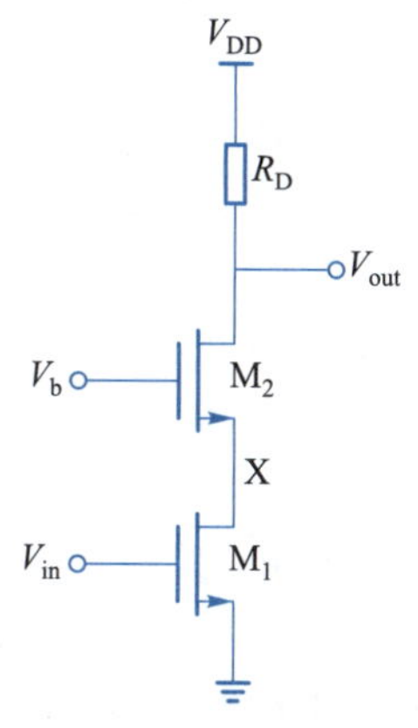

图 4-36　共源共栅放大器

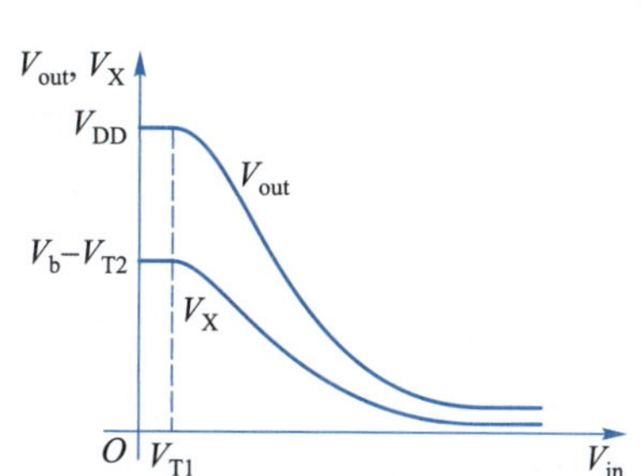

图 4-37　共源共栅放大器的输入 - 输出特性曲线

为了使 M_1 和 M_2 均工作于饱和区，应满足 $V_X>V_{in}-V_{T1}$，$V_{out}>V_b-V_{T2}$，由于 $V_b=V_X+V_{GS2}$，所以 V_{out} 应满足

$$V_{out}>(V_{in}-V_{T1})+(V_{GS2}-V_{T2}) \tag{4-24}$$

即保证 M_1 和 M_2 均工作于饱和区的最小输出电平为 M_1 和 M_2 的过驱动电压之和。

共源共栅放大器的特点是输出阻抗很高，下面通过小信号分析来计算共源共栅放大器的输出阻抗。为了计算输出阻抗，可将电路视为带负反馈的 r_{ds1} 的共源极，如图 4-38 所示。因此可以得到

$$R_{out}=[1+(g_{m2}+g_{mb2})r_{ds2}]r_{ds1}+r_{ds2} \tag{4-25}$$

假设 $g_m r_{ds}>>1$，上式可简化为

$$R_{out}=(g_{m2}+g_{mb2})r_{ds1}r_{ds2} \tag{4-26}$$

也就是说，M_2 将 M_1 的输出阻抗提高至原来的 $(g_{m2}+g_{mb2})r_{ds2}$ 倍。

图 4-39 所示为带电流源负载的共源共栅放大器，其增益可以写为 $g_m R_{out}$，其中 g_m 为 M_1 的跨导 g_{m1}，$R_{out}=(g_{m2}+g_{mb2})r_{ds1}r_{ds2}$。如果两个 MOS 管都工作在饱和区，则可得到增益为 $A_v=-g_{m1}(g_{m2}+g_{mb2})r_{ds1}r_{ds2}$，最大增益约等于 MOS 管本征增益的二次方。

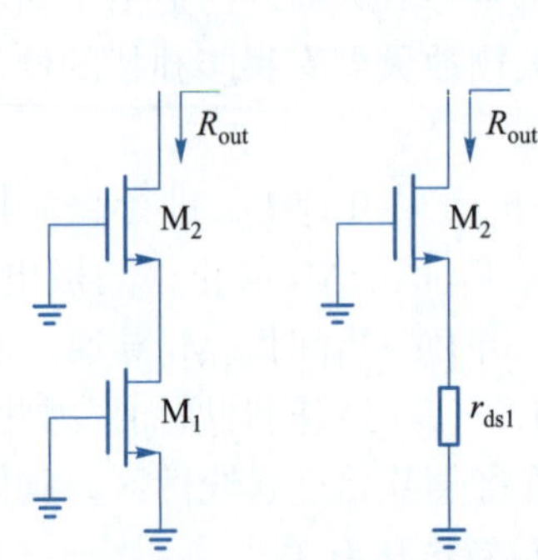

图 4-38　共源共栅放大器输出阻抗的计算

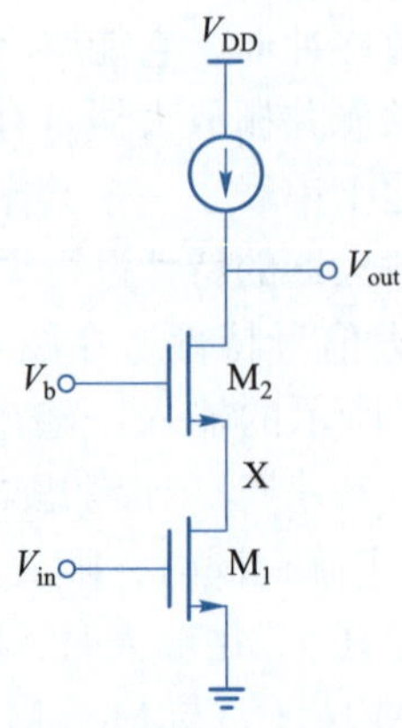

图 4-39　带电流源负载的共源共栅放大器

技能训练

一、MOS 二极管作为负载的共源放大器的设计与验证

1. 设计准备

首先建立一个 MOS 二极管作为负载的共源放大器的仿真逻辑图，然后添加信号源和输入信号，如图 4-40 所示，取名为 amp1_test。

图 4-40 中电源电压为 5 V，输入信号为正弦信号，设置如图 4-41 所示，其他参数如图 4-40 所示。

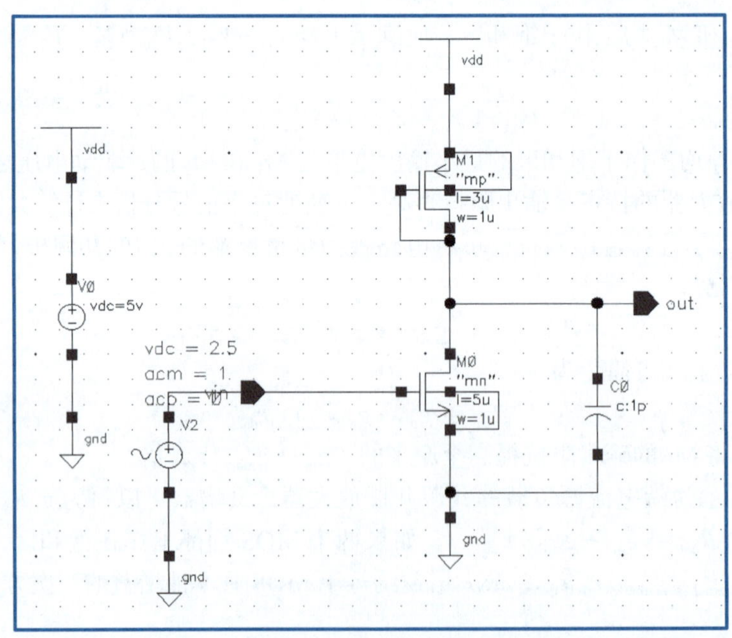

图 4-40　MOS 二极管作为负载的共源放大器的仿真逻辑图

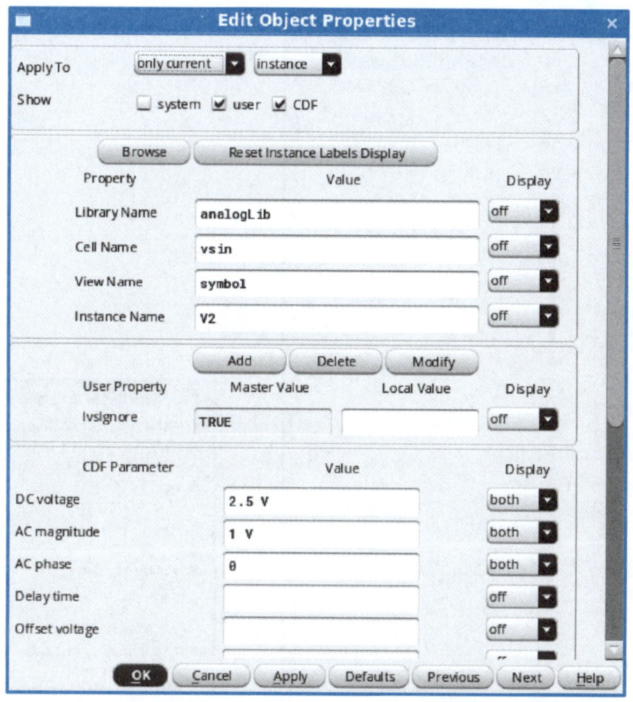

图 4-41 输入信号参数设置

2. 仿真状态设置

① 选择仿真模型文件：同“MOS 管沟道长度调制效应的仿真与验证”。

② 设置仿真类型：交流小信号仿真和瞬态仿真。

③ 选择输出信号：由于是对输出电压信号进行仿真，因此选中信号线即可。

3. 仿真运行和波形分析

（1）交流小信号仿真

在仿真状态设置中，在图 4-42 所示对话框的 Analysis 栏中选中 ac 进行交流小信号仿真，在 Sweep Range 栏中选中 Start–Stop，并在 Start 和 Stop 栏中分别输入“10”和“1G”，表示扫描的频率范围为 10 Hz~1 GHz，然后在 Sweep Type 栏中选择默认的 Automatic，单击 OK 按钮，完成设置。

单击仿真按钮，开始仿真。仿真结束后，选择 Results → Direct Plot → Main Form 菜单命令，弹出图 4-43 所示对话框，在 Modifier 栏中分别选中 dB20 和 Phase，单击输出端 vout 的连线，仿真结果如图 4-44 所示。仿真结果显示放大器在低频时约有 2.3 dB 的增益，随着频率升高增益下降；相频特性在低频时从 180° 开始，同样，随着频率升高相位下降。

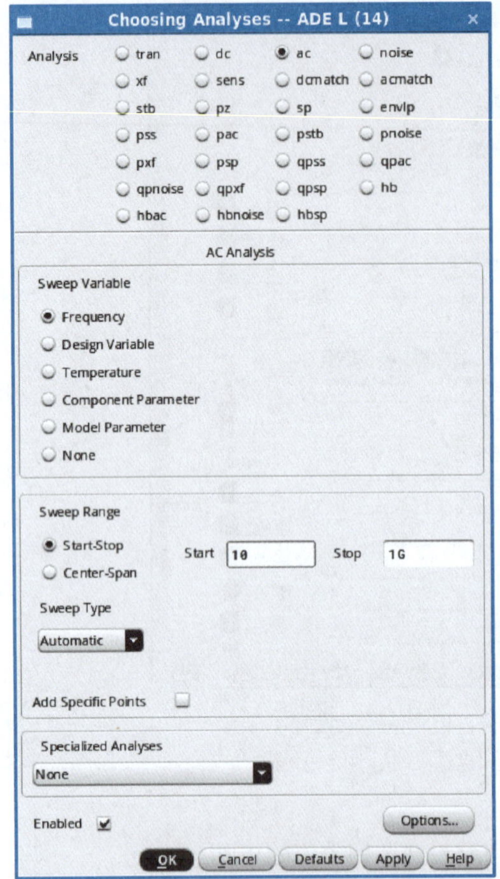

图 4-42　交流小信号仿真设置

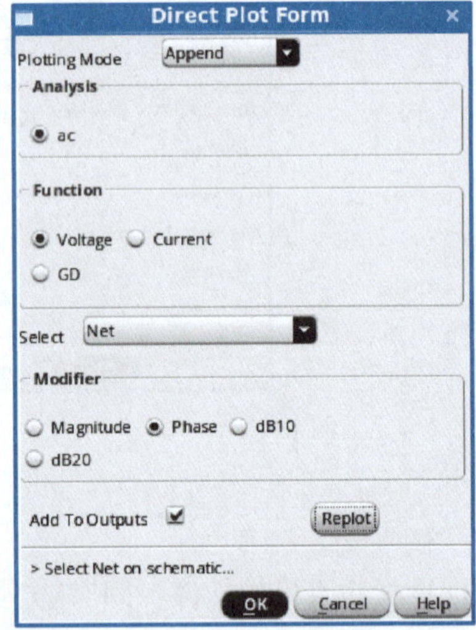

图 4-43　Direct Plot Form 对话框

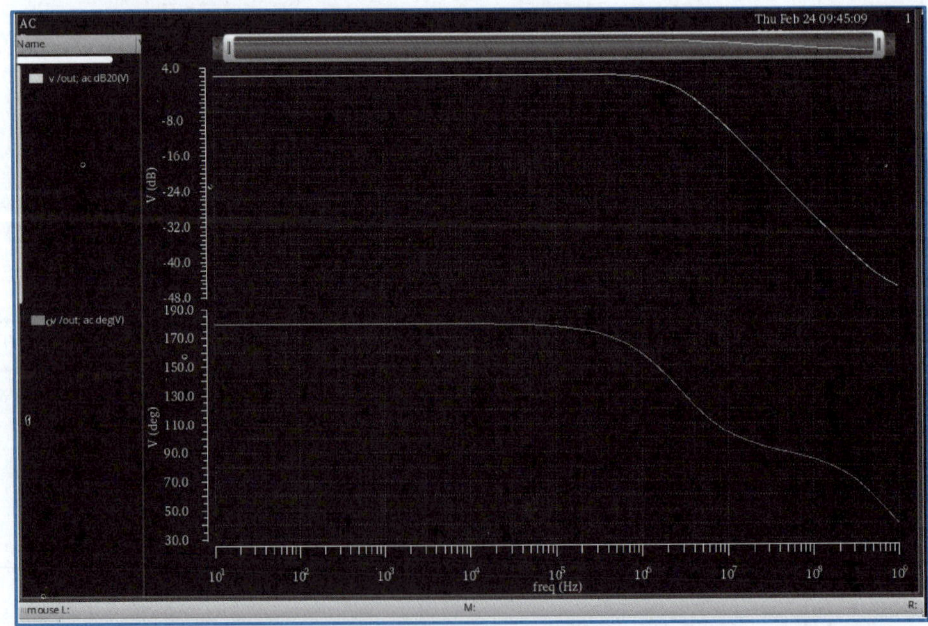

图 4-44　交流小信号仿真结果

（2）瞬态仿真

对输入信号进行设置，如图 4-45 所示，在 AC magnitude 栏中输入幅度为“1m V”，在 Frequency 栏中输入频率为“1M Hz”。

Edit Object Properties

Add　Delete　Modify

User Property	Master Value	Local Value	Display
lvsIgnore	TRUE		off

CDF Parameter	Value	Display
DC voltage	2.5 V	both
AC magnitude	1m V	both
AC phase	0	both
Delay time		off
Offset voltage		off
Amplitude		off
Initial phase for Sinusoid		off
Frequency	1M Hz	off
Damping factor		off
DC source		off
Phase delay		off
Resistance		off
TRAN used FOR HB	0	off
Display RF source(s)		off

OK　Cancel　Apply　Defaults　Previous　Next　Help

图 4-45　瞬态仿真输入信号设置

在仿真状态设置中，在图 4-42 所示对话框的 Analysis 栏中选中 tran 进行瞬态仿真，将终止时间设置为 10 μs，其他设置如图 4-46 所示。

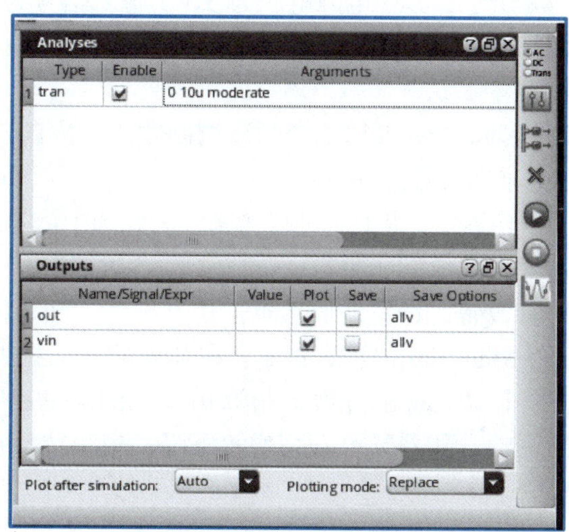

图 4-46　瞬态仿真设置

单击仿真按钮，可以得到图 4-47 所示的仿真波形。

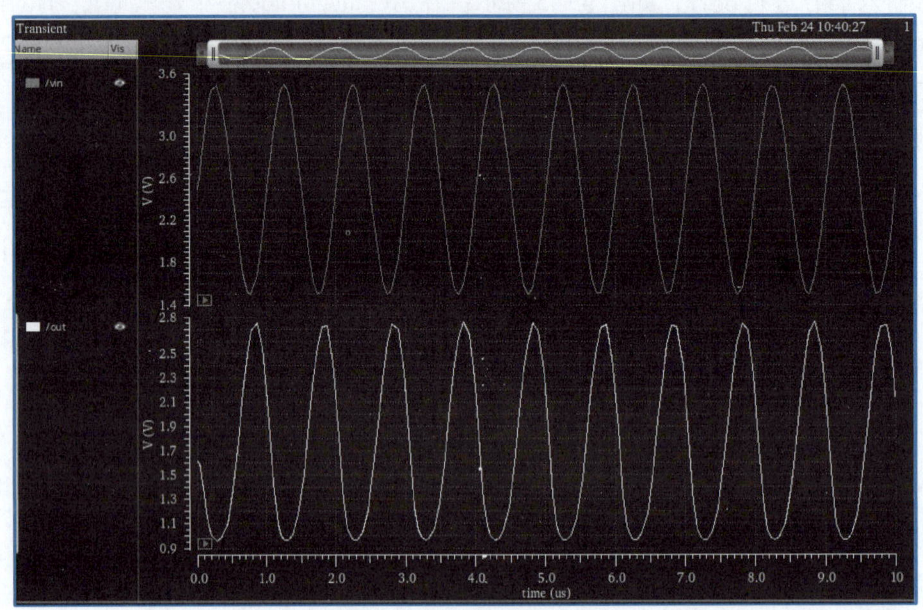

图 4-47 瞬态仿真波形

二、电流源负载的共源共栅放大器的设计与验证

1. 设计准备

首先建立一个电流源负载的共源共栅放大器的仿真逻辑图，然后添加信号源和输入信号，如图 4-48 所示，取名为 amp2_test。图 4-48 中，两个 NMOS 管构成了共源共栅输入结构，PMOS 管是电流源形式的有源负载。

各器件参数如图 4-48 所示，其中电源电压为 5 V，输入信号为正弦信号，V_b 为 1.8 V，V_{b1} 为 3 V，V_{b2} 为 3.6 V。

2. 仿真状态设置

① 选择仿真模型文件：同“MOS 管沟道长度调制效应的仿真与验证”。

② 设置仿真类型：交流小信号仿真。

③ 选择输出信号：由于是对输出电压进行仿真，因此选中信号线即可。

3. 仿真运行和波形分析

按照图 4-42 进行仿真设置，设置完成后单击仿真按钮，开始仿真。仿真结束后，选择 Results → Direct Plot → Main Form 菜单命令，在弹出的对话框的 Modifier 栏中分别选中 dB20 和 Phase，单击输出端 vout 的连线，仿真结果如图 4-49 所示。仿真结果显示放大器在低频时有 6 dB 的增益，随着频率升高增益下降；相频特性在低频时从 180° 开始，同样，随着频率升高相位下降。

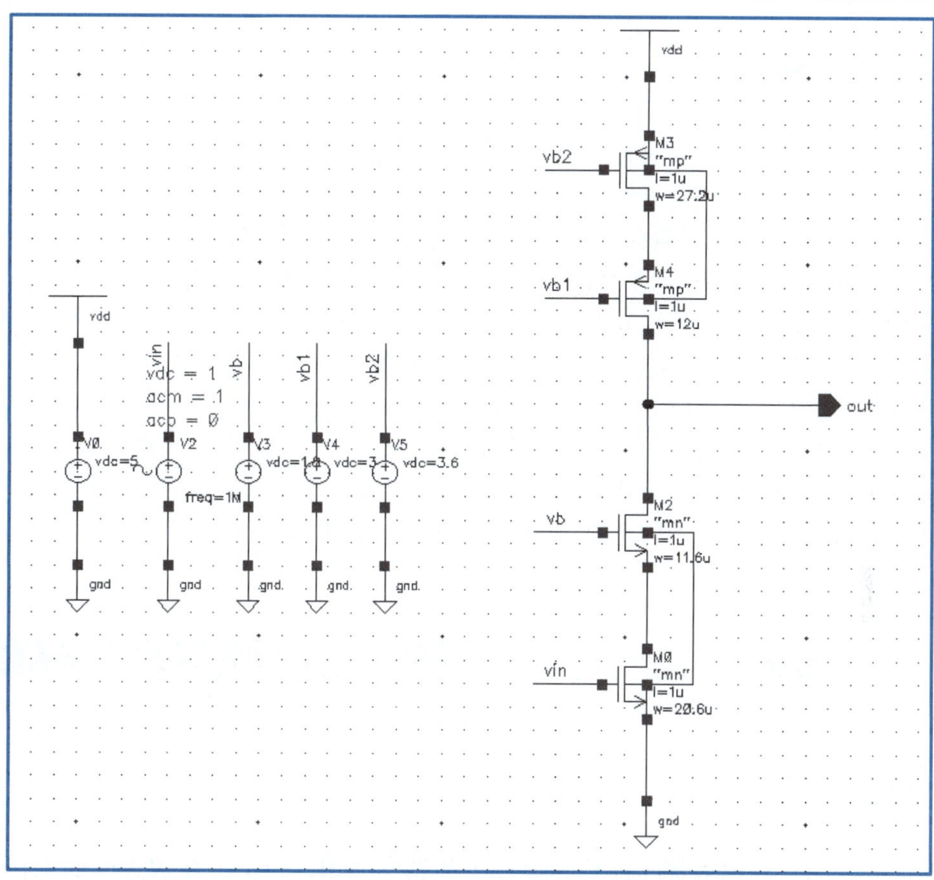

图 4-48 电流源负载的共源共栅放大器的仿真逻辑图

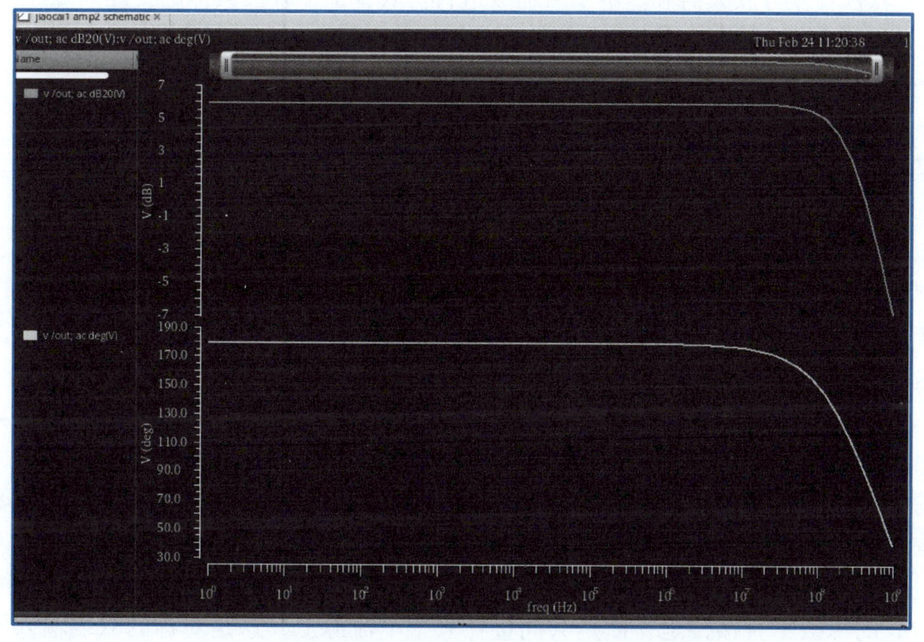

图 4-49 电流源负载的共源共栅放大器的仿真结果

问题讨论

① 画出电阻负载的共源放大器的小信号等效模型。
② 写出电阻负载的共源放大器的电压增益计算公式。
③ 试推导出 MOS 二极管作为负载的共源放大器的等效负载计算公式。
④ 写出 MOS 二极管作为负载的共源放大器的电压增益计算公式。
⑤ 画出电流源负载的共源放大器的小信号等效模型。
⑥ 写出电流源负载的共源放大器的电压增益计算公式。
⑦ 试推导出共源共栅放大器的输出阻抗计算公式。
⑧ 写出共源共栅放大器的电压增益计算公式。
⑨ 如何设置交流小信号仿真的输入信号？
⑩ 如何查看交流小信号仿真的幅频特性和相频特性曲线？

任务四　运算放大器设计与验证

任务概述

本任务介绍运算放大器（简称为运放）的基本知识，包括差分放大器的工作原理、运放的各类参数、共源共栅运放的电路结构以及基本二级运放的结构和原理等，并利用 Cadence 软件对差分放大器和基本二级运放进行仿真验证，开展具体的技能训练。

背景知识

一、差分放大器

1. 差分放大器的基本概念

前面讲到的几种基本放大器的共同特点是只有一个输入端和一个输出端，这样的放大器叫作单端输入 - 单端输出放大器，简称为单端放大器。以图 4-29 所示的共源放大器为例，这就是一个典型的单端放大器。根据之前的分析，可以知道单端放大器的性能和它的直流偏置状态密切相关。单端放大器的小信号增益受直流偏置电平的影响，而在实际电路中，由于干扰信号和噪声的存在，以及一些寄生效应的影响，人们很难精确控制直流偏置电平的大小，这直接影响了单端放大器的性能。为了解决这个问题，可以采用一种新的电路结构，即差分结构。

差分放大器如图 4-50 所示，它有两个输入端 V_{in1} 和 V_{in2}，有两个输出端 V_{out1} 和 V_{out2}，M_1 和 M_2 的源极不直接接地，而是共同接在一个电流源上，这是对称的双端输入 - 双端输出放大器。

差分结构相对于单端结构最明显的优点就是其抗干扰的特性较好。如图 4–51 所示，对于单端放大器来说，电源噪声的干扰会被传到输出端；而对于差分放大器来说，由于其输出是 $V_{out1}-V_{out2}$，因此能抵消干扰。所以差分工作模式能很好地抑制环境噪声（如刚刚提到的电源噪声），即所谓的共模抑制。当然，这是以牺牲芯片面积为代价的。

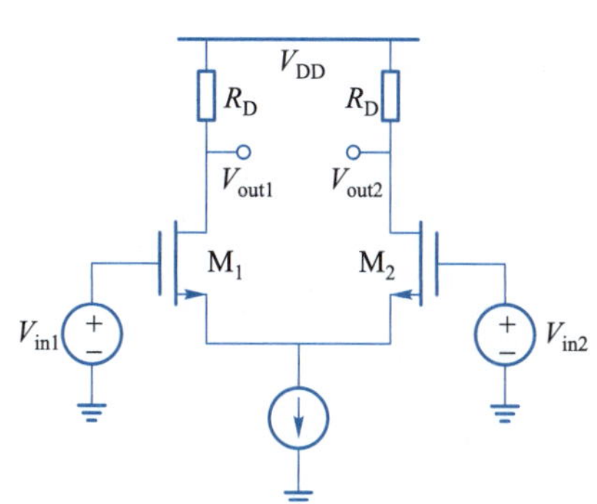

图 4–50　差分放大器

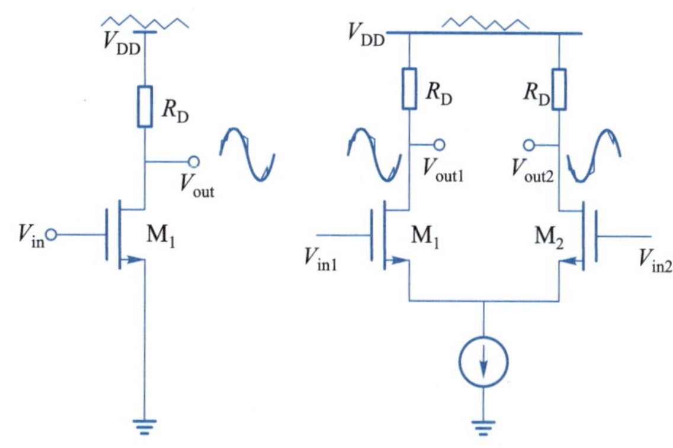

图 4–51　电源噪声的影响

另外，差分放大器还存在输出电压摆幅大、偏置电路简单和线性度高等优点。

2. 共模信号与差模信号

图 4–50 所示电路的两个信号输入端分别连接到信号 V_{in1} 和 V_{in2}，定义差模输入信号 V_{id} 与共模输入信号 V_{ic} 为

$$V_{id}=V_{in1}-V_{in2} \tag{4–27}$$

$$V_{ic}=\frac{V_{in1}+V_{in2}}{2} \tag{4–28}$$

从上述定义式可以看到，所谓差模输入信号是指两输入信号 V_{in1} 和 V_{in2} 之差，而共模输入信号则是指两输入信号 V_{in1} 和 V_{in2} 的算术平均值。

联立式（4–27）和式（4–28），则 V_{in1} 和 V_{in2} 可表示为

$$V_{in1}=\frac{1}{2}V_{id}+V_{ic} \tag{4–29}$$

$$V_{in2}=-\frac{1}{2}V_{id}+V_{ic} \tag{4–30}$$

上述定义与等效变换只是为了使问题的处理变得明晰而有效，同时也更加方便。根据式（4–29）和式（4–30），可以得到图 4–50 所示差分放大器的等效电路，如图 4–52 所示。

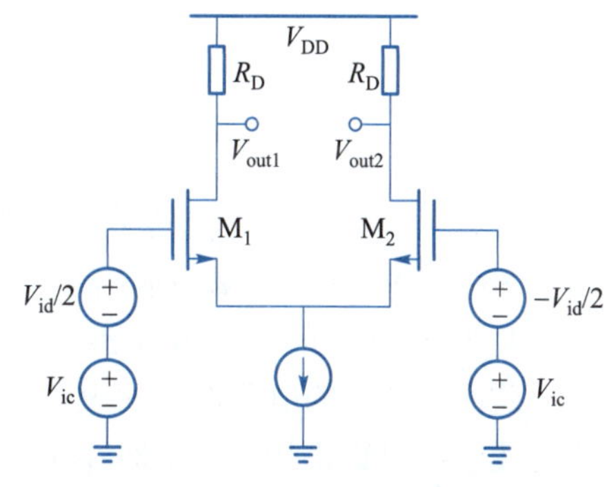

图 4–52　差分放大器等效电路

3. 差分放大器的电压增益

根据图 4–52 所示的差分放大器等效电路，根据叠加原理，可以进一步将图 4–52 所示电路等效成图 4–53（a）与图 4–53（b）所示的两个分电路。

在图 4–53（a）所示的分电路中，在共模输入

信号 V_{ic} 的作用下，电路的输出响应分别为 V'_{o1}、V'_{o2}。考虑到电路的对称性，电路两侧输入端在相同的共模输入信号 V_{ic} 的作用下，两侧输出端的电位同时上升或下降，故共模输出信号 $V'_{o1}-V'_{o2}=0$，从而可以看出，差分放大器对共模信号有很好的抑制作用。

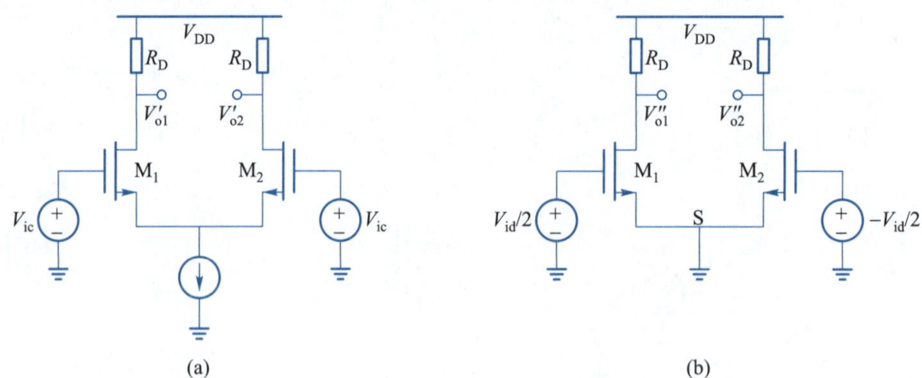

图 4-53　差分放大器电路分解

在图 4-53（b）所示电路中，一对输入信号分别为 $V_{id}/2$、$-V_{id}/2$，即为幅度相等、相位相反的两个信号。在其作用下，差分放大器两个信号输出端的响应分别为 V''_{o1}、V''_{o2}。由于电路具有对称性，当 M_1 的输入信号上升时，M_2 的输入信号同时下降，上升与下降的信号幅度也相等。也就是说，当 M_1 的源极电流上升时，M_2 的源极电流同时下降，它们的绝对值相等。这时，流过源极 S 的电流 I 始终不变，故 M_1、M_2 的源极 S 的电位始终保持不变，对交流信号而言，S 点是交流接地的，因此可以把电路看成左右完全相同的两个半边电路，把左边和右边分别当成单级放大器加以分析，根据之前所学内容可知

$$V''_{o1}=-\frac{1}{2}g_mR_DV_{id}=-\frac{1}{2}g_mR_D(V_{in1}-V_{in2}) \tag{4-31}$$

$$V''_{o2}=\frac{1}{2}g_mR_DV_{id}=\frac{1}{2}g_mR_D(V_{in1}-V_{in2}) \tag{4-32}$$

所以增益为

$$A_{v1}=\frac{V''_{o1}}{(V_{in1}-V_{in2})}=-\frac{1}{2}g_mR_D \tag{4-33}$$

$$A_{v2}=\frac{V''_{o2}}{(V_{in1}-V_{in2})}=\frac{1}{2}g_mR_D \tag{4-34}$$

$$A_v=\frac{V''_{o1}-V''_{o2}}{(V_{in1}-V_{in2})}=-g_mR_D \tag{4-35}$$

可以看到，两个输出端对差模输入信号（$V_{in1}-V_{in2}$）的电压增益数值相等，符号相反，即两个 MOS 管的漏极输出了一对幅度相等、相位相反的信号。

4. 单端输出的差分放大器

前面所分析的电路都是以无源电阻作为差分放大器的负载，为了更好地发挥差分放大器的性能，可以采用有源器件电流镜来作为差分放大器的负载，这样不仅可以提高增益，还能实现双端输出转单端输出（简称为双转单）的功能，其电路如图 4-54 所示。

在图 4-54 所示电路中，当输入差模信号时，由于 M_1 和 M_2 的栅极电压发生变化，所以引起 M_1 和 M_2 中电流的变化，变化量为 ΔI_1 和 ΔI_2，大小相等，方向相反。由于负载是电流镜，所以会将 ΔI_1 的变化量复制到 a 点，从而使输出端的电流变化为 $\Delta I_{out}=\Delta I_1-\Delta I_2=2\Delta I_1$，完成双转单的功能。

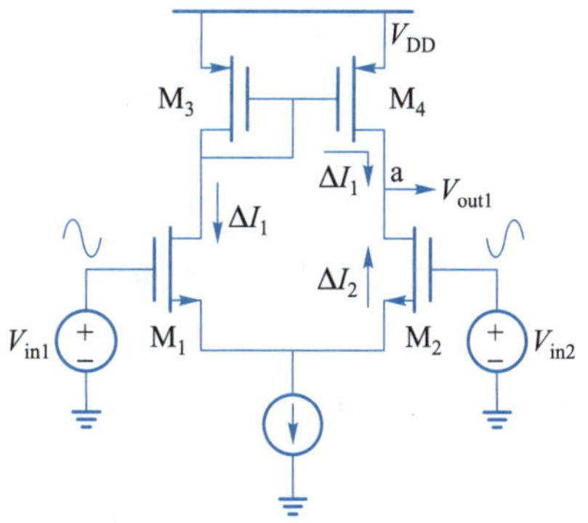

图 4-54　电流镜负载的双转单差分放大器

二、运放参数

前面所研究的差分放大器均称为运放，下面介绍运放的主要参数。

1. 增益

运放的开环增益决定了使用运放的反馈系统的精度。所要求的增益根据应用可以有四个数量级的变化。如果综合考虑速度与输出电压摆幅等参数，则必须知道所需的最小增益。

2. 小信号带宽

运放的高频特性在许多应用中起到了重要作用。例如，当工作频率增加时，开环增益开始下降，如图 4-55 所示，会在反馈系统中产生更大的误差。小信号带宽通常被定义为单位增益频率 f_u，在 CMOS 运放中可以超过 1 GHz。为了更容易地预测闭环频率特性，也可以规定 3 dB 频率 f_{3dB}。

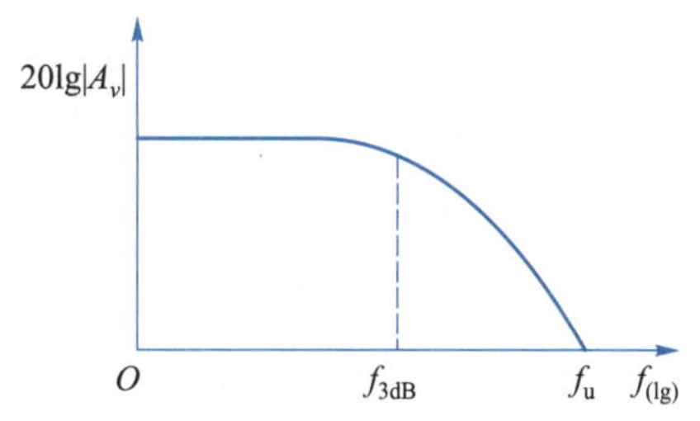

图 4-55　开环增益随频率下降

3. 大信号带宽

在当今的许多应用中，运放必须在瞬态大信号条件下工作，在这种情况下，非线性现象使得对速度的表征非常困难，很难只通过小信号特性（如图 4-55 所示的开环特性）来表示速度。此时运放表现出所谓转换的大信号特性，转换速率表征了运放的大信号带宽。

4. 输出电压摆幅

使用运放的多数系统要求大的输出电压摆幅以适应大范围的信号值。对大输出电压摆幅的需求，使得全差分运放的应用相当普遍。这种运放产生互补输出，输出电压有效幅度大约为单端运放的两倍。尽管如此，大的输出电压摆幅与器件尺寸、偏置电流、速度等性能指标是相互制约的，因此获得较大的摆幅在当今的运放设计中是主要的课题。

5. 线性

开环运放具有很大的非线性。例如，在图 4-52 所示的电路中，输入对管 M_1 和 M_2 在它的差分漏电流与输入电压之间呈现出一种非线性关系。非线性问题可通过两种办法解决：采用全差分实现方式以抑制偶次项谐波；提供足够高的开环增益使闭环反馈系统达到所要求的线性度。值得注意的是，在许多反馈电路中，开环增益一般是由线性度指标决定的，而不是由增益误差决定的。

6. 噪声与失调

运放的输入噪声和失调决定了能被合理处理的最小信号电平。在常用的运放电路中，许多器件由于尺寸或偏置电流较大，因此会引起噪声和失调。此外还必须认识到存在于噪声和输出电压摆幅之间的折中问题。

7. 电源抑制

运放常常在混合信号系统中使用，并且有时会连接到有噪声的数字电源线上。在有电源噪声时，尤其是在噪声频率增加时，运放的性能是相当重要的，因此全差分结构更受欢迎。

三、共源共栅运放的电路结构

1. 套筒式共源共栅运放

图 4–56 所示为单端输出和差分输出的两种简单运放。这两种结构的低频小信号增益等于 $g_{mN}(r_{ON}//r_{OP})$，这里的下标 N 和 P 分别表示 NMOS 和 PMOS 管。在深亚微米器件的典型电流条件下，电路增益值很难超过 20，其带宽通常由负载电容 C_L 决定，而且这两个电路的 M_1~M_4 均会产生噪声。

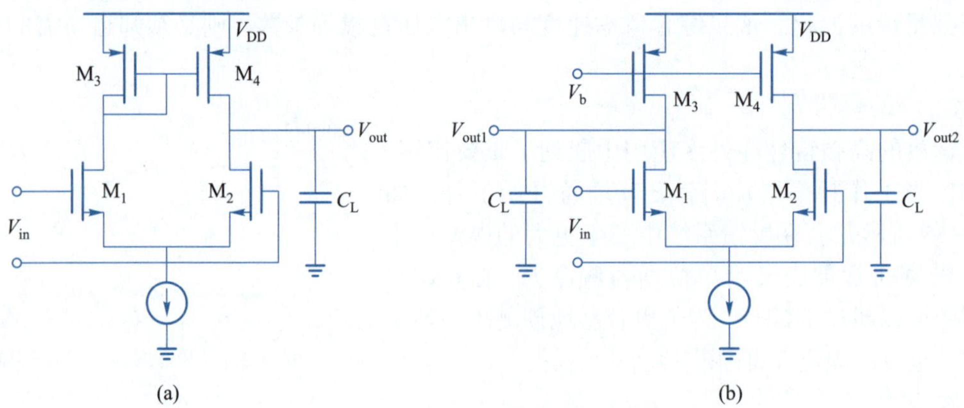

图 4–56 简单运放

要得到高增益，可以采用差分共源共栅电路，图 4–57（a）和图 4–57（b）所示分别为单端输出和差分输出电路，这两种结构的低频小信号增益等于 $g_{mN}[(g_{mN}r_{ON}^2)//(g_{mP}r_{OP}^2)]$，但其增益的提高是以减小输出电压摆幅和增加极点作为代价的。这种电路称为套筒式共源共栅运放。

图 4–57 所示套筒式共源共栅运放的输出电压摆幅相对较小。如对于图 4–57（a）所示的差分放大器，其输出摆幅为 $2[V_{DD}-(V_{ON1}+V_{ON3}+V_{CS}+|V_{ON5}|+|V_{ON7}|)]$，这里的 V_{ONj} 指的是 M_j 的过驱动电压，V_{CS} 为 S 点的电压。套筒式共源共栅运放的另一个缺点是很难以输入 / 输出短接的形式实现单位增益缓冲器。

2. 折叠式共源共栅运放

套筒式共源共栅运放的缺点是输出电压摆幅较小，以及很难使输入与输出短路。为克服这些不利因素，可以采用折叠式共源共栅运放。图 4–58 所示为在 NMOS 或 PMOS 共源共栅放大器中，用相反型号的 MOS 管替换输入管，而替换后器件的作用仍然是把输入电压转换成电流。在图 4–58 所示的 4 个电路中，由 M_1 所产生的小信号电流依次流过 M_2 和负载，产生的输出电压约等于 $g_mR_{out}V_{in}$。这种折叠结构的主要优点在于输出电压幅度较大，因为电路在输入管上端并不会层叠一个共源共栅管。

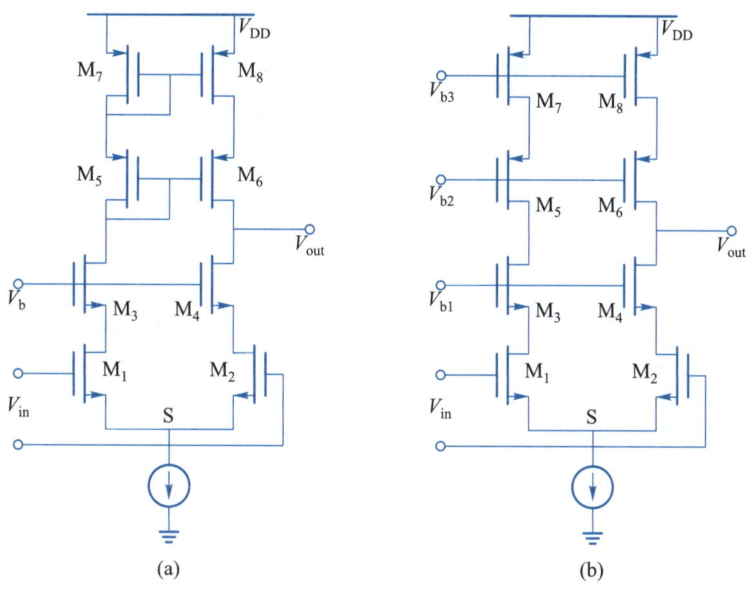

图 4-57 套筒式共源共栅运放

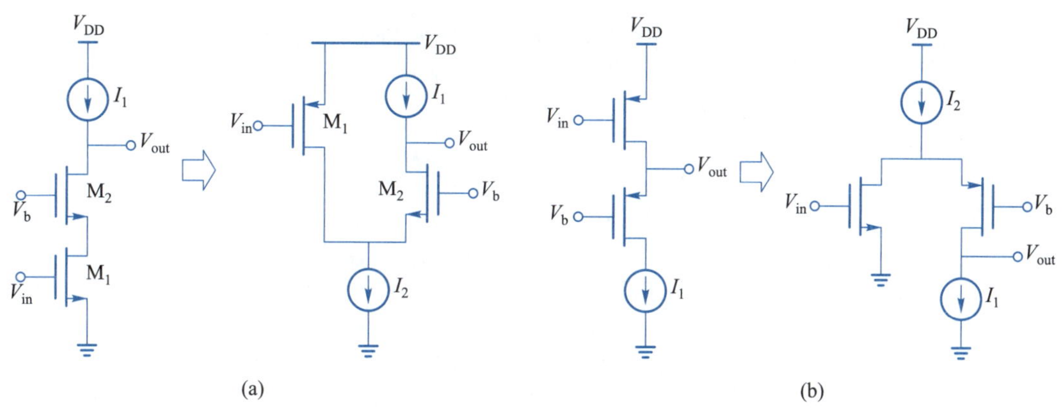

图 4-58 折叠式共源共栅电路

上面所讲的折叠思想可以很容易地应用到差分对管运放中。如图 4-59 所示，电路用相应的 PMOS 管替代了 NMOS 输入管。图 4-59（a）、（b）所示的两个电路有如下两个比较重要的差别：

① 图 4-59（a）所示电路中，一个偏置电流 I_{SS} 供给输入管和共源共栅管；而图 4-59（b）所示电路中，输入对管外加了偏置电流，即 $I_{SS1}=I_{SS}/2+I_{D3}$，这说明折叠结构通常会增加功耗。

② 图 4-59（a）所示电路中，输入共模电平不能超过 $V_{b1}-V_{GS3}+V_{T1}$，而图 4-59（b）所示电路中，输入共模电平不能低于 $V_{b1}-V_{GS3}+|V_{T1}|$，因此可以把电路的输入端和输出端相连接，且能忽略输出电压摆幅的限制。

下面来计算图 4-60 所示折叠式共源共栅运放的输出电压摆幅。图 4-60 所示电路中用 M_1~M_{10} 代替了图 4-59（b）中的理想电流源。适当选取 V_{b1}、V_{b2}，输出电压摆幅的低端为 $V_{ON3}+V_{ON5}$，高端为 $V_{DD}-(|V_{ON7}|+|V_{ON9}|)$，则运放每一边两峰值之间的输出电压

摆幅等于 $V_{DD}-(V_{ON3}+V_{ON5}+|V_{ON7}|+|V_{ON9}|)$。而图 4–59（a）所示套筒式共源共栅运放的输出电压摆幅比折叠式共源共栅运放的小了一个输入管的过驱动电压。尽管如此，应注意图 4–60 所示电路中，M_5 和 M_6 上流过的电流较大，如果要减小电容所带来的寄生效应，则要求 M_5 和 M_6 有较高的过驱动电压。

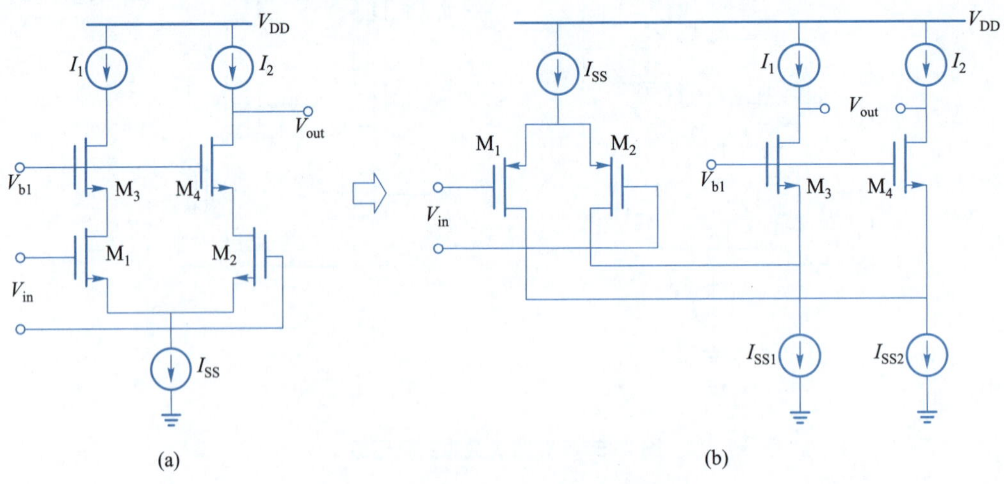

图 4–59　折叠式共源共栅运放结构

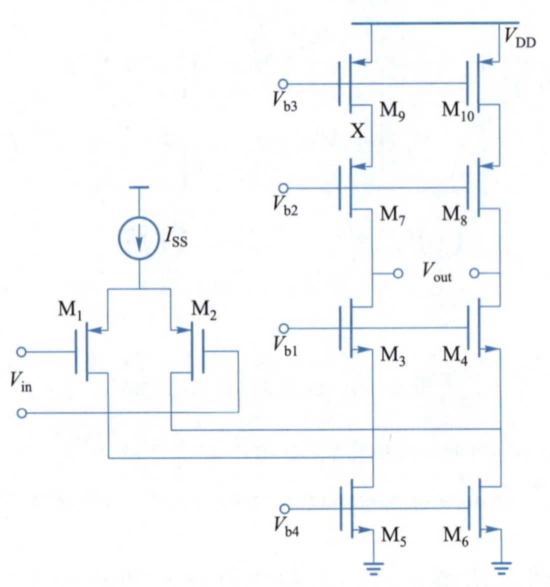

图 4–60　以共源共栅 PMOS 管为负载的折叠式共源共栅运放

接下来确定图 4–60 所示折叠式共源共栅运放的小信号电压增益。利用图 4–61（a）所示的半边等效电路，可写出 $|A_v|=G_mR_{out}$，因此需计算出 G_m 和 R_{out}。如图 4–61（b）所示，输出短路电流约等于 M_1 的漏电流，因为从 M_3 的源端往里看，所看到的阻抗为 $(g_{m3}+g_{mb3})^{-1}//r_{O3}$，通常远低于 $r_{O1}//r_{O5}$，因此 $G_m=g_{m1}$。计算 R_{out} 时，根据图 4–61（c），由于 $R_{OP}\approx(g_{m7}+g_{mb7})\,r_{O7}r_{O9}$，则有 $R_{out}\approx R_{OP}//[(g_{m3}+g_{mb3})r_{O3}(r_{O1}//r_{O5})]$，因此可得

$$|A_v|\approx g_{m1}\{[(g_{m7}+g_{mb7})r_{O7}r_{O9}]//[(g_{m3}+g_{mb3})r_{O3}(r_{O1}//r_{O5})]\} \tag{4-36}$$

在器件尺寸和偏置电流相类似的情况下，PMOS 输入差分对管会比 NMOS 输入差分

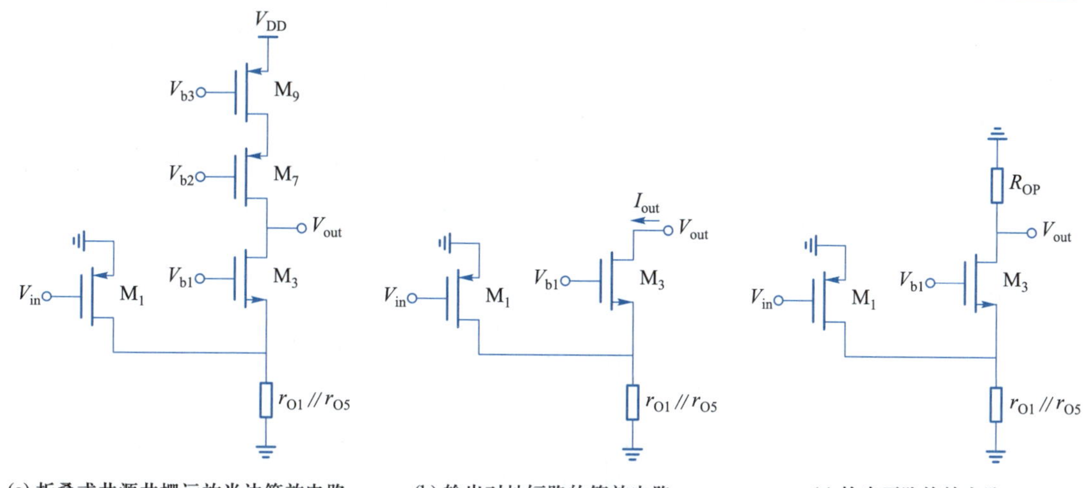

(a) 折叠式共源共栅运放半边等效电路　　(b) 输出对地短路的等效电路　　(c) 输出开路等效电路

图 4-61　确定折叠式共源共栅运放的小信号电压增益

对管表现出更低的跨导。而且 r_{O1} 和 r_{O5} 并联，特别是由于 M_5 流过了输入器件和共源共栅支路的两股电流而减小了输出阻抗。因此折叠式共源共栅运放的增益是类似的套筒式共源共栅运放增益的 1/2～1/3。

四、基本二级运放

前面介绍的运放大多呈现出一级的特性，输入对管产生的小信号电流直接流过输出阻抗，因此这些电路的增益被限制为输入对管的跨导与输出阻抗的乘积。同时可以看到，共源共栅的电路结构提高了增益，但是限制了输出电压摆幅。

在某些应用场合中，共源共栅运放提供的增益和（或）输出电压摆幅不满足要求。此时可引入二级运放，第一级提供高增益，第二级提供大摆幅，如图 4-62 所示。与共源共栅运放相反，二级运放结构把增益和输出电压摆幅的要求分开处理。

二级运放中的第一级可使用前面介绍的放大器。但第二级是简单的共源极典型结构，以提供最大的输出电压摆幅。图 4-63 所示为一个典型的例子，其第一、二级的增益分别

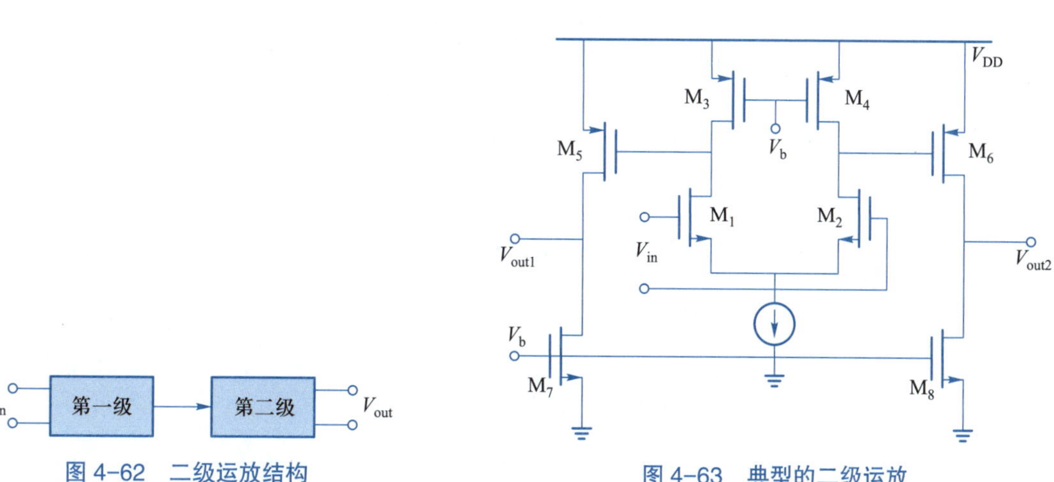

图 4-62　二级运放结构　　图 4-63　典型的二级运放

为 $g_{m1,2}(r_{O1,2}//r_{O3,4})$ 和 $g_{m5,6}(r_{O5,6}//r_{O7,8})$。因此，总的增益与一个共源共栅运放的增益差不多，但 V_{out1} 和 V_{out2} 的输出电压摆幅等于 $V_{DD}-|V_{ON5,6}|-V_{ON7,8}$。

要获得高增益，第一级可插入共源共栅器件，如图 4-64 所示。总的增益可表示为

$$A_v \approx \{g_{m1,2}[(g_{m3,4}+g_{mb3,4})r_{O3,4}r_{O1,2}]//[(g_{m5,6}+g_{mb5,6})r_{O5,6}r_{O7,8}]\} \times [g_{m9,10}(r_{O9,10})//(r_{O11,12})] \quad (4-37)$$

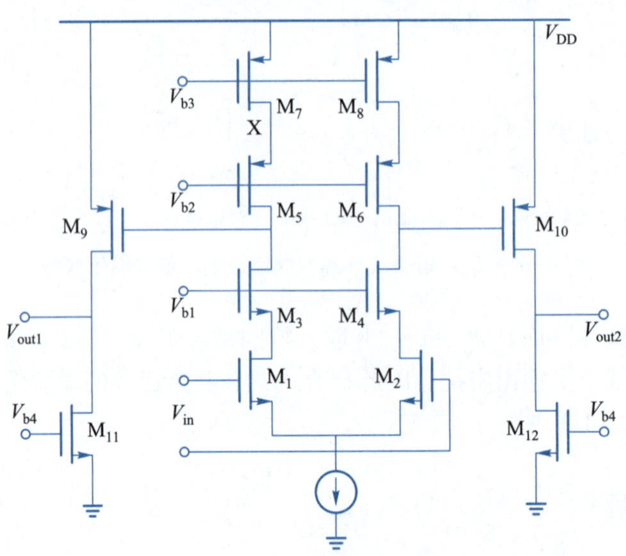

图 4-64　共源共栅的二级运放

二级运放也可以提供单端输出。一种方法是把两个输出级的差分电流转换成单端电压，如图 4-65 所示。这种方法维持了第一级的差分特性，仅利用 M_7 和 M_8 组成的电流镜产生单端输出。

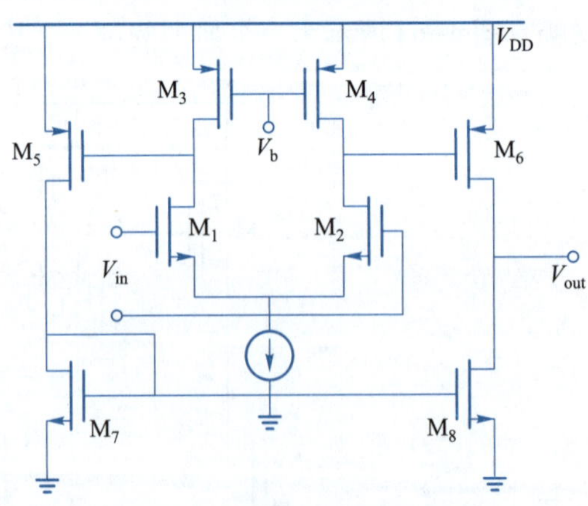

图 4-65　单端输出的二级运放

技能训练

一、差分放大器的设计与验证

1. 设计准备

首先建立一个差分放大器的逻辑电路，各器件参数如图 4-66 所示。

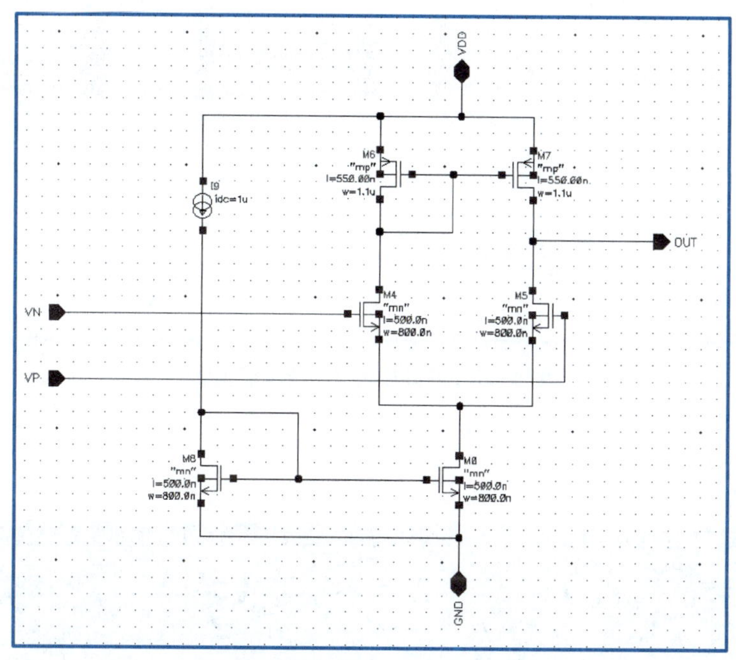

图 4-66　差分放大器的逻辑电路

将图 4-66 所示电路生成一个 symbol（符号图），并利用其搭建仿真逻辑图，添加信号源与输入信号，如图 4-67 所示，取名为 amp3_test。

2. 仿真状态设置

① 选择仿真模型文件：同“MOS 管沟道长度调制效应的仿真与验证”。

② 设置仿真类型：交流小信号仿真。

③ 选择输出信号：由于是对输出电压信号进行仿真，因此选中信号线即可。

3. 仿真运行和波形分析

下面对差分放大器进行交流仿真，仿真设置与本项目任务三中“MOS 二极管作为负载的共源放大器的仿真与验证”的交流小信号仿真的设置相同，扫描的频率范围为 10 Hz~1 GHz。仿真结果如图 4-68 所示，可以看到低频时差分放大器的增益约为 25 dB。

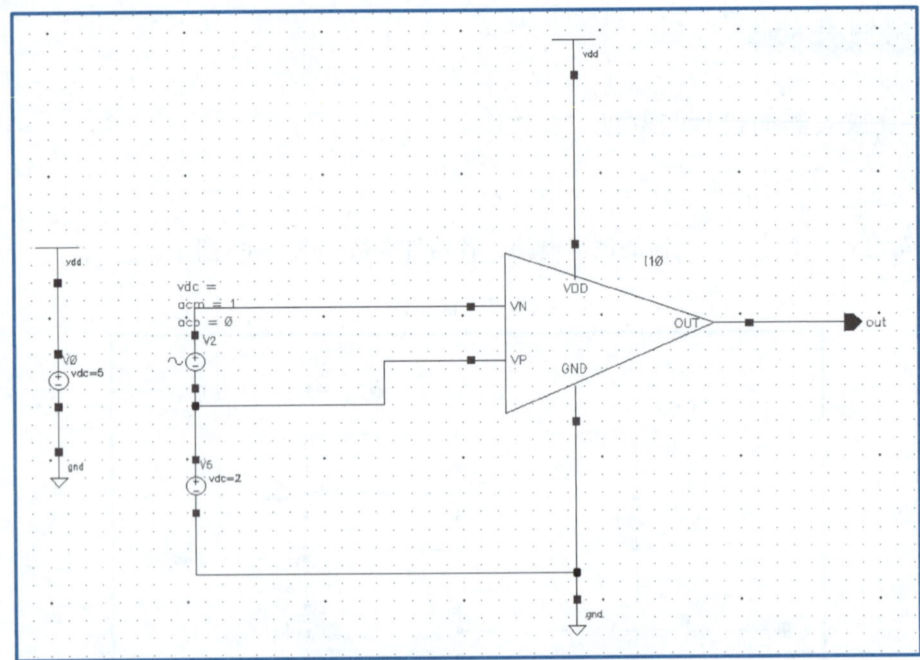

图 4-67　差分放大器的仿真逻辑图

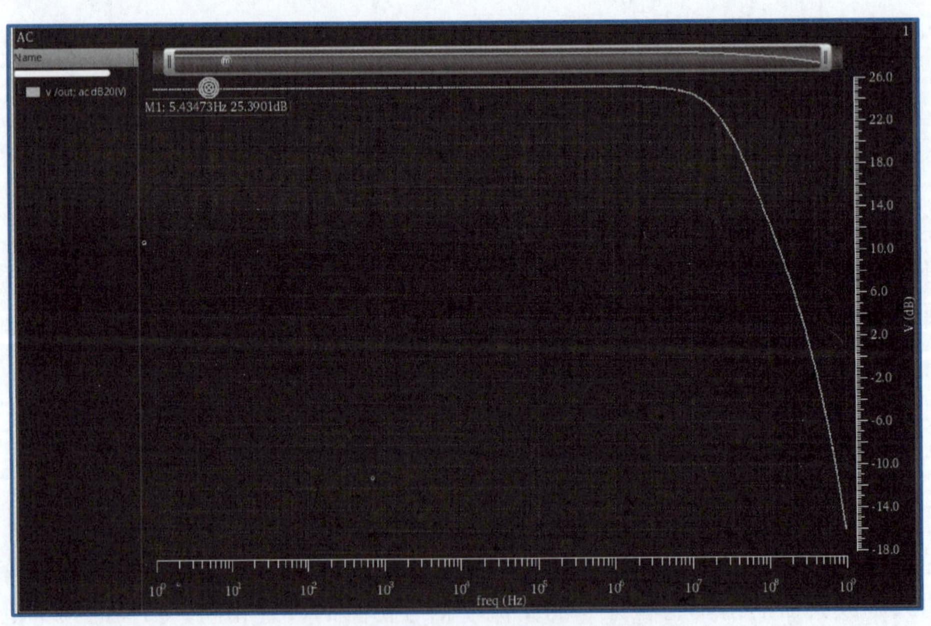

图 4-68　差分放大器的幅频特性仿真结果

二、基本二级运放的设计与验证

1. 设计准备

首先建立一个基本二级运放的逻辑电路，各器件参数如图 4-69 所示。

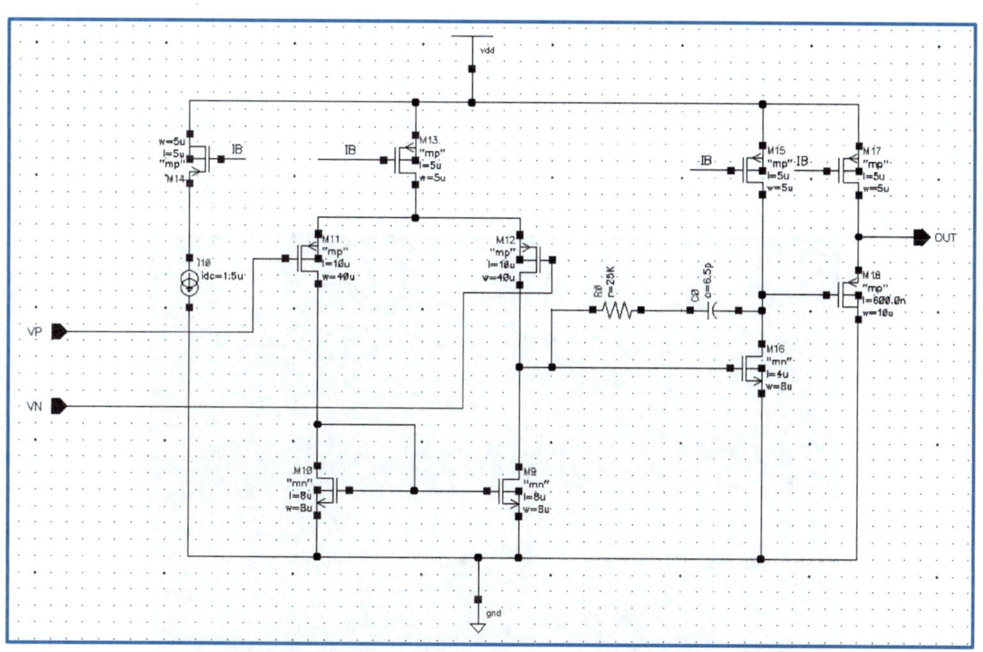

图 4-69　基本二级运放逻辑电路

将二级运放电路生成 symbol 后，利用电路的 symbol 搭建仿真环境，如图 4-70 所示，取名为 opa_test，输入信号设置如图 4-69 所示。

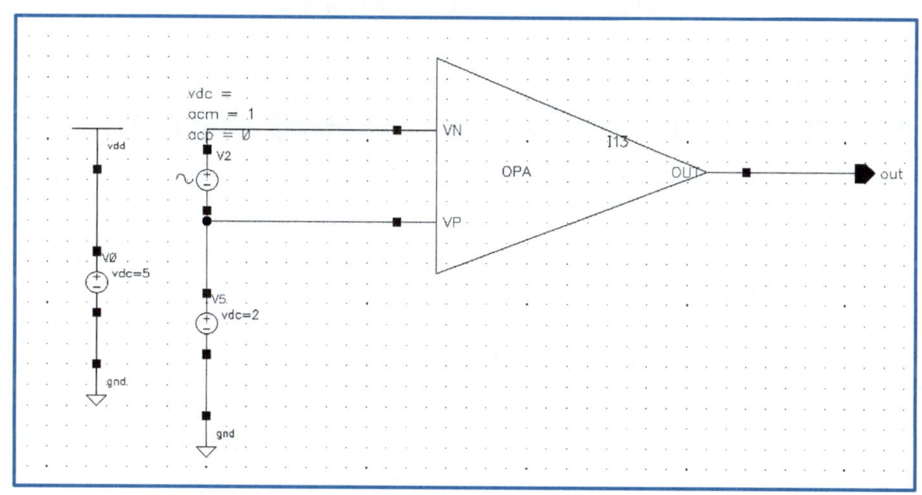

图 4-70　基本二级运放的仿真逻辑图

2. 仿真状态设置

① 选择仿真模型文件：同“MOS 管沟道长度调制效应的仿真与验证”。

② 设置仿真类型：交流小信号仿真。

③ 选择输出信号：由于是对输出电压信号进行仿真，因此选中信号线即可。

3. 仿真运行和波形分析

（1）交流小信号仿真

下面对基本二级运放进行交流仿真，仿真设置与本项目任务三中“MOS 二极管作为负载的共源放大器的仿真与验证”的交流小信号仿真的设置相同，扫描的频率范围为 10 Hz~100 MHz。仿真结果如图 4-71 所示，可以看到通带内放大器的增益约为 71 dB，相位裕度约为 64.5 deg。

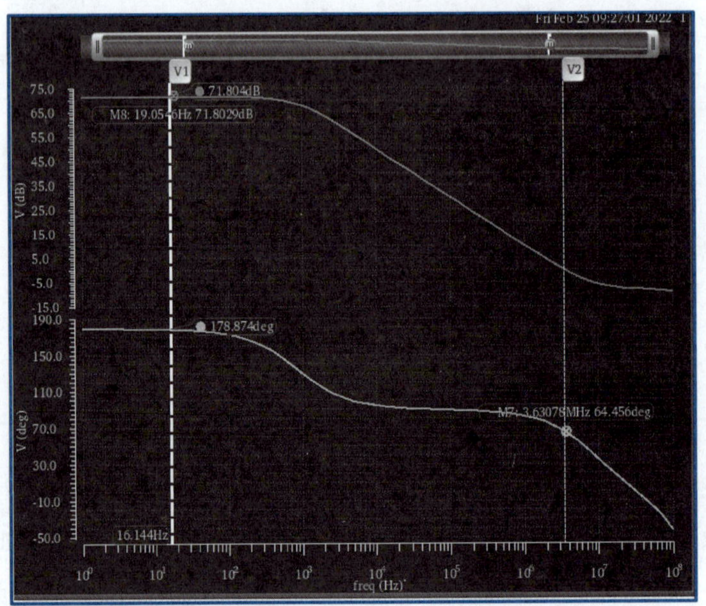

图 4-71 二级运放的交流小信号仿真结果

（2）共模抑制比（CMRR）仿真

搭建图 4-72 所示的共模抑制比仿真逻辑图，把运放连接成单位增益负反馈模式，电源电压 $V_{DD}=5$ V，运放的反相输入端 VN 和输出端 OUT 用一个仅包含 1 V 交流电压的电压源连接，同相输入端 VP 输入 2 V 直流电压并叠加 -1 V 交流电压。

对电路进行交流小信号仿真，扫描的频率范围为 1 Hz~100 MHz，仿真结果如图 4-73 所示，可以看到该电路的共模抑制比约为 72.8 dB。

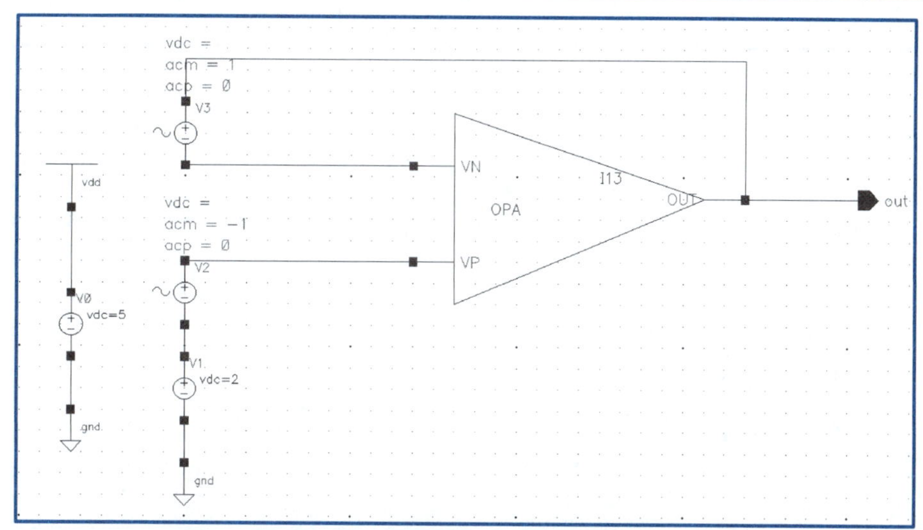

图 4-72　共模抑制比仿真逻辑图

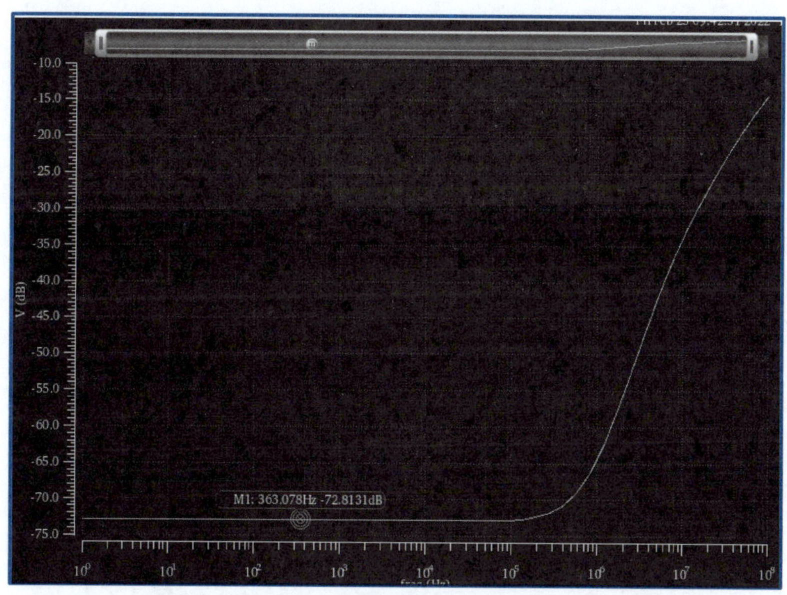

图 4-73　共模抑制比仿真结果

（3）电源电压抑制比（PSRR）仿真

搭建图 4-74 所示的电源电压抑制比仿真逻辑图，把运放连接成单位增益负反馈模式，在同相输入端加入 2 V 直流电压，在供电电源上加入 1 V 交流电压，仿真设置如图 4-75 所示。

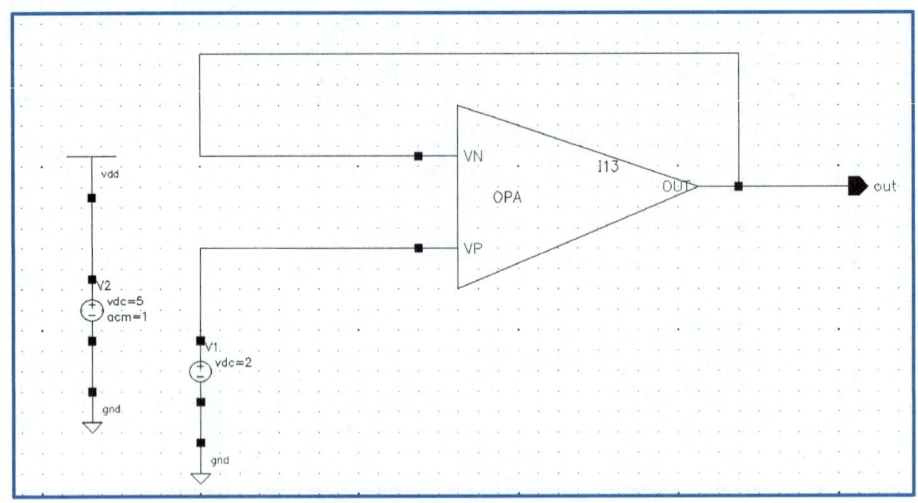

图 4-74　电源电压抑制比仿真逻辑图

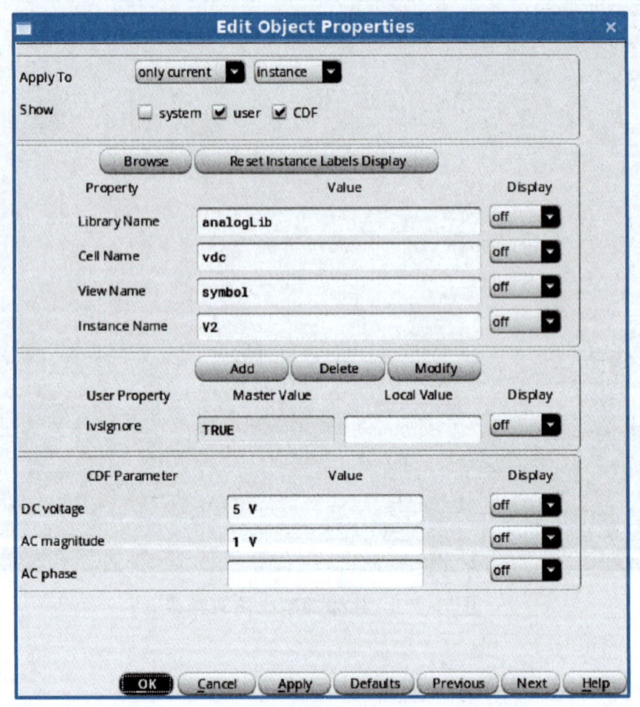

图 4-75　电源电压抑制比仿真设置

对电路进行交流小信号仿真，扫描的频率范围为 1 Hz~100 MHz，仿真结果如图 4-76 所示，可以看出该电路的低频电源电压抑制比约为 94 dB。

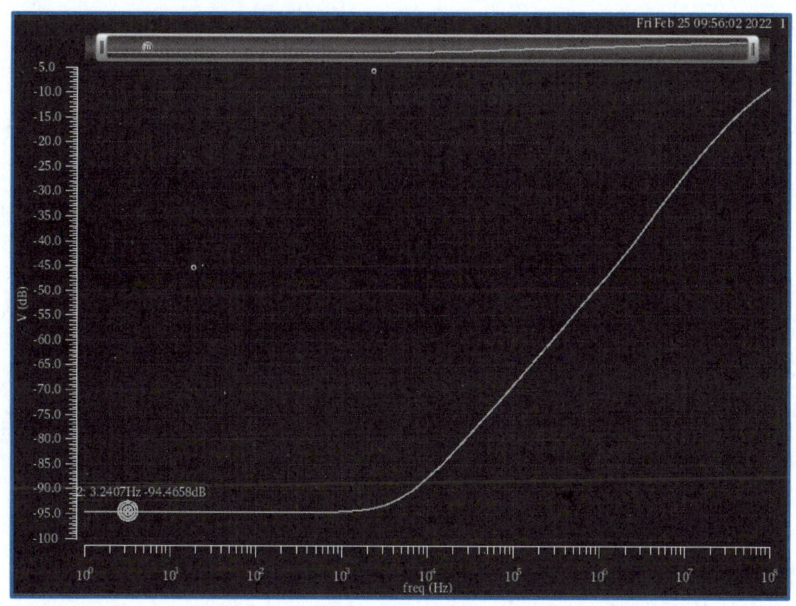

图 4-76　电源电压抑制比仿真结果

问题讨论

① 什么是差模信号？
② 什么是共模信号？
③ 差分放大器有何优缺点？
④ 试推导出差分放大器电压增益的计算公式。
⑤ 简述单端输出差分放大器的工作原理。
⑥ 什么是噪声和失调？
⑦ 什么是电源抑制？
⑧ 什么是共模抑制比？
⑨ 共源共栅运放有何优缺点？
⑩ 折叠式共源共栅运放的工作原理是什么？

任务五　电压基准源设计与验证

任务概述

本任务对电压基准源展开论述，讲述与电源无关的偏置电路、负温度系数电压、正温度系数电压、带隙基准电路的工作原理，并利用 Cadence 对与电源无关的偏置电路和带隙基准电路进行仿真验证，开展具体的技能训练。

背景知识 >>>

一、与电源无关的偏置电路

前面讨论的基准电流都是理想的，如图 4-77 所示。图 4-77 中的 I_{REF} 不随 V_{DD} 而变化，因此 I_{out1} 和 I_{out2} 可保持与电源电压无关。那么在实际电路中，I_{REF} 是如何产生的呢?

为了得到一个对 V_{DD} 变化不敏感的电流，可采用图 4-78 所示的电路。M_3 和 M_4 将 I_{out} 复制到 I_{REF}，从而确定了 I_{REF}。这种思想是：如果 I_{out} 最终和电源无关，而 I_{REF} 复制自 I_{out}，则 I_{REF} 也就与电源无关。如果不考虑沟道长度调制效应，且所有的器件都工作在饱和区，两条支路满足

$$I_{out}=KI_{REF} \tag{4-38}$$

式中：K 为 M_2、M_1 的宽长比。由式（4-38）可以看出，两条支路的电流具有任意性，只要满足式中规定的关系即可。

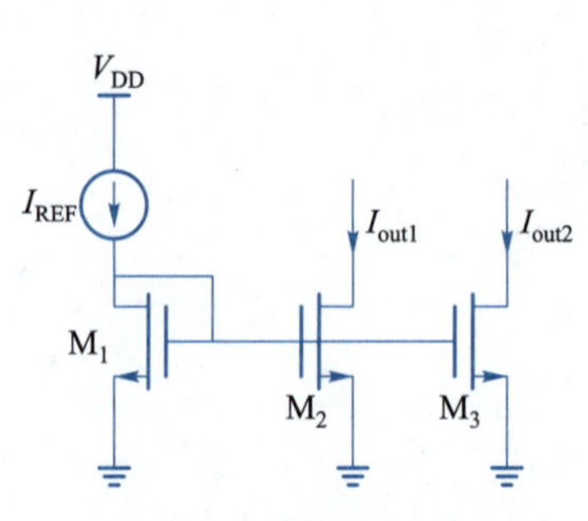

图 4-77　理想电流源

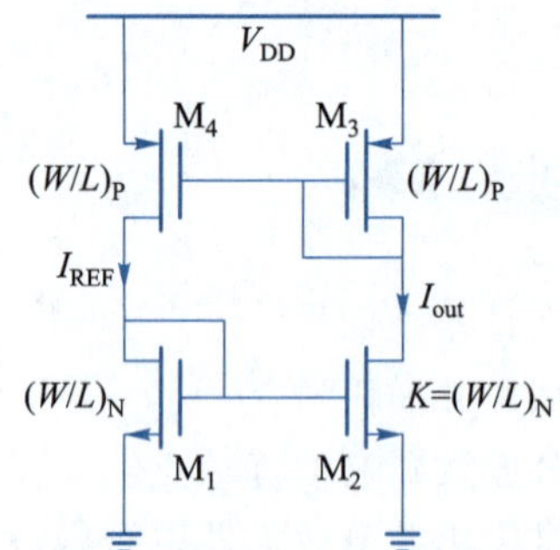

图 4-78　与电源无关的简单电流源

为了获得确定的电流，在电路中加入一个约束电阻，如图 4-79 所示。如果不考虑体效应，可以写出

$$V_{GS1}=V_{GS2}+I_{DS2}R_S \tag{4-39}$$

$$\sqrt{\frac{2I_{out}}{\mu_n C_{OX}(W/L)_N}}+V_{T1}=\sqrt{\frac{2I_{out}}{\mu_n C_{OX}(W/L)_N}}+V_{T2}+I_{out}R_S \tag{4-40}$$

$$I_{out}=\frac{2}{\mu_n C_{OX}(W/L)_N}\frac{1}{R_S^2}\left(1-\frac{1}{\sqrt{K}}\right)^2 \tag{4-41}$$

由式（4-41）可以看出，电流和电源电压无关（但仍旧和工艺及温度等参数有关）。

当沟道长度调制效应很小时，上述电路中的电流对电源的依赖性很小。但是电路中还存在另一个“简并”偏置点，即电路可以稳定在 $I_{out}=0$ 的状态而永远保持关断。这显然不是我们希望的，我们希望电路可以稳定输出在式（4-41）所计算的状态下。因此，电路中必须添加启动电路，在电路上电时，启动电路可以驱动偏置电路摆脱“简并”偏置。

如图 4-80 所示，电路中加入了 M_5，使电路摆脱“简并”偏置。电路启动时，M_5 会提供一个从电源经过 M_3、M_5、M_1 到地的通路。M_3、M_1 导通，产生电流，使电路摆脱“简并”偏置。随着电流逐渐增大，M_3、M_1 的栅源电压增大，使得 M_5 关断。整个过程称为电路的启动过程，M_5 可称为启动电路。当 $V_{T1}+V_{T5}+|V_{T3}|<V_{DD}$ 时，M_5 导通，电路启动，V_{GS1} 和 V_{GS3} 增大，当 $V_{GS1}+V_{T5}+|V_{GS3}|>V_{DD}$ 时，M_5 关断，电路正常工作。

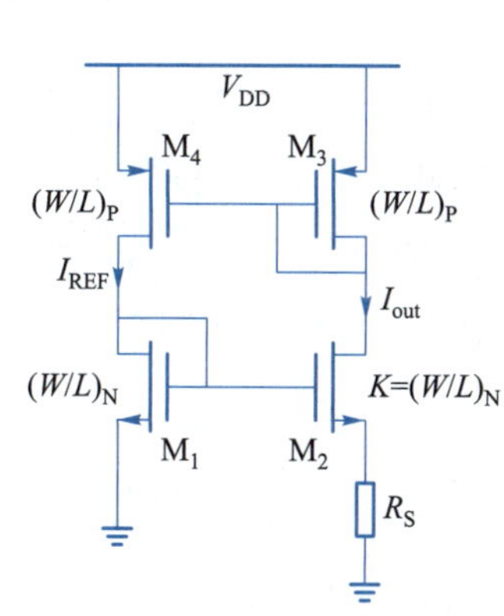

图 4-79　增加约束电阻的电流源

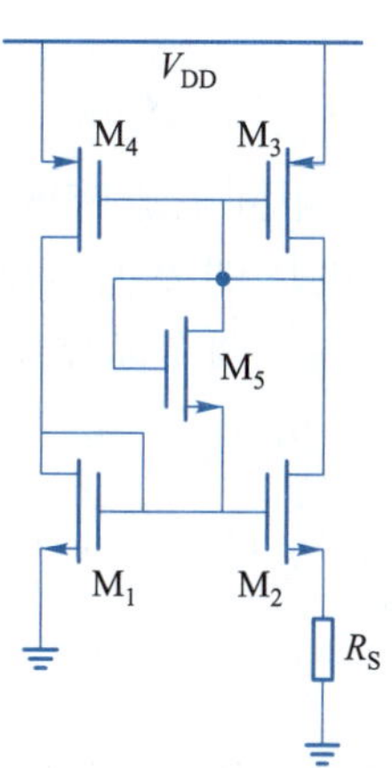

图 4-80　加入启动电路的电流源

二、与温度无关的基准

在许多模拟电路中，采用与温度关系很小的电压或电流基准是必不可少的。但是，大多数工艺参数都是随工艺变化的，如果一个基准能够实现与温度无关，那么就能实现与工艺无关，下面就来学习这样与温度无关的基准。

直接产生一个与温度无关的基准比较困难，如果将两个具有相反温度系数的量 V_1（具有正温度系数）和 V_2（具有负温度系数）进行适当的权重相加，选取合适的权重系数 α_1 和 α_2，使得 $\frac{\alpha_1\partial V_1}{\partial T}+\frac{\alpha_2\partial V_2}{\partial T}=0$，那么就可以实现一个零温度系数的电压基准 V_{REF}，有 $V_{REF}=\alpha_1V_1+\alpha_2V_2$。

寻找合适的具有正温度系数的量 V_1 和具有负温度系数的量 V_2，是实现与温度无关的基准的关键问题。

1. 负温度系数电压

PN 结二极管的正向压降具有负温度系数，因此可以得到双极型晶体管的基极 - 发射极电压具有负温度系数。

双极型晶体管中，集电极电流 $I_C=I_S\exp(V_{BE}/V_T)$，式中，温度电压当量 $V_T=kT/q$，$k=1.38\times10^{-23}$ J/K，为玻耳兹曼常数，T 为热力学温度，单位为 k，$q=1.6\times10^{-19}$ c，为电子电荷量；饱和电流 I_S 正比于 μkTn_i^2，μ 为少数载流子的迁移率，n_i 为硅的本征载流子浓度。μ 和 n_i 与温度的关系可以表示为：$\mu\propto\mu_0T^m$，其中 $m\approx-3/2$；$n_i^2\propto T^3\exp[-E_g/kT]$，其中 $E_g\approx1.12$ eV，为硅的带隙能量。可以得到

$$V_{BE}=V_T\ln\left(\frac{I_C}{I_S}\right) \tag{4-42}$$

$$I_S=bT^{4+m}\exp\left(\frac{-E_g}{kT}\right) \tag{4-43}$$

当 $V_{BE}\approx 750$ mV，$T=300$ K 时，$\frac{\partial V_{BE}}{\partial T}\approx -1.5$ mV/K。可以看到，这一温度系数与 V_{BE} 本身及温度有关。

2. 正温度系数电压

两个工作在不同电流密度下的双极型晶体管，其基极－发射极电压的差值与热力学温度成正比。如图 4-81 所示，由于两个晶体管相同，由式（4-43）可知，$I_{S1}=I_{S2}=I_S$，由式（4-42）可以得到

$$V_{BE1}=V_T\ln\left(\frac{nI_0}{I_S}\right),\quad V_{BE2}=V_T\ln\left(\frac{I_0}{I_S}\right)$$

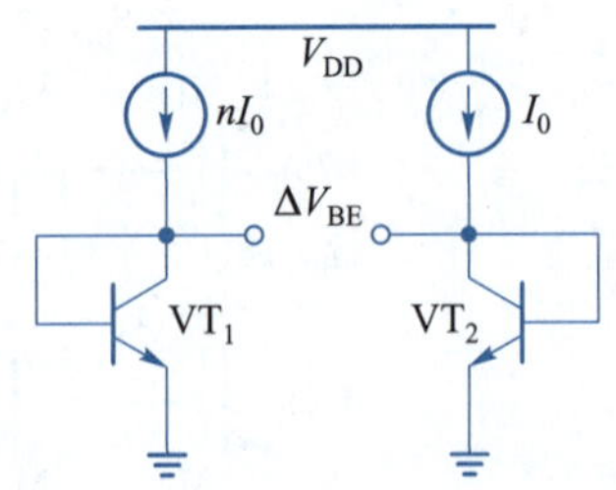

图 4-81　正温度系数电压产生电路

则有

$$\Delta V_{BE}=V_{BE1}-V_{BE2}=V_T\ln\left(\frac{nI_0}{I_S}\right)-V_T\ln\left(\frac{I_0}{I_S}\right)=V_T\ln n \tag{4-44}$$

因此，$\frac{\partial \Delta V_{BE}}{\partial T}=\frac{k}{q}\ln n$，具有正温度系数。

3. 带隙基准电路

目前为止，已经得到了正、负温度系数电压，对其进行合适的加权，就能得到零温度系数的电压基准，如

$$V_{REF}=\alpha_1 V_{BE}+\alpha_2\Delta V_{BE}=\alpha_1 V_{BE}+\alpha_2(V_T\ln n) \tag{4-45}$$

在室温下，$\partial V_{BE}/\partial T\approx -1.5$ mV/K，$\partial V_T/\partial T=+0.087$ mV/K，假定 $\alpha_1=1$，则由式（4-45）可知，$(\alpha_2\ln n)(0.087\text{ mV/K})=1.5$ mV/K，可得 $\alpha_2\ln n\approx 17.2$，由此可以获得零温度系数电压为

$$V_{REF}\approx V_{BE}+17.2V_T\approx 1.25\text{ V} \tag{4-46}$$

式中：$V_{BE}\approx 750$ mV；$T=300$ K。

一个实际的 CMOS 带隙基准电路如图 4-82 所示，如果运放是理想的，那么可以使得 X 点和 Y 点的电压稳定相等，因此 R_1 上的压降为

$$V_{R1}=V_{BE1}-V_{BE2}=V_T\ln n \tag{4-47}$$

则两支路的电流为 $V_T\ln n/R_1$，它正比于热力学温度，该带隙基准电路的输出电压为

$$V_{out}=V_{BE1}+V_{R2}=V_{BE1}+\frac{R_2}{R_1}V_T\ln n \tag{4-48}$$

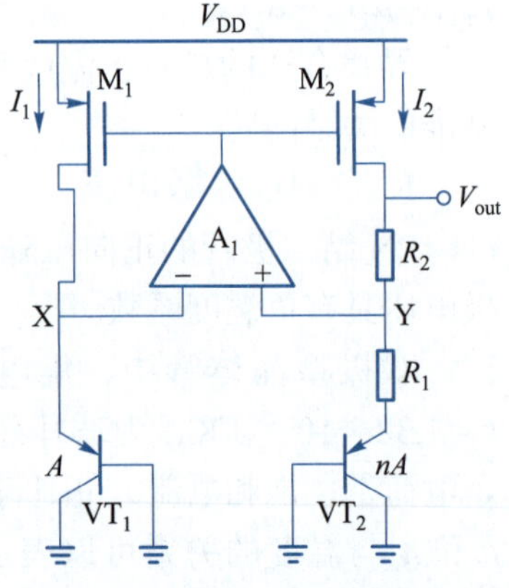

图 4-82　CMOS 带隙基准电路

式（4-48）与式（4-46）的形式类似，只要令 $(R_2/R_1)\ln n=17.2$，然后选择合适的 R_2/R_1 和双极型晶体管 VT_2 与 VT_1 发射区面积之比 n，就可以在该温度下得到零温度系数的

基准电压。

技能训练 >>>

一、与电源无关的偏置电路的设计与验证

1. 设计准备

首先建立一个与电源无关的偏置电路的仿真逻辑图，然后添加信号源和输入信号，如图 4-83 所示，取名为 amp4_test。各器件参数如图 4-83 所示，设置电源电压为变量 a。

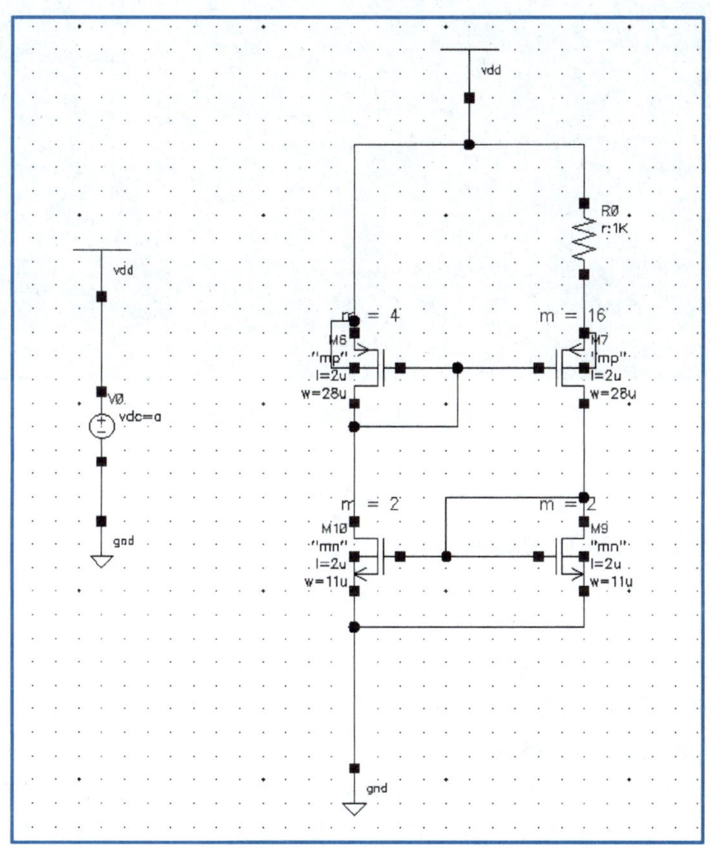

图 4-83　与电源无关的偏置电路的仿真逻辑图

2. 仿真状态设置

① 选择仿真模型文件：同“MOS 管沟道长度调制效应的仿真与验证”。

② 设置仿真类型：瞬态仿真。

③ 选择输出信号：由于是对输出电压进行仿真，因此选中信号线即可。

3. 仿真运行和波形分析

电路采用瞬态仿真，选择 Analog Design Environment 窗口中的 Tools → Parametric Analysis 菜单命令，对参数 a 进行扫描，输出图 4-83 中 M_9 的漏电流。

仿真结果如图 4-84 所示，可以发现，在正常工作的电源电压 5 V 左右，曲线相对平缓，电流受到的影响相对较小。不过从仿真结果中可以看出，这种偏置电路并不理想，实际使用过程中还需优化改进。

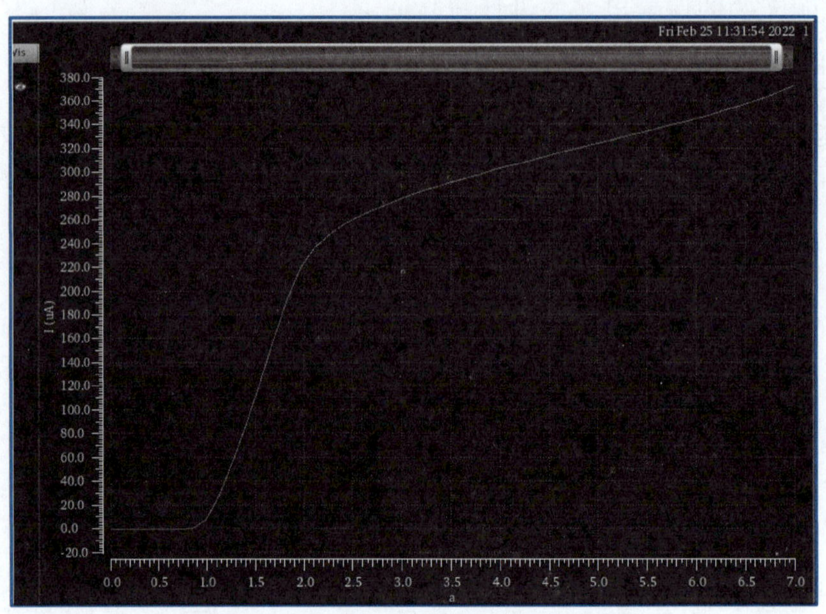

图 4-84 与电源无关的偏置电路的仿真结果

二、带隙基准电路的设计与验证

1. 设计准备

图 4-85 所示为一个 1.25 V 输出的带隙基准电路。将该逻辑电路输入逻辑库 spectre 中，取名为 BGR。其中调用的运放 OPBGR 的逻辑电路如图 4-86 所示，需要先输入，并建好 symbol，再调用到图 4-85 中。

图 4-85 中，$R_3=R_4$，正常工作时运放 I16 动态调整，使得 W1 和 W2 的电压相等（运放的虚短原理），所以 R_3 和 R_4 的电流相等。由于运放的输入级是 MOS 管的栅极，运放没有输入电流，所以 Q_4 和 Q_5 的电流也完全相等，但是 Q_4 是由 8 个 PNP 管并联而成的（逻辑输入时设置 $m=8$），所以 Q_4 的发射结电流密度是 Q_5 的 1/8。根据以上分析，电阻 R_4 上的电压降即为 ΔV_{BE}，只要设计 R_4 和 R_3 的比值，就可以得到几乎与温度无关的基准电压 V_{BG}。由图 4-85 还可知，输出电压 V_{BG} 是由运放 I16 输出的，其电压值只和电阻 R_4、R_3 的比值以及 Q_4、Q_5 的 V_{BE} 有关，与电路的供电电压无关，所以带隙基准电压值也不受电源电压的变化影响。

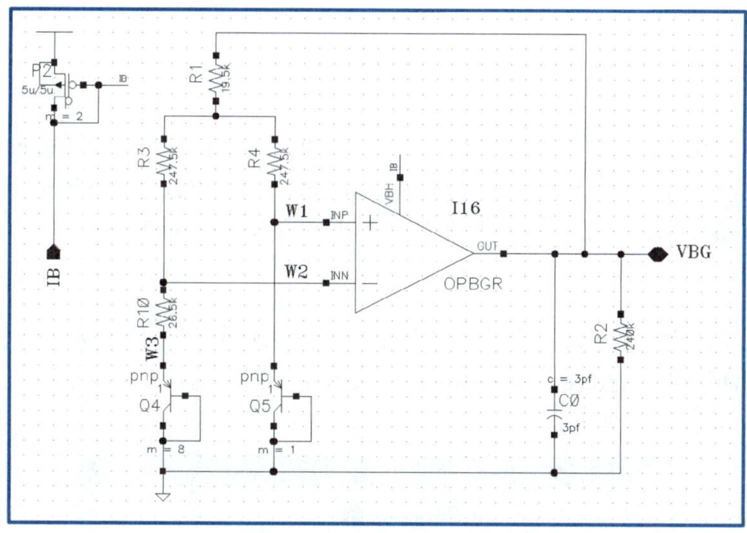

图 4-85　1.25 V 输出的带隙基准电路

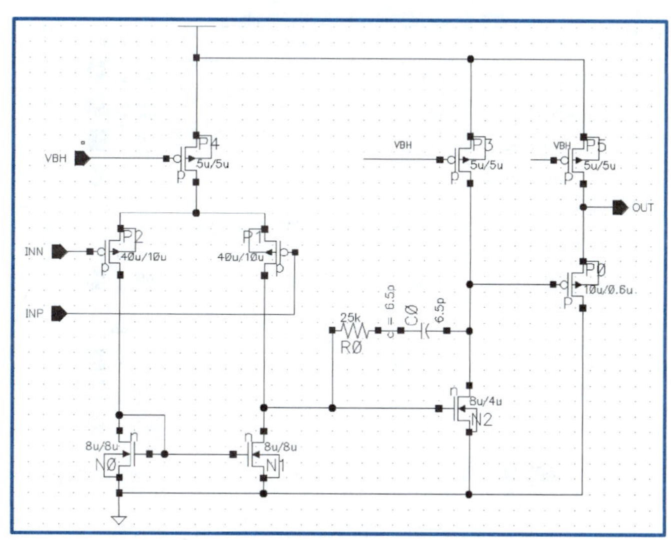

图 4-86　运放 OPBGR 的逻辑电路

小提示

在上述逻辑电路的输入过程中，为能够进行仿真，MOS 管的模型要设置成模型文件 s05mixddst02v12.scs 中的 pmos 或者 nmos，双极型晶体管的模型要设置成模型文件 s05mixddst02v12.scs 中的 pnp5（根据发射区面积选择模型文件中几种 PNP 管中的一种，这里选择 pnp5）。

小提示

> 利用 Spectre 进行仿真时，如果采用了 sample 库中的 pmos、nmos、capacitor、resistor 等元器件，则不需要在 schematic 中设置 modelname；如果采用了 pfet、pnp 等其他类型的元器件，则需要设置 modelname。

将 BGR 复制为 BGR_test。由于要进行温度等参数的扫描，因此要进行直流分析，电源不能采用前面介绍的 vpulse，而采用 vdc，如图 4-87 所示。

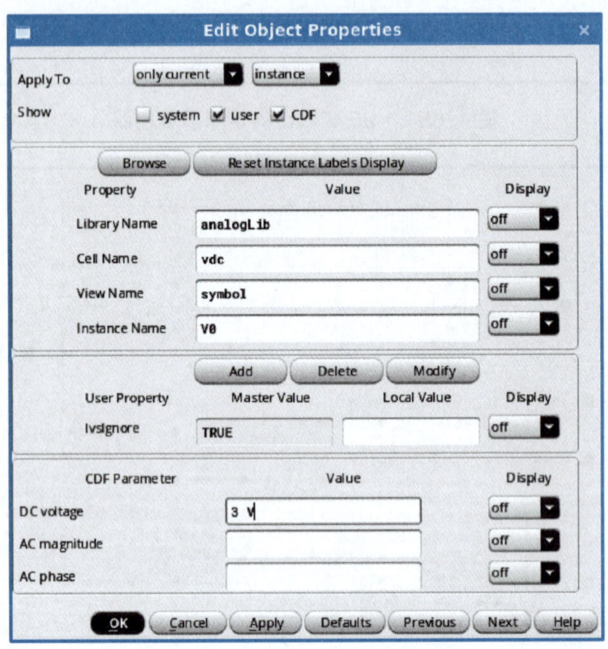

图 4-87 添加直流电源 vdc

另外还需要在 IB 端口添加一个电流源，如图 4-88 所示。

完成信号源添加后的仿真逻辑图如图 4-89 所示。

2. 仿真状态的设置

① 选择仿真模型文件：同“MOS 管沟道长度调制效应的仿真与验证”。

② 与前面几个技能训练不同的是，带隙基准电路的仿真需要设置温度，方法为选择 Setup → Temperature 菜单命令，在弹出的对话框中输入温度，如图 4-90 所示。

③ 设置仿真类型：瞬态仿真。

④ 选择输出信号：由于是对输出电压信号进行仿真，因此选中信号线即可。

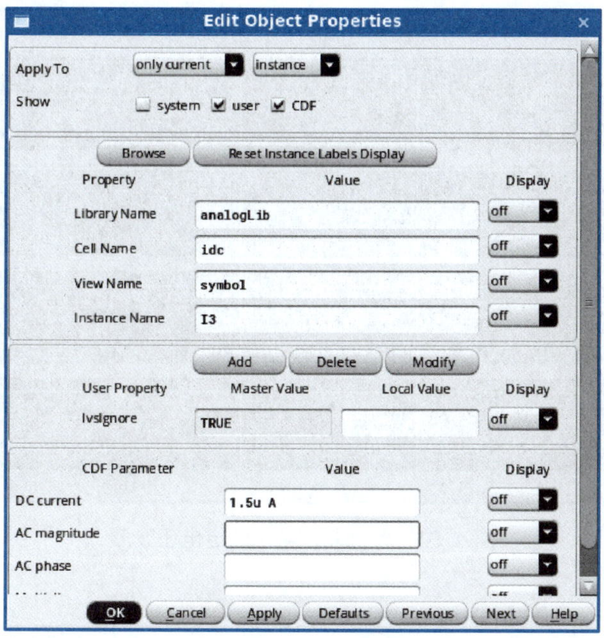

图 4-88　添加电流源

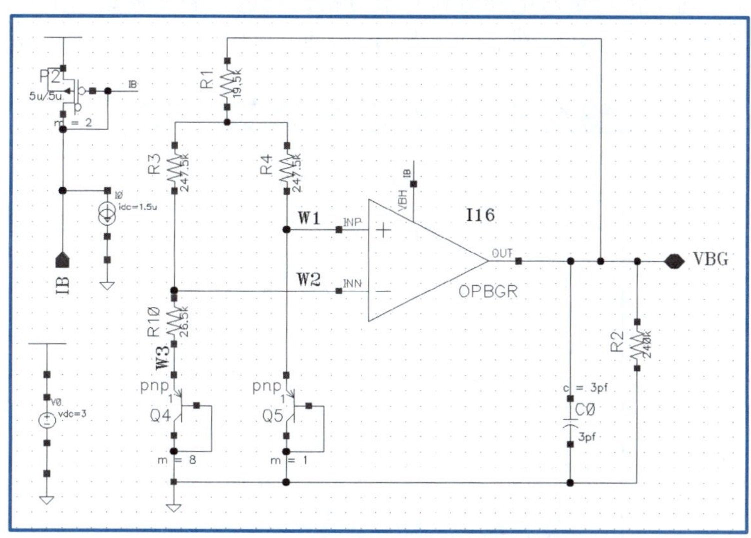

图 4-89　带隙基准电路的仿真逻辑图

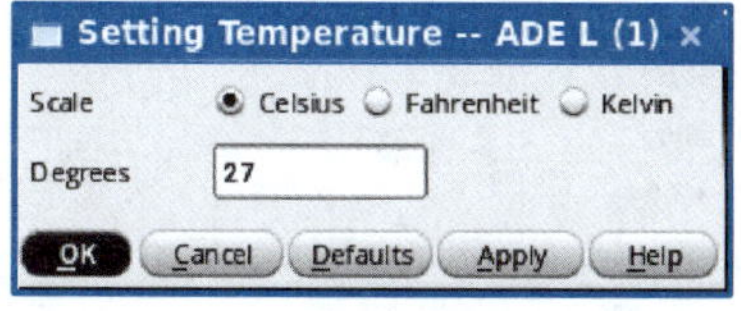

图 4-90　设置温度

3. 仿真运行和波形分析

进行仿真，仿真结果如图 4-91 所示。可以看出，电路上电后，V_{BG} 迅速稳定为 1.25 V。

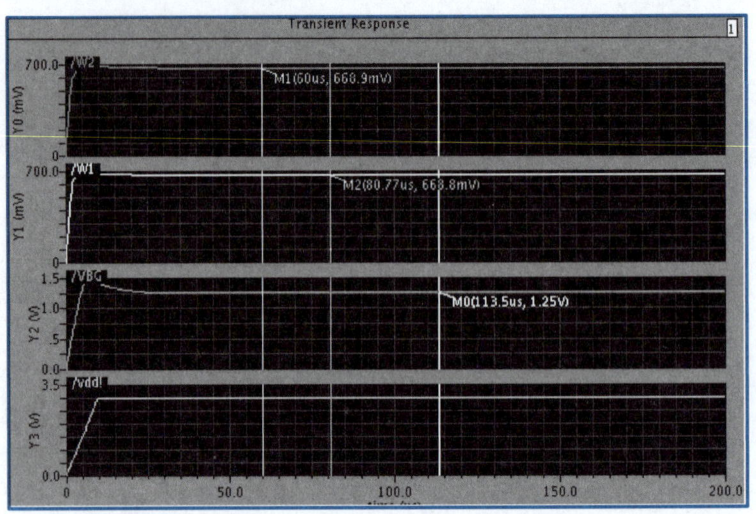

图 4-91　带隙基准电路输出电压波形

4. 拓展训练

① 改变温度，如 -40 ℃、0 ℃、40 ℃、80 ℃、120 ℃，把五点连成一条线，观察温度对 V_{BG} 的影响。这个仿真是对电路进行直流分析，并进行温度参数扫描得到的，具体来说是在确定仿真类型时选中 dc，然后进行图 4-92 所示的设置。

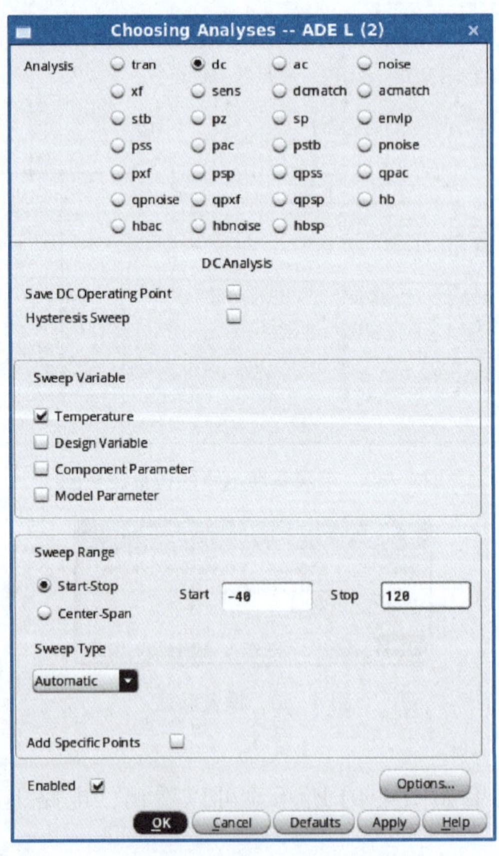

图 4-92　直流分析的设置

运行仿真，仿真结果如图 4-93 所示。

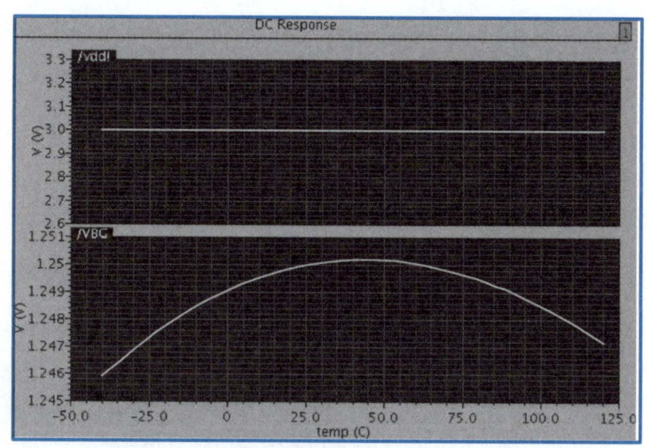

图 4-93　输出电压随温度的变化曲线

② 改变电源电压，从 3 V 变为 4 V、5 V，观察输出 V_{BG} 的变化。

这个仿真需要将 vdd 作为变量进行扫描，因此首先要将 vdd 定义为变量，方法为：选择 Variables → Edit 菜单命令，弹出图 4-94 所示的对话框。

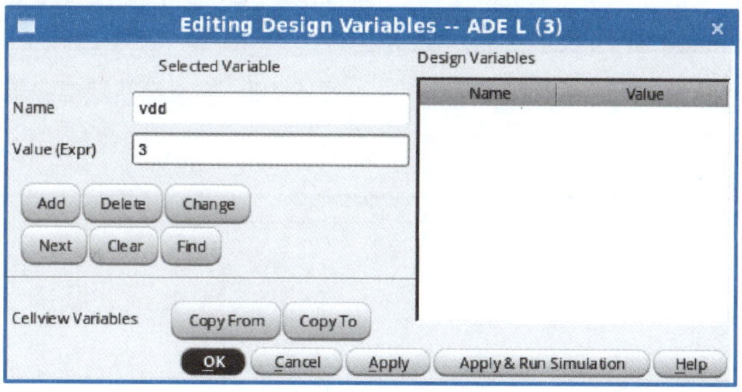

图 4-94　定义 vdd 变量

然后设置仿真类型为 dc，并进行 vdd 变量扫描设置，如图 4-95 所示。

运行仿真，仿真结果如图 4-96 所示。

③ 对带隙基准电路所损耗的电流进行分析。对于低功耗应用来说，该电流越小越好。对于图 4-89 所示的带隙基准电路，其电流包括三部分，如图 4-97 所示。第一部分为电流源上流过的电流；第二部分为流经电阻 R_7 的主体电流；第三部分为流经负载电阻 R_2 的电流。

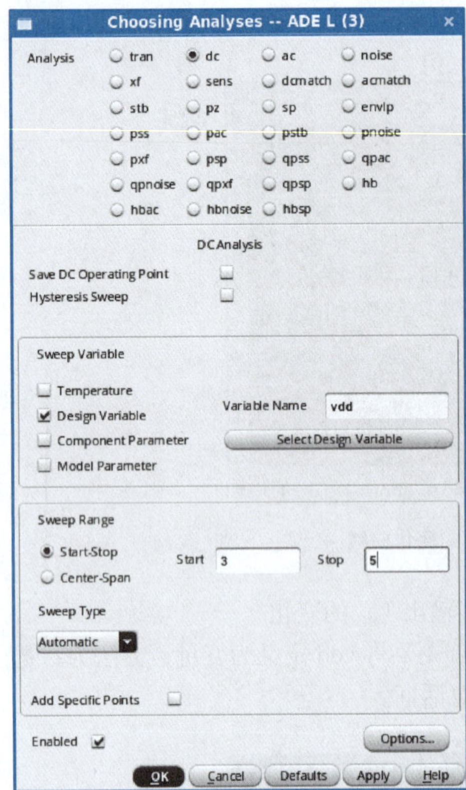

图 4-95　仿真设置

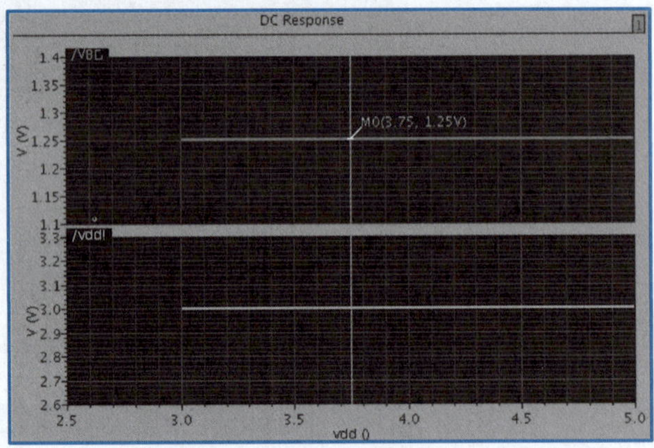

图 4-96　输出电压随电源电压的变化曲线

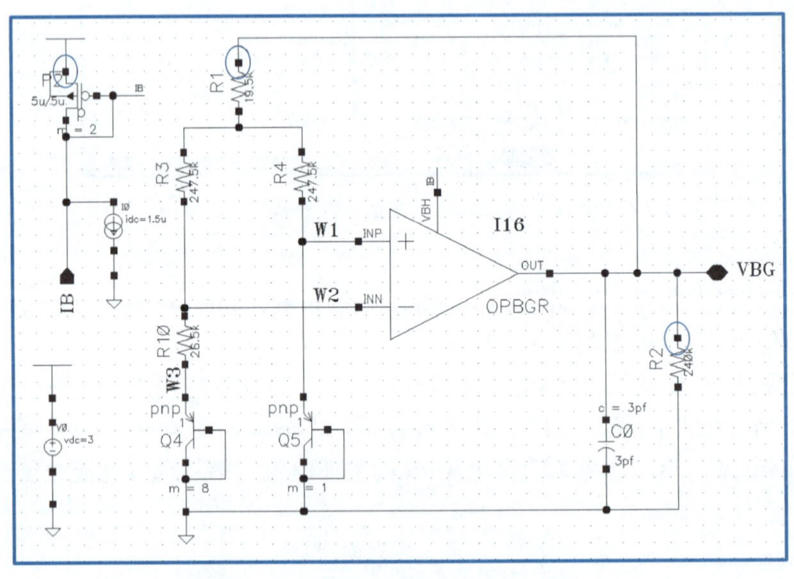

图 4-97　带隙基准电路损耗电流的组成

仿真结果如图 4–98 所示，其中对以上三部分电流进行了仿真，并针对温度进行了扫描。可见该带隙基准电路总的损耗电流约为 11 μA 左右。

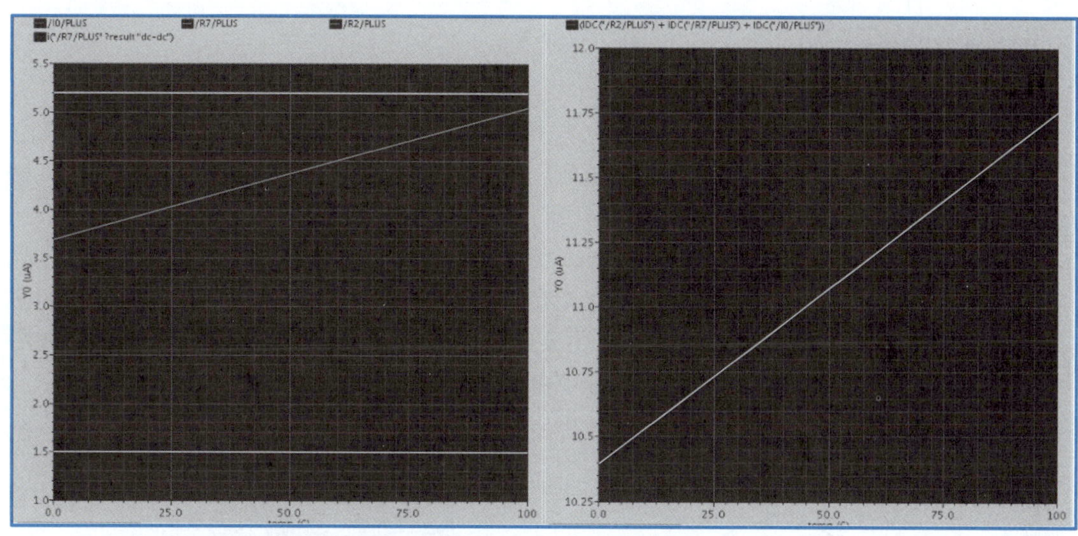

图 4–98　带隙基准电路的损耗电流

问题讨论 >>>

① 简述与电源无关的偏置电路的工作原理。
② 在与电源无关的偏置电路中为何要引入启动电路？
③ 简述与温度无关的基准电路的主要思想。
④ 什么是正温度系数电压？什么是负温度系数电压？
⑤ 简述正温度系数电压产生的原理。
⑥ 简述负温度系数电压产生的原理。
⑦ 试分析带隙基准电路的工作原理。
⑧ 在 CMOS 工艺中如何使用双极型晶体管？
⑨ 如何对温度进行扫描仿真？
⑩ 如何仿真电路的损耗电流？

任务六　I/O 电路设计与验证

任务概述 >>>

本任务主要介绍 CMOS 芯片中 I/O 电路的结构和原理，主要内容包括 ESD 保护电路、输入缓冲电路和输出缓冲电路的工作原理，并通过一个实训案例开展具体的技能训练。

背景知识 >>>

一、ESD 保护电路

当带静电的物体与其他具有不同静电电位的物体接触时，依据电荷中和的原则，就会存在电荷流动，要传送足够的电量以抵消电压差。在这种高速电量的传送过程中将产生潜在的破坏电压、电流以及电磁场，严重时会将物体击毁，这就是静电放电（ESD）。

高密度集成电路器件具有线间距短、线细、集成度高、运输速度快、功率低和输入阻抗高等特点，因而对静电较为敏感。当存储在人体或机器上的电荷与芯片接触时，它们会与栅上积累的静电荷发生 ESD 现象，产生瞬时的过大电流，而导致芯片永久损坏，如图 4-99 所示。ESD 是 MOS 集成电路设计中必须考虑的一个可靠性问题。

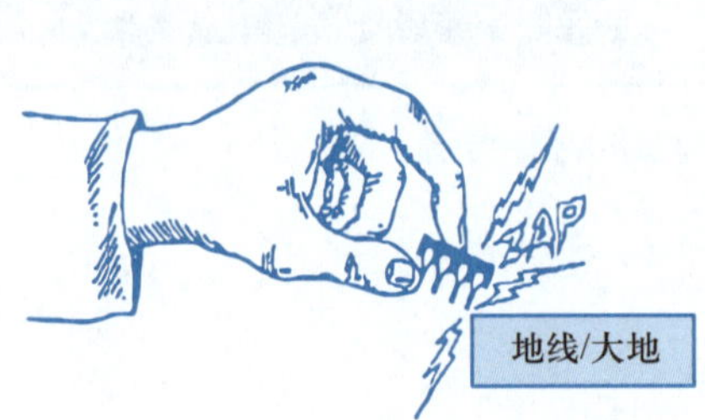

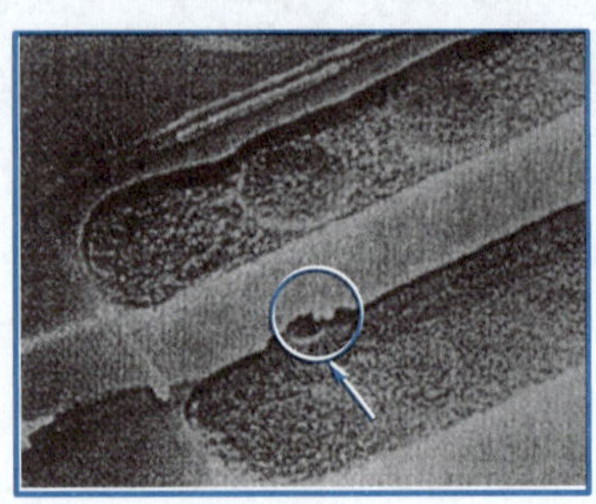

图 4-99　ESD 现象

1. ESD 测试

（1）ESD 测试模式

ESD 的测试模式主要有四种，分别是对 $\pm V_{DD}$ 和 $\pm V_{SS}$ 进行测试，如图 4-100 所示。其中，图 4-100（a）为 PS 模式，V_{SS} 接地，其余各端口分别对 $+V_{DD}$ 进行测试；图 4-100（b）为 NS 模式，V_{SS} 接地，其余各端口分别对 $-V_{DD}$ 进行测试；图 4-100（c）为 PD 模式，V_{DD} 接地，其余各端口分别对 $+V_{SS}$ 进行测试；图 4-100（d）为 ND 模式，V_{DD} 接地，其余各端口分别对 $-V_{SS}$ 进行测试。

（2）ESD 测试方式

在进行 ESD 测试时，要监控测试引脚在施加 ESD 电压前后的电流 - 电压曲线，通常采用包络线法来判断施加 ESD 电压前后测试引脚电流 - 电压曲线的变化。如先对测试引脚进行 PS 模式的测试，当相对包络线小于 15% 时，认为施加 ESD 电压前后的电流 - 电压曲线没有变化，该引脚还可以承受更高的 ESD 电压；继续增大电压，直到超出 15% 的范围，如加到 4 500 V 时，相对包络线超出了 15%，就表明该测试引脚已经超过了 ESD 的承受范围，而这个时候所加的 ESD 电压 4 500 V 的前一挡，即 4 000 V 就是该测试引脚所能承受的最高 ESD 电压；再对该测试引脚进行 NS、PD、ND 模式的测试。如果四种模式都能承受 4 000 V，经过 ESD 测试后电路的功能没有改变，并可在三个样品上重复该试

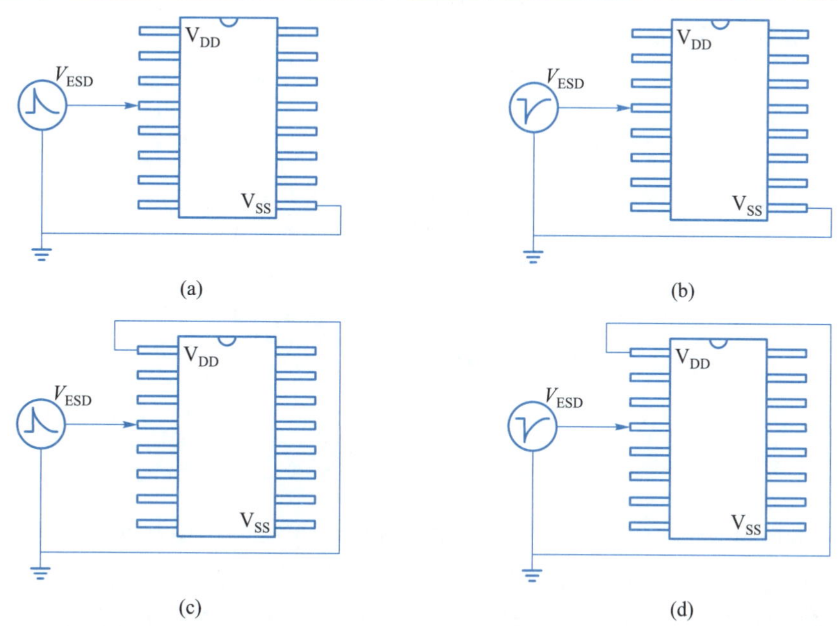

图 4-100　ESD 测试模式

验，才表示这个引脚的 ESD 耐压值为 4 000 V。

ESD 水平通常分为三级：第一级为 0~1 999 V，第二级为 2 000~3 999 V，第三级为 4 000~8 000 V。对于一些特殊的应用，ESD 耐压要求超过 10 000 V，就是要在第三级的基础上继续增大 ESD 电压，直到所加电压超过 10 000 V，并且测试引脚的电流 – 电压曲线没有变化，才表明该芯片的 ESD 耐压可以高达 10 000 V。

2. ESD 保护电路的设计

ESD 保护电路的设计主要遵循以下三条原则：

① 发生 ESD 时，该保护电路要提供从压焊点到地的低阻抗通路，以释放压焊点上积累的静电。

② 发生 ESD 时，该保护电路要把压焊点的电压钳制在被保护电路的击穿电压之下。

③ 电路正常工作时具有较大的阻抗和很小的电容，保证增加了 ESD 保护电路后带来的 I/O 信号延时尽可能小（或者在设计 I/O 电路时就把 ESD 保护电路所带来的延时考虑在内），因此不会对电路的正常工作产生明显的影响。

大部分的 ESD 电流来自电路外部，因此 ESD 保护电路一般设计在 PAD 旁或 I/O 电路内部。典型的 I/O 电路由输出驱动和输入接收器两部分组成。ESD 通过 PAD 导入芯片内部，因此 I/O 里所有与 PAD 直接相连的器件都需要建立与之平行的 ESD 低阻旁路，将 ESD 电流引入电压线，再由电压线分布到芯片各个引脚，以降低 ESD 的影响。具体到 I/O 电路，就是与 PAD 相连的输出驱动和输入接收器，必须保证发生 ESD 时，形成与保护电路并行的低阻通路，旁路 ESD 电流，且能立即有效地钳位保护电路电压。而这两部分的工作不会影响电路的正常工作。

图 4-101 所示为一个典型的二极管 ESD 保护电路，即用一个电阻和两个反偏的二极管构成保护网络，对 NMOS 和 PMOS 起到保护作用。其中，二极管 VD_1 是由 PMOS 管

M_P 的源漏形成的，VD_2 是由 NMOS 管 M_N 的源漏形成的。

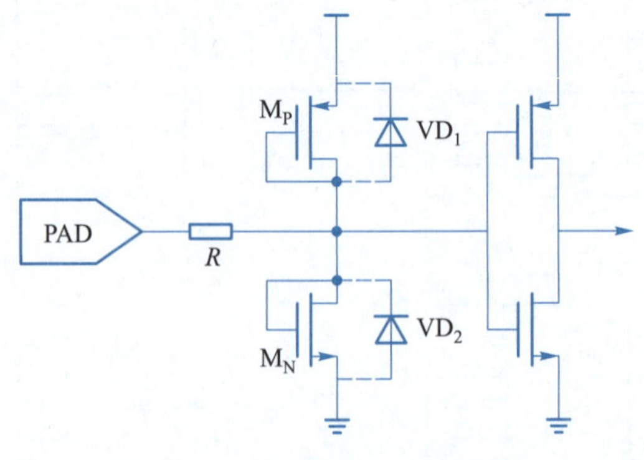

图 4-101　二极管 ESD 保护电路

当输入电压过高，压焊点相对地出现正脉冲时，反偏的二极管 VD_1 被击穿，产生的大电流在电阻上形成很大的压降，使栅极的电压降低，即击穿的二极管和电阻在输入和电源之间形成 ESD 电流的放电通路；只要二极管的击穿电压低于栅氧化层的击穿电压，就可以起到保护作用。而当压焊点相对地出现负脉冲时，反偏的二极管 VD_2 被击穿，和电阻在输入和地之间形成 ESD 电流的放电通路，从而起到保护作用。

一般这两个二极管可使输入 MOS 管的栅极电压钳位于

$$-0.7\ \mathrm{V} < V_G < V_{DD} + 0.7\ \mathrm{V} \tag{4-49}$$

除了常用的二极管 ESD 保护结构之外，还有场管 ESD 保护结构、晶闸管整流器 ESD 保护结构、全芯片 ESD 保护结构等。

ESD 保护电路的设计随着 CMOS 工艺水平的提高而越来越困难，ESD 保护已经不单是输入引脚或输出引脚的 ESD 保护问题，而是全芯片的静电防护问题。

芯片里每一个 I/O 电路中都需要建立相应的 ESD 保护电路，此外还要从整个芯片全盘考虑，采用整片（whole-chip）防护结构是一个很好的选择，也能节省 I/O PAD 上 ESD 器件的面积。

二、输入 / 输出电路

集成电路芯片通过压焊点和外界联系，如从片外接收输入信号，或者把输出信号传送出去，驱动片外负载。因此需要用到输入 / 输出电路，使得片内和片外的信号匹配，满足电平和驱动能力的要求。下面就详细介绍输入 / 输出电路的具体内容。

1. 输入缓冲器电路

输入缓冲器电路主要有两方面的作用：一是作为电平转换的接口电路；二是提高输入信号的驱动能力。有些外部输入信号，如时钟信号，需要驱动片内很多电路的输入，对这种大扇入情况需要使用输入缓冲器。

在 CMOS 集成电路中一般可以用两级反相器作为输入缓冲器，第一级反相器兼有电平转换的功能。考虑整机的兼容性，要求 CMOS 集成电路能接受 TTL 电路的输出逻辑电平，标准的 TTL 电路的输出逻辑电平为 $V_{OH} = 2.4\ \mathrm{V}$，$V_{OL} = 0.4\ \mathrm{V}$。考虑最坏情况，要求

CMOS 集成电路能接受的输入电平范围为 $V_{\text{IHmin}}=2.0\ \text{V}$，$V_{\text{ILmax}}=0.8\ \text{V}$。这样的电平如果直接送入逻辑电路的输入端，将使 CMOS 电路不能正常工作。因此，要通过输入缓冲器将其转换成合格的 CMOS 逻辑电平，再送到其他电路的输入端。可以通过一个专门设计的 CMOS 反相器实现电平转换，它的逻辑阈值设计在输入高、低电平范围之间，即

$$V_{\text{it}}=\frac{V_{\text{IHmin}}+V_{\text{ILmax}}}{2}=1.4\ \text{V} \tag{4-50}$$

由 CMOS 反相器阈值电平及比例因子的定义，则可确定电路尺寸：

$$V_{\text{it}}=\frac{V_{\text{TN}}+\sqrt{\beta_0}(V_{\text{DD}}-|V_{\text{TP}}|)}{1+\sqrt{\beta_0}}$$

$$\beta_0=\frac{K_{\text{P}}}{K_{\text{N}}}=\frac{\mu_{\text{P}}C_{\text{ox}}(W/L)_{\text{P}}}{\mu_{\text{N}}C_{\text{ox}}(W/L)_{\text{N}}}$$

若 $V_{\text{DD}}=5\ \text{V}$，$V_{\text{TN}}=-V_{\text{TP}}=0.8\ \text{V}$，则要求输入级反相器的比例因子为

$$\beta_0=\frac{K_{\text{P}}}{K_{\text{N}}}=0.046 \tag{4-51}$$

由于 $\mu_{\text{n}}\approx 2\mu_{\text{p}}$，这就要求 $\frac{W_{\text{N}}}{W_{\text{P}}}=11$，也就是说输入级反相器中的 NMOS 管要取较大的宽长比，这将增加电路的面积。另外，当输入为 V_{IHmin} 或 V_{ILmax} 时，反相器处在转变区边缘，将引起附加的功耗。

为了降低输入级反相器的逻辑阈值，而又不使 NMOS 管的宽长比很大，可以采用另一种输入缓冲器电路。如图 4-102 所示，在第一级反相器上面增加一个二极管，用来降低加在反相器上的有效电源电压，从而降低反相器的逻辑阈值。另外增加一个反馈管 M_{f} 来改善第一级反相器的输出高电平。当 $V_{\text{in}}=V_{\text{ILmax}}$ 时，M_2 弱导通，使输出高电平降低。这个较低的高电平经过第二级反相器反相后，会输出一个较高的低电平，只要这个低电平使 M_{f} 导通，即可靠 M_{f} 把第一级反相器的输出电平拉到合格的高电平。第二级反相器的尺寸可根据驱动能力的要求进行设计。

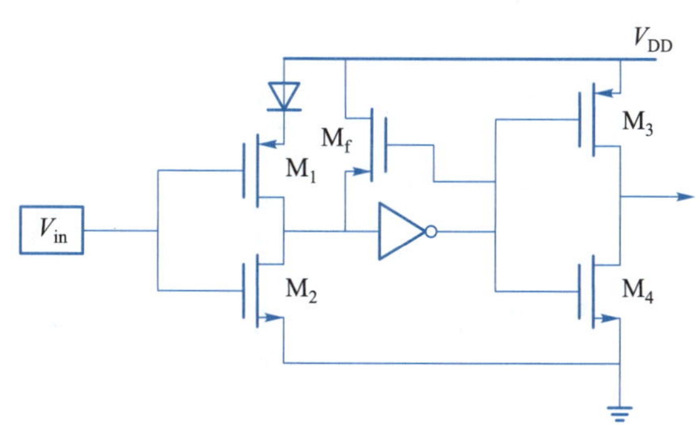

图 4-102　改进的输入缓冲器

2. 输出缓冲器电路

在驱动很大的负载电容时，需要设计合理的输出缓冲器，提供所驱动负载需要的电流，使缓冲器的总延时最小。

电路的延时可近似用下式表示，即

$$t_{\mathrm{d}} \propto \frac{C_{\mathrm{L}} V_{1}}{I_{\mathrm{DS}}}$$

在一定负载电容 C_L 和逻辑摆幅 V_1 的情况下，要减小电路的延时，必须增大 MOS 管的驱动电流；要增大驱动电流，只有增大输出级 MOS 管的宽长比，而这样将加大前一级的负载电容，影响前一级的工作速度。因此在驱动较大负载电容时，如果扇出很大或是输出端接到片外，则需要经过一个输出缓冲器电路，或称为输出驱动器电路。

为了驱动很大的负载电容，可以用反相器链作为输出缓冲器，用几级反相器串联，使反相器的尺寸逐级加大，如图 4-103 所示。为了使加入缓冲器后的总延迟时间最小，对反相器链需要进行优化设计，也就是确定合适的反相器链的级数以及反相器逐级增大的比例，使反相器的延时最小。

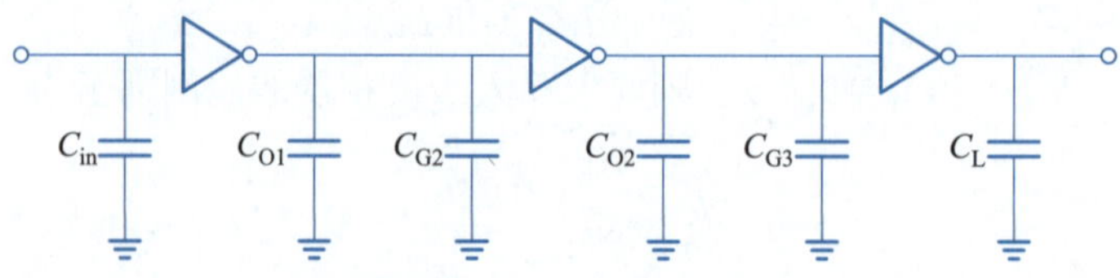

图 4-103　输出缓冲器电路

技能训练 >>>

二极管 ESD 保护电路的设计与验证

1. 设计准备

首先建立一个二极管 ESD 保护电路的仿真逻辑图，然后添加信号源，如图 4-104 所示，取名为 ESD_test。

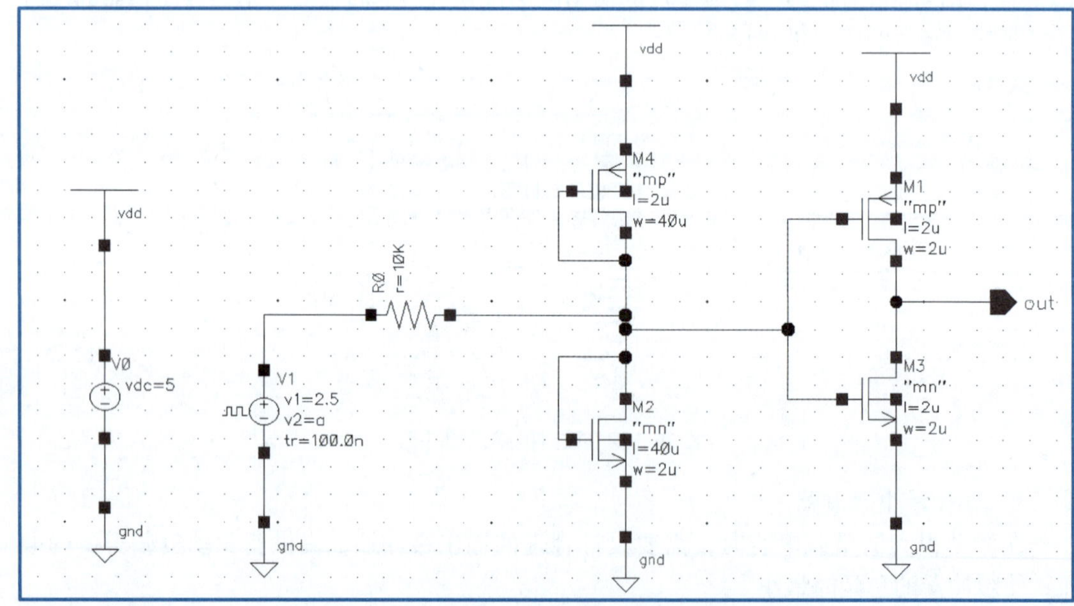

图 4-104　二极管 ESD 保护电路的仿真逻辑图

各器件参数如图 4-104 所示，其中电源电压为 5 V，输入电压设置为一个尖峰脉冲波，其脉冲范围为 -1~1 kV，这里用变量 a 来代替，具体设置如图 4-105 所示。

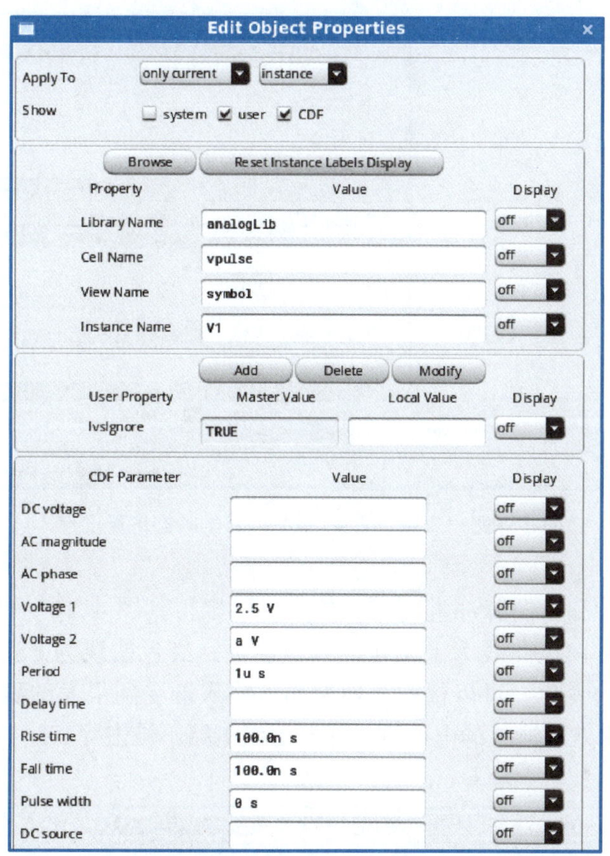

图 4-105　输入信号的设置

2. 仿真状态设置

① 选择仿真模型文件：同“MOS 管沟道长度调制效应的仿真与验证”。

② 设置仿真类型：瞬态仿真。

③ 选择输出信号：由于是对电流进行仿真，因此选中节点即可。

3. 仿真运行和波形分析

二极管 ESD 保护电路的瞬态仿真设置如图 4-106 所示。其中，变量 a 取 1 kV 表示受到外界的正向静电脉冲影响，变量 a 取 -1 kV 表示受到外界的负向静电脉冲影响。

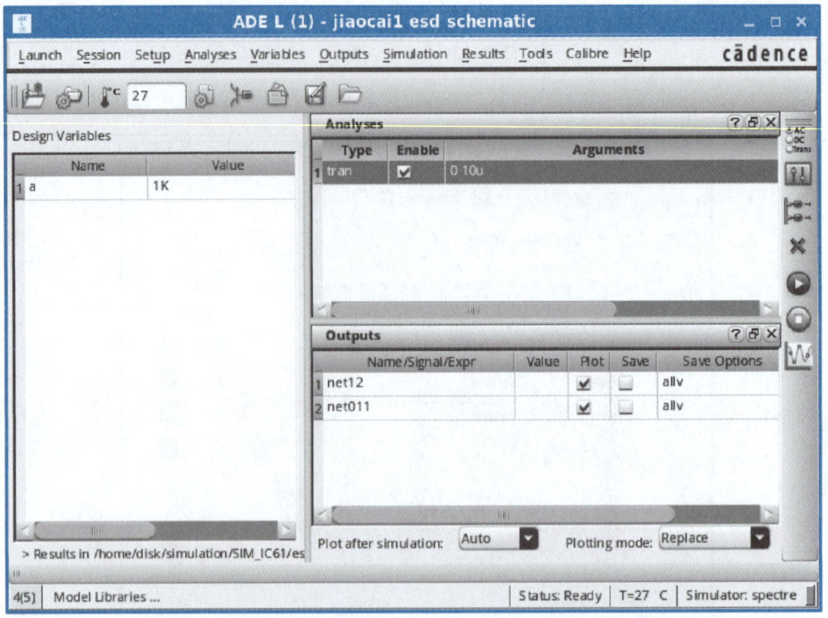

图 4-106　二极管 ESD 保护电路的瞬态仿真设置

分别对正向脉冲和负向脉冲进行瞬态仿真，可以得到图 4-107 和图 4-108 所示的仿真结果。可以看出，白色曲线为上千伏的静电脉冲，红色曲线为 ESD 保护电路的输出，几乎没有发生很大的变化。可以很明显地看出，输入端受到很大的静电时，通过二极管 ESD 保护电路可以有效地泄放静电电流，保护后级电路不被击穿。

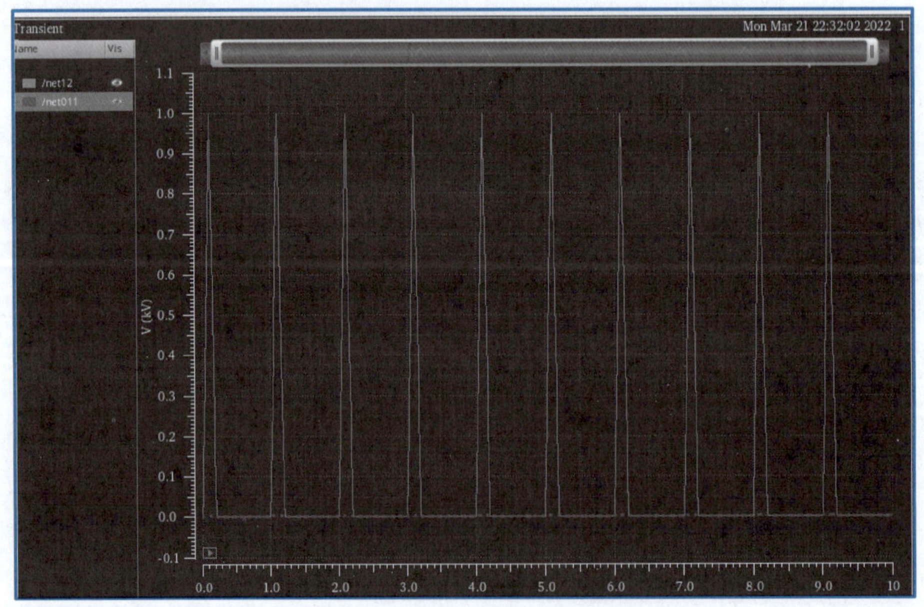

图 4-107　静电为正向脉冲输入时的仿真结果

图 4-107

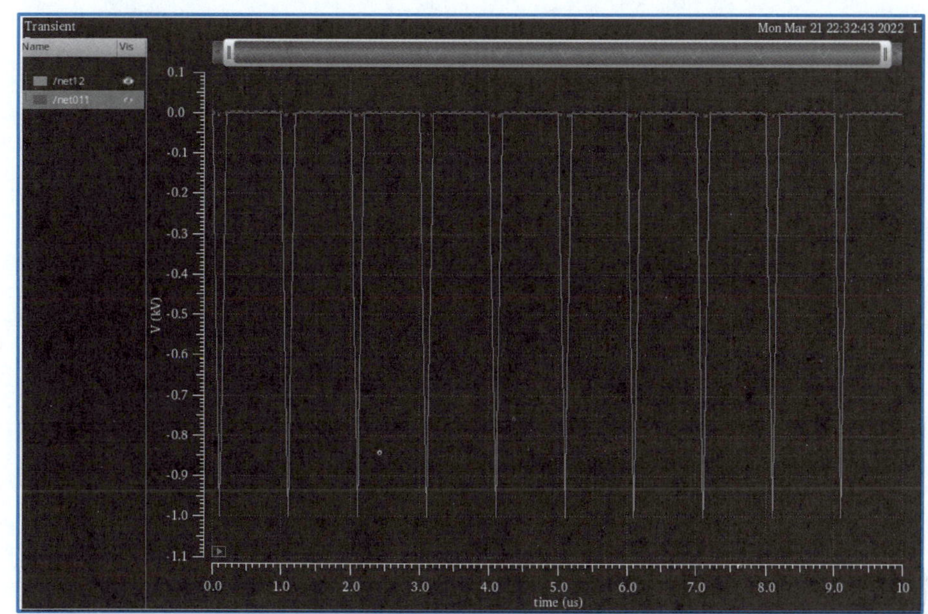

图 4-108

图 4-108　静电为负向脉冲输入时的仿真结果

问题讨论

① 什么是静电放电（ESD）？
② 简述 ESD 的四种测试模式。
③ 简述 ESD 的测试方法。
④ ESD 是如何根据电压大小进行分级的？
⑤ 简述 ESD 保护电路的设计原则。
⑥ 简述二极管 ESD 保护电路的工作原理。
⑦ 二极管 ESD 保护电路的电压钳位范围是多大？
⑧ 除了二极管 ESD 保护电路外，还有哪些 ESD 保护电路？
⑨ 简述输入缓冲器的工作原理。
⑩ 简述输出缓冲器的工作原理。

项目总结

本项目主要针对 CMOS 模拟集成电路单元的设计及仿真验证过程进行了详细介绍，重点包括常用的 CMOS 模拟集成电路单元的电路结构、相关设计考虑、仿真验证等。

学习者在完成本项目相关内容的学习和训练后，应能够胜任基本 CMOS 模拟集成电路单元的设计，并能够通过仿真进行设计验证。

参考文献

[1] 罗杰. Verilog HDL与数字ASIC设计基础[M]. 武汉：华中科技大学出版社，2008.

[2] 柯宾. EDA原理及Verilog实现[M]. 北京：清华大学出版社，2010.

[3] 邹思轶. 嵌入式Linux设计与应用[M]. 北京：清华大学出版社，2002.

[4] BROWN S, VRANESIC Z. Fundamentals of Digital Logic with VHDL Design[M]. New York: McGraw-Hill, 2009.

[5] PALNITKAR S. Verilog HDL: A Guide to Digital Design and Synthesis[M]. New Jersey: Prentice Hall, 1996.

[6] BHASKER J. Verilog HDL Synthesis, A Practical Primer[M]. Allentown: Star Galaxy Pub, 1998.

[7] AGGARWAL S, MEHER P K, KHARE K. Concept, Design, and Implementation of Reconfigurable CORDIC[J]. IEEE Transactions on Very Large Scale Integration(VLSI) Systems, 2015, 24(4): 1588-1592.

[8] SMITH D R，FRANZON P D. Verilog Styles for Synthesis of Digital Systems[M]. New Jersey: Prentice Hall, 2000.

[9] BHASKER J. Verilog HDL Synthesis, A Practical Primer[M]. Allentown: Star Galaxy Pub, 1998.

[10] MILLER G H. Microcomputer Engineering[M]. 3rd ed. New Jersey: Prentice Hall, 2003.

[11] SUTHERLAND S. Verilog-2001: A Guide to the New Features of the Verilog Hardware Description Language[M]. Dordrecht: Kluwer Academic Publishers, 2002.

[12] BHATNAGAR H. 高级ASIC芯片综合：使用Synopsys Design Compiler Physical Compiler和PrimeTime[M]. 张文俊，译. 2版. 北京：清华大学出版社，2007.

[13] 夏宇闻. 从算法设计到硬线逻辑的实现：复杂数字逻辑系统的Verilog HDL设计技术和方法[M]. 北京：高等教育出版社，2001.

[14] SHANNON C E. A Symbolic Analysis of Relay and Switching Circuits[J]. AIEE Transactions, 1938, 57(12): 713-723.

[15] 褚振勇，翁木云，高楷娟. FPGA设计及应用[M]. 3版. 西安：西安电子科技

大学出版社，2012．

［16］LANDERS R J, MAHANT-SHETTI S S, LEMONDS C. A Multiplexer-Based Architecture for High-Density, Low-Power Gate Arrays［J］. IEEE Journal of Solid-State Circuits, 1995, 30(4): 392-396.

［17］THOMAS D E, MOORBY P R. The Verilog Hardware Description Language［M］. 5th ed. Berlin: Springer, 2008.

［18］NAVABI Z. Verilog Digital System Design［M］. New York: McGraw-Hill, 1999.

［19］HAMACHER V C. Computer Organization［M］. 2nd ed. New York: McGraw-Hill, 2002.

［20］PATTERSON D A. 计算机组成与设计：硬件/软件接口［M］. 北京：机械工业出版社，2019．

［21］KATZ R H, BORRIELLO G. Contemporary Logic Design［M］. 2nd ed. New Jersey: Pearson, 2005.

［22］WAKERLY J F. Digital Design：Principles and Practices［M］. 3rd ed. New Jersey：Prentice Hall, 2006.

［23］ROTH C H. Fundamentals of Logic Design［M］. 7th ed. Stamford：Cengage Learning, 2013.

［24］MARCOVITZ A B. 逻辑设计基础［M］. 3 版．北京：清华大学出版社，2010．

［25］GAJSKI D D. Principles of Digital Design［M］. New Jersey：Prentice Hall，1997.

［26］DANIELS J. Digital Design from Zero to One［M］. New York：Wiley，1996.

［27］NELSON V P, NAGLE H T, CARROLL B D, et al. 数字逻辑电路分析与设计［M］. 北京：清华大学出版社，2016．

［28］HAYES J P. Introduction to Digital Logic Design［M］. Boston: Addison Wesley, 1993.

［29］石敏，王耿，易清明．基于改进的 Booth 编码和 Wallace 树的乘法器优化设计［J］. 计算机应用与软件，2016，33（5）：13-16．

［30］陆建恩，席筱颖，黄玮，等．半导体集成电路［M］. 北京：电子工业出版社，2014．

［31］丁柯，蒋卫军，张军．集成电路反向分析技术［M］. 北京：中国科学技术出版社，2011．

［32］朱进宇，闫峥，苑乔，等．集成电路技术领域最新进展及新技术展望［J］. 微电子学，2020，50（2）：219-226．

［33］RAZAVI B. 模拟 CMOS 集成电路设计［M］. 陈贵灿，程军，张瑞智，等，译．2 版．西安：西安交通大学出版社，2019．

［34］王志功，陈莹梅．集成电路设计［M］. 3 版．北京：电子工业出版社，2015．

［35］崔林海，张子迎，姜占鹏，等．计算机组成原理与结构［M］. 哈尔滨：哈尔滨工业大学出版社，2015

［36］刘昊．128 位浮点对数运算单元硬件设计［D］. 哈尔滨：哈尔滨工业大学，2019．

［37］刘静． 64 位 RISC 微处理器的低功耗设计和后端设计［D］. 西安：西安理工大学，2012．

郑重声明

读者意见反馈

为收集对教材的意见建议，进一步完善教材编写并做好服务工作，读者可将对本教材的意见建议通过如下渠道反馈至我社。

咨询电话 400-810-0598

反馈邮箱 gjdzfwb@pub.hep.cn

通信地址 北京市朝阳区惠新东街 4 号富盛大厦 1 座

高等教育出版社总编辑办公室

邮政编码 100029